Cloud Computing and The internet

一本書搞懂

雲端計算、物聯網 大數據

楊正洪、周發武 ◎編著

萬物物聯新時代已經到來！

雲端計算、物聯網、大數據……
人類走過了一次又一次的工業革命，如今，
第四次工業個命已然來臨。
加快你的腳步，別被物聯網的浪潮給甩下！

崧燁文化

前言

　　時光匆匆，編者分別進入環保領域和 IT 領域工作已有十餘年，見證了物聯網與雲端計算技術、環境自動監控系統技術的發展與應用，編者本身也一直從事技術的開發、應用及管理，雖一直有將多年的些許經驗出版成冊之心願，苦於工作繁忙，無暇整理。今年在郭永龍、胡志剛、周思良、鄭第、譚焱、尹艷芝、胡立軍、董哲、安繼軍、鄭鐵芳、趙斌、徐勤向等各位同仁的幫助和支持下，總算達成所願。

　　本書是編者多年從事物聯網和雲端計算技術開發實踐經驗的總結，編者透過不斷摸索與實踐，將雲端計算與物聯網技術緊密結合起來，找出了一條適應資訊產業化建設的新思路，尤其是在環境自動監控領域應用取得了重大突破。武漢巨正環保科技有限公司是一家從事環境自動監控系統建設與營運的環保企業，建設了包括汙染源、放射源、水質、空氣質量、城市噪聲等千餘套自動監控系統及多家監控中心，並一直負責湖北、湖南、九江等省市的環境自動監控系統營運管理工作。多年的實踐證明，傳統的孤立系統和人工營運工作已不能適應資訊技術的高速發展。透過利用物聯網和雲端計算技術進行智慧化改造，將所有的監控前端設備連接到環保雲端計算平台，構建立體化的環境監控體系，真正實現了物物互聯；同時在統一的環保雲端平台上提供智慧化的系統營運管理和環境綜合資訊管理服務，將前端設備管理與後臺應用服務有機結合起來，實現了監控設施的智慧化營運管理以及環境質量的實時監控、預測預警與應急指揮聯合互動。

　　本書共分 10 章，闡述了雲端計算和物聯網的體系結構和實施策略。對於雲端計算涉及的儲存管理、伺服器平台、開發工具、編程技術，我們儘量闡述其精髓部分。我們的目標是闡述雲端計算和物聯網本身，而不是某一個特定工具。本書講解了：

1. 雲端計算和物聯網介紹：什麼是雲端計算和物聯網，雲端計算同 SaaS 有什麼區別，物聯網與網際網路的不同之處，兩者的體系結構是什麼，如何成為雲端計算平台或雲端服務供應商？雲端計算和物聯網產業的規模，兩者如何結合和實施。

2. 基於物聯網的雲端計算平台：什麼是數據源管理器，怎麼實現物聯，什麼是數據中心，數據模型的重要性；什麼是服務中心。

3. 雲端服務和服務對接：雲端服務的層次和設計方法；雲端服務的設計原則和描述方法，如何為雲端服務建模，如何使用 WSDL 定義雲端服務。討論了各類服務對接（Web 服務、SOAP、消息傳遞、郵件等）。

4. 物聯：物聯涉及硬體和軟體兩個部分。本書闡述軟體上的設計和實現，包括數據源（設備）驅動器、各類操作、設備規則、收集伺服器等。

5. 雲端計算平台：介紹了主要的商業雲端計算平台；怎麼搭建自己的雲端計算平台和搭建雲端平台所涉及的 Web 伺服器、前臺和後臺開發工具、資料庫伺服器、服務註冊表等內容。另外，示範了如何組合和布署雲端服務。

6. 雲端儲存：介紹了 hadoop 的組成、MapReduce、Hive 和 HDFS 的功能。

7. 雲數據中心：介紹了數據模型管理器和內容管理伺服器，為所有雲端服務提供一個數據中心，雲端服務不用考慮各個數據管理系統的不同（如文件系統和資料庫）和各個資料庫產品的不同。

8. 雲端服務中心：闡述了集成多個服務的流程管理和如何建立組件，並在這之上建立雲端服務。以 Web 服務為例闡述了開發雲端服務

的方法和同步 / 異步調用。

9. 門戶服務：如何使用 portal、Mashup、Widget、HTML5 等技術實現門戶服務。以 JSF 和 Web 2.0 技術為例，示範了如何建立和測試門戶服務。

10. 雲端計算平台管理：介紹了雲端計算平台的服務質量管理和安全管理，如何使用 JUnit、TPTP 等方法測試雲端服務。最後還介紹了概要分析（profiling）。

　　參加本書編寫的人員還有：鄭齊心、吳寒、夏皇、李建國、謝素婷、郭晨、孫延輝、高艷、薛文、李越、何進勇、杜理淵、胡鈦等。中網在線控股有限公司董事長程漢東、金銀島公司董事長王宇宏、優勝教育集團董事長陳昊、Google 美國公司 Song Sun、中國遠洋總公司丁冬聚總工程師、GE 美國投資公司 Daniel Xue、IBM 美國公司 Hua Chen、加拿大 Telus 電信公司 Richard Lu 審閱了本書的初稿並給予了很多建議和幫助。圖格新知公司和夏非彼老師為本書的出版和編輯做了大量的工作，在此深表謝意。

　　把雲端計算和物聯網兩大技術結合起來構建行業雲是一個創新。

周發武 楊正洪

目錄

Chapter 1
雲端計算和物聯網介紹

從本章節你可以學習到：

❖ 什麼是雲端計算

❖ 什麼是物聯網

❖ 雲端計算產業

❖ 物聯網產業

❖ 雲端計算和物聯網的結合

❖ 本書兩個案例

❖ 基於物聯網的雲端計算平台的人員安排

雲端計算是英文 Cloud Computing 的中文翻譯。簡單地說，雲端計算就是提供基於網際網路的軟體服務。雲端計算是未來 IT 工業的基石，今天屬於網際網路，明天屬於雲端計算。IDC 預測 2014 年美國公共雲端計算要達到 290 億美元，知名證券公司預測中國雲端計算有萬億市場。

資訊技術（IT）的一個夢想是使得資訊產品（軟體和硬體）能夠像電一樣，用多少，付多少。透過雲端計算平台，企業無需購買硬體和軟體（不用買發電機發電），軟體服務標準化，並有一個或多個平台管理（就像市政管理多個電廠的電力資源供應）。雲端計算的出現，讓人們第一次看到實現這個夢想的希望。

另外，IT 正在從提高生產率向協同工作發展。透過協作，促進資訊共享。雲端計算平台是企業的網際網路（有別於「面向個人」的網際網路），它幫助企業和客戶隨時和實時訪問業務數據，使得企業更加方便地同它的客戶共享資訊和交流，在降低成本的同時提高了企業的效率。

連接網際網路的設備包括了從電腦到手機等多種設備。在不久的將來，人們可以使用任何一個設備來訪問雲端計算所提供的軟體服務（本書叫它「雲端服務」）。最終，以連接為中心的軟體系統替代以設備為中心的軟體系統，雲端服務將成為整個軟體系統的中心。

目前的雲端計算就像上世紀 90 年代初期的網際網路一樣，正處於成長初期。但是，正如我們所看到的，網際網路在最近十幾年徹底改變了整個世界。雲端計算也將會如此，我們正在進入一個「任何東西都是雲端服務」的時代。

在未來的雲端計算平台上，不僅僅有公共的雲端服務（如人力資源管理服務，辦公軟體服務），而且有各類專業的服務。所有這些服務都符合一定的標準。各個軟體公司不再銷售軟體產品，而是提供軟體服務。全球的企業不再需要預先花費大量資金用於購買硬體和軟體，也不再需要耗時耗力地安裝和維護軟體，而是僅僅使用服務。企業和客戶透過雲端計算平台更加緊密地關聯。雲端計算將成為一個超級的企業業務操作的平台，支持大多數企業的業務處理。

正如前美國總統歐巴馬（Barack Obama）在其就職演說中所說的，一個全新的世界正在來臨，我們必須追隨這個新的改變（原文：For the world has changed, and we must change with it）。雲端計算正在引導 IT 產業進入一個全新的世界。我們必須迎頭趕上。各個 IT 公司要考慮它們的軟體產品是否能夠變成一個或多個雲端服務（cloud portability），政府部門和行業組織要考慮怎麼制定新的 IT 規則（這些規則最終會轉化為對整個雲端計算產業的控制）。

那麼，什麼是雲端計算呢？它同 SaaS（Software As A Service，「軟體即服務」）有什麼區別？IT 公司應該如何成為雲端計算平台或雲端服務供應商？企業應該如何利用雲端計算的優勢？現在有哪些可用的雲端計算平台？怎麼搭建自己的雲端計算平台？雲端計算本身的挑戰是什麼？雲端計算市場是否會像 PC 市場的網際效應一樣最終被一家所獨占？

▋1.1 什麼是雲端計算

雲端計算是一個 IT 平台，也是一個新的企業業務模式。企業需要改變自己以適應這個新的模式。對於什麼是雲端計算，IT 人員和企業管理者有著不同的定義。

從 IT 的角度來說，雲端計算就是提供基於網際網路的軟體服務。雲端計算的最重要理念是使用者所使用的軟體並不需要在他們自己的電腦裡，而是利用網際網路，透過瀏覽器訪問在外部的機器上的軟體完成全部的工作。使用者所使用的軟體由其他人運轉和維護，使用者只需要透過網際網路建立起連接就可以了。使用者的文件和數據，也儲存在那些外部的機器裡。

電子郵件就是雲端計算的一個簡單例子。我們登錄電子郵箱（如 GMail、Yahoo 電子郵箱、hotmail 等）收發電子郵件，這其實就已經在使用雲端計算了。我們的電子郵件是儲存在外部機器（如谷歌、網易、微軟）的數據中心，而不是我們自己的個人電腦之中。

當大多數人逐步習慣於使用這些個人雲端服務（如電子郵件）的同時，透過相同的方式訪問企業雲端服務也越來越獲得認可。雖然企業的軟體服務非常複雜，但是，隨著網際網路網速的不斷提升，企業的雲端服務也變得現實了。有一些企業已經開始使用雲端計算為其客戶提供基於網際網路的軟體服務了，另一些大企業也把他們自己的軟體系統移到雲端計算平台上。

亞馬遜（Amazon）是全球最早提出雲端計算概念，並將雲端計算應用於中小企業的領導廠商之一。2006 年，亞馬遜推出雲端計算的初衷是讓自己閒置的 IT 設備變成有價值的運算能力。當時亞馬遜已經建成了龐大的 IT 系統，但這個系統是按照銷售高峰期（如美國的聖誕節前後）的需求來建立的，所以在大多數的時候，很多資源是被閒置的。與此同時，更多的企業需要這樣的資源，但卻又沒有錢去做前期的投入。於是亞馬遜首先推出簡單雲端計算服務（Simple Storage Service, S3），出租閒置的計算能力。因為擁有大量的商戶基礎，亞馬遜的雲端計算從一開始就不缺少客戶，所以亞馬遜不僅是雲端計算概念的倡導者，更重要的是一個實踐者。亞馬遜向大量中小企業提供 IT 系統基礎架構。亞馬遜目前提供了一個名為 EC2（Elastic Compute Cloud，彈性計算雲）的雲端計算服務。Nasdaq（納斯達克）和 New York Time（紐約時報）都是該服務的客戶。紐約時報將 4T（1T = 1000GB）的新聞報導放在亞馬遜的雲端計算平台上；納斯達克證券交易所也將股票的歷史交易數據放在亞馬遜的雲端計算平台上。2010 年，亞馬遜在雲端計算領域的營業收入約為 5 億美元，40 萬家企業是它雲端計算的客戶。

　　一個完全使用雲端計算來提供企業級軟體服務的公司是 Salesforce.com 和 force.com（它們是同一個公司的平台）。Salesforce 公司由前 Oracle 公司的 Marc Benioff 建立，是透過網際網路提供企業軟體服務的先驅。該公司建立了基於 Internet 的客戶關係管理（CRM）業務架構。Salesforce 公司除了自己提供雲端服務之外，還為其他企業提供雲端計算平台。比如，JobSciense 在 force.com 平台上實現了自己的招聘服務。成立十幾年的 Salesforce 公司的收入超過 10 億美元，並且以每年 20% 的速度增長。星巴克（STARBUCKS）、戴爾（DELL）、西門子（SIEMENS）等都是 Salesforce 雲端計算平台的客戶。

　　美國蘋果（Apple）公司也在使用雲端計算。iPhone 和 iPad 使用者透過網路上的蘋果應用商店購買應用程式（比如：遊戲或電子書）。這些軟體產品都在雲上面，而不是在蘋果的商店裡。大量的軟體開發商（和個人開發者）在 iPhone 平台上提供了數十萬個應用程式，幾十億的使用者使用了上面的軟體。蘋果每天接到超過數萬個應用審查請求（作者註：只有審查通過後，該軟體才能放在蘋果的雲端平台上）。蘋果應用商店提供了眾多的企業應用。

　　很多大型 IT 公司都在快速地布署雲端計算。微軟公司在 2010 年正式推出了 Windows Azure。在該平台上，軟體開發商可以使用 .NET 資料庫建立應用程式，微軟利用自己的數據中心來運轉和維護這些程序，而使用者則透過網際網路接入。IBM 公司在 Watson 和 San Jose 等地建立了雲端計算中心。Google 公司提供了 Google App Engine 平台，軟體開發人員可以在其平台上開發傳統的網上應用系統。Google 還提供了為其 AppEngine 服務的 MegaStore 數據中心。還有很多公司在實施雲端計算平台，比如 Facebook。

我們首先看看雲端計算的體系結構。雲端計算不僅僅包括應用軟體層，其實是包括了硬體和系統軟體在內的多個層次。簡單地說，雲端計算包含如圖 1-1 所示的三層。

```
┌─────────────────────────────────────────────┐
│                     雲服務                     │
│  （庫存管理服務、人力資源管理服務、客戶關係管理服務等）  │
├─────────────────────────────────────────────┤
│                     雲平台                     │
│  （服務的運行平台，如Google App Engine、Force.com等） │
├─────────────────────────────────────────────┤
│               硬體平台（數據中心）               │
│  （服務器、網路設備、存儲設備等作為一個服務來提供）     │
└─────────────────────────────────────────────┘
```

圖 1-1 雲端計算的三層結構

很多廠商都提供了上面的平台。如 IBM 的 SmartCloud 和亞馬遜的 EC2 主要是一個雲端計算的硬體平台（硬體作為一個服務），Google 的 Application Engine 主要是一個雲端平台，Salesforce 則是雲端服務的提供商。硬體平台和雲端平台為高性能計算、海量資訊儲存、並行處理、數據挖掘等方面提供可靠的支撐環境。

1. 硬體平台（數據中心）

硬體平台是包括伺服器、網路設備、儲存設備等在內的所有硬體設施。它是雲端計算的數據中心。硬體平台首先要具有可擴展性（scaling），使用者可以假定硬體資源無窮多（這是因為雲端計算的出現才提出的一個新概念）。根據自己的需要，使用者動態地使用這些資源，並根據使用量來支付服務費。使用者不再為「系統正常運轉後，需要多少硬體設備來支持當前的訪問量」這樣的問題而煩惱了。

當前的虛擬技術可以讓多個操作系統共享一個大的硬體設施，使得硬體平台的提供者靈活地提供各類雲端平台的硬體需求。目前市場上有收費的虛擬技術（如 VMware），也有免費的開源技術（如 Xen）。hadoop 等產品也可以讓一堆低檔機器組成一個大的虛擬機。

對於硬體平台，還需要考慮其儲存結構。這對於雲端計算來說也是非常重要的，無論是操作系統，還是服務程序的數據，它們都保存在儲存器中。在考慮雲端計算平台的儲存體系結構的時候，不僅僅需要考慮儲存的容量。實際上，隨著硬碟容量的不斷擴充以及硬碟價格的不斷下降，使用當前的磁碟技術，我們可以很容易透過使用多個磁碟的方式獲得很大的磁碟容量。相較於磁碟的容量，在雲端計算平台的儲存中，磁碟數據的讀寫速度（I/O）是一個更重要的問題。單個磁碟的速度很有可能限制服務程序對於數據的訪問，因此在實際使用的過程中，需要將數據分佈到多個磁碟（乃至多個伺服器）之上，並且透過對多個磁碟的同時讀寫以達到提高速度的目的。

在雲端計算平台中，數據如何放置是一個非常重要的問題。在實際使用時，需要將數據分配到多個節點的多個磁碟當中。當前有兩種方式能夠實現這一儲存技術：一種是使用類似於 Google File System 的集群文件系統，另外一種是基於塊設備的儲存區域網路（SAN）系統。總體上來說，雲端計算的儲存體系結構應該包含類似於 Google File System 的集群文件系統或者 SAN。另外，開放原始碼 Hadoop HDFS（Hadoop Distributed File System）也實現了類似 Google File System 的功能，這為想要做硬體平台（或者 IDC）的公司提供瞭解決方案。Hadoop HDFS 將磁碟附著於節點的內部，並且為外部提供一個共享的分佈式文件系統空間，並且在文件系統級別做冗餘以提高可靠性。

讀者要注意的是，SAN 系統與分佈式文件系統並不是相互對立的系統，而是在構建集群系統的時候可供選擇的兩種方案。其中，在選擇 SAN 系統的時候，為了應用程式的讀寫，還需要為應用程式提供上層的語義對接，此時就需要在 SAN 之上構建文件系統。而 Google File System 正好是一個分佈式的文件系統，它能夠建立在 SAN 系統之上。

很多人往往忽視硬體平台在雲端計算上的重要性。其實，只有當硬體平台具備用較低的成本來實現大規模處理量的能力時，整個雲端計算才能為使用者提供低價的服務。另外，硬體平台畢竟是一大堆設備，所以，硬體設備所需要的資源（如電）的收費也需要考慮進去。對於那些想要做硬體平台的 IT 企業來說，可能需要考慮設備的價格、電費、當地的溫度（機器不能太熱）、管理人員的成本等各類因素。

2. 雲端平台

雲端平台首先提供了服務開發工具和基礎軟體（如資料庫、分散式作業系統等），從而幫助雲端服務的開發者開發服務。另外，它也是雲端服務的運行平台，所以，雲端平台要具有 Java 運行庫、Web 2.0 應用運行庫、各類中間件等等。

雲端平台和硬體平台之間，可以是一個操作系統（確切的說，是一個分散式作業系統），該操作系統直接動態分配底層的硬體；也可以是兩個操作系統：一個是與硬體對接並提供虛擬機的分散式作業系統（往往由硬體平台提供），另一個是在這個虛擬機上的當前流行的操作系統（如 Linux、UNIX、Windows 等）。前一種方案的問題是，該操作系統可能提供了很多私有的對接和開發工具，開發的應用很難遷移到其他平台。這正是後一個方案的優勢：開發人員使用他熟悉的開發語言開發程序；也可以將該程序無縫遷移到其他類似平台；所有物理資源的分配，完全由下面的虛擬機完成。筆者更喜歡後一個方案。

雲端平台提供商和硬體平台提供商一起構築一個大型的數據和營運中心。使用者不再需要建立自己的小型數據中心。雖然「用多少付多少」的方式不能從單個使用者上獲得很多收益，但是，使用者的數量優勢將幫助平台提供商最終實現盈利。

3. 雲端服務

雲端服務就是指可以在網際網路上使用一種標準介面來訪問的一個或多個軟體功能（比如財務管理軟體功能）。調用雲端服務的傳輸協議不限於 HTTP 和 HTTPS，還可以透過消息傳遞機制來實現。我們建議使用 Web 服務的標準來實施雲端服務。雲端服務有點類似於在雲端計算出來之前的「軟體即服務」。大多數人對「軟體即服務」的概念並不陌生。服務提供商（即 IT 公司）只需要在幾個固定的地方安裝和維護軟體，而不需要到客戶現場去安裝和調試軟體。

另外，客戶可以透過網際網路隨時隨地訪問各類服務，從而訪問和管理自己的業務數據。

雲端服務也很容易與 SaaS（Software As A Service，軟體即服務）相混淆。一般而言，在「軟體即服務」的系統上，服務提供商自己提供和管理硬體平台和系統軟體。對於雲端計算平台上的雲端服務，服務提供商一般不需要提供硬體平台和雲端平台（系統軟體）。這是雲端服務和「軟體即服務」的一個主要區別。或者說，雲端計算允許軟體公司在不屬於自己的硬體平台和系統軟體上提供軟體服務。這對於軟體公司來說，是一個好事：軟體公司將硬體和系統軟體問題委託給雲端平台來負責了。

從更廣泛的角度來說，雲端計算包含了如圖 1-2 所示的體系結構。企業作為雲端服務的客戶，透過訪問服務目錄來查詢相關軟體服務，然後訂購服務。雲端平台提供了統一的使用者管理和訪問控制管理。從而，一個使用者，使用一個使用者名和密碼，就可以訪問所訂購的多個服務。雲端平台還需要定義服務響應的時間。如果超過該時間，雲端平台需要考慮負載平衡，如：安裝服務到一個新的伺服器上。平台還要考慮容錯性，當一個伺服器癱瘓時，其他伺服器能夠接管。在整個接管中，要保證數據不丟失。多個客戶在雲端計算平台上使用雲端服務，要保證各個客戶的數據安全性和私密性。要讓各個客戶覺得只有他自己在使用該服務。服務定義工具包括使用服務流程將各個小服務組合成一個大服務。我們會在後面的章節中詳細討論這個體系結構。

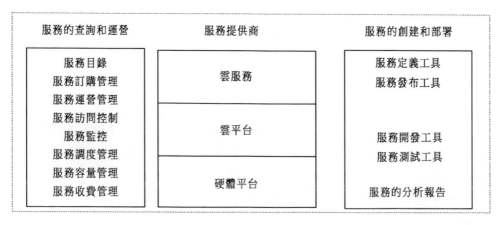

圖 1-2 雲端計算體系結構

整個企業業務分成兩大類：面向客戶的業務（外部業務）和內部業務（操作）。只有面向客戶的業務才為企業產生效益，內部業務是企業的成本開銷。另外，當今的企業能否成功，取決於如何快速和高效地適應市場的變化。在美國，把能夠快速適應變化的企業叫做 agile 企業（agile 的中文意思是「靈活的」）。簡單地說，就是同時間的競爭：產品設計的時間，產品生產的時間，進入市場的時間，領先的時間，響應客戶的時間，等等。這就需要一個靈活的系統，該系統能夠最大化地接近客戶，能夠響應客戶的動態需求，幫助企業抓住動態的商務機會。所以，企業的業務處理必須走出自己企業的範圍，同多個客戶和合作夥伴協調。

　　企業的業務處理也需要包含一些自動處理，從而根據動態的數據，產生自動操作。比如，在線公司為零售店、批發商和廠商提供了消息服務。一個零售店給批發商所發的訂單中往往包含多個廠商的產品。在傳統的方式下，該批發商挨個給廠商打電話，詢問該廠商有多少現貨。訂單服務就提供了一個自動化服務，幫助零售店立即獲得訂單確認資訊。如圖 1-3 所示，一個零售店發送一個訂單資訊給一個批發商。批發商收到訂單（虛線），檢查自己庫存。如果自己庫存不夠，那麼，批發商系統自動發送訂單到多個廠商。各個廠商收到該訂單，檢查自己的庫存。如果自己的庫存沒有足夠的商品，就返回一個當前庫存中的數量值；如果有足夠的，就返回一個要求的數量值。所有這些資訊都發送到批發商確認隊列。批發商監聽該隊列（粗線），並根據得到的結果返回資訊到零售商確認隊列。最後零售店收到自己的訂單結果。從這個例子，你會發現，零售店的一個訂單處理，跨越了多個系統，並在很短的時間內就獲得了結果。這只有透過雲端計算平台才能很好地實現。

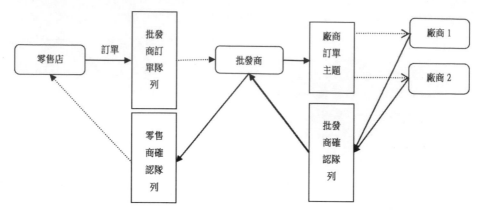

圖 1-3 多企業自動協調系統

　　一個企業往往有多個供應商，它們分佈在不同的地方。一個理想的模式是，企業的業務流程管理是一個基於網際網路的管理。透過雲端計算，將自己企業的業務流程同合作夥伴（供應商和客戶）的業務流程協同起來。提供端到端的業務流程管理（如圖 1-4 所示）。比如：一個客戶訂購了該企業的大量產品，從而使得該企業的庫存數量低於某一個預先設定的水平。這時，該企業的業務流程透過雲端計算平台，自動向多個供貨商訂貨。

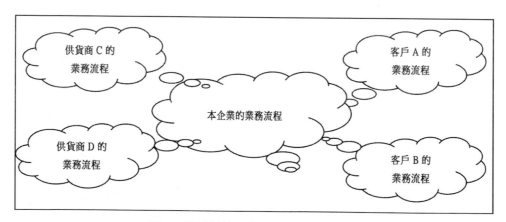

圖 1-4 雲端計算平台上的企業業務處理

　　從商務人員的角度來看，雲端計算不是一個企業門戶系統，不是一個供應鏈管理系統，而是一個商務圈和增值鏈（value chain），是一個企業與客戶，企業與合作企業的社交網路。他們擁有共同的興趣（即：業務）。雲端計算超越了單個企業的銷售和客戶服務，為企業和客戶建立了一個增值的資訊鏈。如圖

1-5 所示，雲端計算平台提供了多個企業的端到端的業務處理。這個業務處理包含了事務性的操作和協作性的操作。透過雲端計算平台所提供的 7×24 小時的雲端服務，企業、客戶和供應商都能隨時隨地使用它。

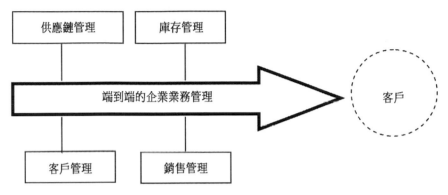

圖 1-5 端到端的企業業務處理

既然多個企業在一個增值鏈上，那麼，只有一個健全的資訊鏈才能完成相互的協作和同步，各個企業才能優化他們的企業效益。透過雲端計算平台，企業獲取實時的業務數據（企業內部、客戶和合作企業的數據），從而實時地響應正在發生的事件，幫助企業快速地作出正確決策，幫助企業快速地調整業務模式。在降低企業的風險的同時，提高了企業的效益。

總之，從商務人員的角度出發，雲端計算是一個 7×24 小時的全天候企業操作平台（Business Operations Platform）。在這個平台上，各個業務流程相互操作，各個企業協調工作。所以，雲端服務是一個獨立的商業服務，而不是一個獨立的 IT 系統。企業可以根據他們的需要組合他們自己的業務系統。企業可以像買菜一樣，在市場上訂購不同的雲端服務，組合成一個所需要的業務系統。從某種意義上說，軟體開發人員所開發的服務就像一個模版，不同的企業訂購這些模版，組合成一個大的系統，進行相關的配置，就變成該企業所需要的軟體系統。這個組合和配置的過程可能只需要幾個小時或幾天即可完成。

我們的企業正在面對一個多變的市場。如何快速、高效、低成本地響應這些變化，從而更好地保持現有客戶並開發新的客戶，是各個企業的目標。這樣的企業必須要有一套系統，用來加快各個部門之間的資訊流動，同客戶和合作夥伴之間建立一個信任的關係。企業作為 IT 軟體的消費者，透過雲端計算模

式,從而獲得以下優勢:

- 標準化軟體服務,而不是一個定製的軟體應用。它們採用面向服務的結構;

- 快速的布署,而不需要等待幾個月到幾年的開發;

- 低價的 IT 系統,而不再需要前期投入大量成本購買硬體、軟體和僱傭 IT 管理人員。根據美國權威機構的統計分析,使用雲端計算的企業可以節省 84% 的成本;

- 靈活的軟體服務。使用服務的時間和容量也是動態的。透過雲端平台,企業就像使用電和水一樣:用多少,付多少;

- 方便快捷的訪問。那種透過 VPN 方式訪問企業防火牆內的系統逐步消失;

- 高度的可擴展性。企業彈性地使用雲端服務。當新的業務需求出現時,就訂購新的服務;當業務規模增長時,就擴大服務的使用量;

- 最新和最安全的軟體服務。企業不需要自己安裝補丁,雲端服務提供商總是提供最新的服務。雲端服務提供商提供多種安全設施來保證系統的安全性。

未來不會只有一個雲端計算平台,而是按照業務和行業形成多個雲端計算平台。正如網際網路是多個網路的網路,雲端計算平台也會是多個雲端計算平台的網路(cloud network),各個平台包含了多類應用和服務。還有,私有的雲端平台也會長期存在。他們為一個大型公司、企業或機構所擁有。表 1-1 比較了公共雲端計算和私有雲端計算的區別。

表 1-1 公共雲端計算和私有雲端計算的區別

公共雲計算平台	私有雲計算平台
服務提供者所擁有和管理	雲計算所服務的客戶所擁有,客戶自己管理或服務提供方代為管理
在互聯網上,所有客戶都可以通過服務訂購的方式訪問	在客戶的防火牆後面,只有客戶和其合作夥伴才能訪問
標準的服務,客戶按照使用量(如多長時間、多少用戶等)付費	往往包含高成本的私有功能

三種模式並存有其客觀原因，所以，在相當長的時間之內，三種模式將一起為企業提供軟體服務，如圖 1-6 所示。但是，隨著雲端計算的普及，越來越多的傳統 IT 系統向雲端計算模式發展。

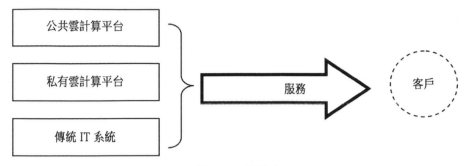

圖 1-6 三種模式

我們來看一個實際的例子。國家在幾個城市試點政府雲，比如：無錫城市雲端平台就是一個政府雲，這是一個公共雲端計算平台。一些行業在做行業雲，比如：環保行業的環保專用雲端平台，這是一個私有雲端計算平台。當然，公共雲端計算平台不等同於政府雲端平台。企業也可以提供公共雲端計算平台，比如：中網在線公司（NASDAQ 上市公司）就為它的上萬家連鎖企業客戶提供了公共雲端平台，幫助這些連鎖企業實現總部　分部的業務往來和本身的進銷存管理。

行業雲一般提供具有行業特徵的雲端服務。比如：環保行業雲的數據挖掘服務是對大量實時和歷史環保數據進行高性能計算和數據挖掘，準確判斷環境狀況和變化趨勢，對環保危急事件進行預警、態勢分析、應急聯動等計算任務提供準確的結果，並能評價環境狀況，預測未來環境狀況變化趨勢。

一個 IT 公司在實施雲端服務時，或者一個企業在選擇雲端服務時，應該確定雲端計算包含了以下的內容：

1.SOA

採用 SOA（面向服務的體系架構）來設計雲端服務。各個服務自己管理自己，一個服務的失敗不會影響另一個服務（即：各服務之間是鬆耦合的）。採用 SOA 所設計的雲端服務才能滿足軟體的互操作性和 mashup（中文翻譯為「揉合」，即將多種軟體服務合成一個新的服務）。當你使用 SOA 來設計雲端服務時，要重點關注兩個方面：服務介面和將多個服務組合成一個業務流程，而不是服務的實現方法。一個服務既可以使用 .NET 或 Java 來實現，也可以使用傳統的實現方法（如 C/C++）。我們推薦雲端服務都採用 Web 服務標準。

2.Web 2.0

同 Web 1.0 不同，Web 2.0 允許使用者成為資訊的提供者。有人把 Web 1.0 稱為「只讀網際網路」，而把 Web 2.0 稱為「可讀寫的網際網路」。比如：透過 Web 2.0，一個或多個客戶可以向企業提出一些具體的產品需求。所以，客戶不再是企業系統的使用者，而是參與者。企業軟體服務應該是包含其客戶在內的動態服務，而不是靜態的軟體服務。

在軟體設計時，需要考慮軟體的自動服務、可擴展性、易用性和穩定性。同傳統的企業軟體不同，使用雲端服務的客戶的計算機水平參差不齊，很難透過培訓等手段讓其擁有類似的技術。這就需要雲端服務非常易於操作，乃至自動服務。另外，使用雲端服務的使用者數目可能快速增長，要求有較強的可擴展性。所以雲端服務應該符合 Web 2.0 標準，應該使用 Ajax 來增強應用的互動性，使用 RIA（Rich Internet Applications）來增強使用者介面的美觀和實用性。可以考慮 Dojo 等技術。

當越來越多的使用者使用雲端服務時，雲端服務也變的越來越有價值。比如：當一個企業的更多合作夥伴使用雲端服務來開展業務時，該企業也從雲端服務上獲得了更多的價值。這就是網路效應。比如你買一個手機。當你的更多朋友也買了手機時，你所購買的手機對你有更多的價值（因為你可以使用該手機聯繫更多的朋友了）。Web 2.0 透過幫助企業同客戶協作，從而擴大網路效應。

3.Mashup

Mashup 幫助我們從已經存在於各地的服務中快速地開發和組合新的服務。Mashup 技術充分使用了上述的 SOA 和 Web 2.0。比如：一個環保行業的雲端計算平台提供了環境質量資訊。透過 Mashup 功能，我們可以將氣象局的雲端計算平台上的氣象服務同環境質量服務結合起來，從而為廣大市民提供一個完整的環境氣象資訊。

4.MDM（Master Data Management，核心數據管理）服務

MDM 服務確保在不同雲端服務之間的核心數據的一致性。比如：當一個企業更改了發貨地址，那麼，不同雲端服務都立即使用新改的發貨地址。

5.BPM（Business Process Management，業務流程管理）服務

一個企業範圍的流程管理是企業成功的要素。現代企業家越來越注重完整的企業業務流程管理，而不再是一個部門的功能管理。企業家注重業務流程的整個生命週期。在雲端計算平台上，業務流程可能包含多個企業的協同工作。另外，雲端計算的重心是確立正確的服務意識和服務的可重用性，而這些服務是一個業務流程或流程中的某一項業務。

在不久的將來，雲端計算平台上可能出現一些公共的 BPU（Business Process Utilities，業務流程工具包），比如：人力資源管理、客戶關係管理、行業的供應鏈管理等。

6.BRM（Business Rule Management，業務規則管理）服務

業務規則管理指透過企業規則引擎來處理各類規則。

7.BAM（Business Activity management，業務活動管理）服務

監控企業的實時業務活動。比如：一個企業的庫存量低於某一個水平時，自動透過網際網路向供貨商定貨，並發佈提醒資訊給企業管理人員。

8.BI（Business Intelligence，業務智慧）服務

企業智慧服務。它提供企業指標數據（dashboard），幫助企業發現哪些是最掙錢的客戶，幫助企業優化供應鏈和定價，並識別提高企業效益的因素。

9.CEP（Complex Event Processing，複雜事件處理）服務

當低層次的事件積累到一定量之後，所應該採取的動作。

根據美國權威部門的統計，企業在 IT 方面的 70% 花費是用於維護現有的 IT 系統，而只有 30% 的花費用在新功能的添加上。另外，該部門的統計發現企業的 85% 的 IT 資源在大多數時間是空閒的。雲端計算的其中一個目標是解

決 IT 資源的維護和使用問題，幫助 IT 資源獲得最大的使用率，最終降低 IT 資源的成本開銷。根據一個美國權威機構的統計分析，使用雲端計算的企業可以節省 84% 的成本，其投資回報率高達 1039 %。表 1-2 描述了幾類模式在成本效益上的不同：

表 1-2 幾類模式在成本效益上的比較

	購買軟體產品並安裝在自己企業	請IT公司訂製軟體並安裝在自己企業	使用雲計算平台
購置成本	硬體和軟體費用，價格高	硬體、軟體和訂製費用，價格最高	按照時間和容量付費，價格很低
維護費用	購置價的10%～20%	購置價的10%～30%	0
實施時間	長	最長	短
客戶IT人員投入	多	多	0
安全性	中─高	中─高	高（配合網路安全、數據備份等）
訪問性	公司內部	公司內部	任何有互聯網連接的地方
新功能拓展性	時間長，等待軟體廠商的補丁和升級	時間長，等待軟體開發商的二次開發	時間短，新功能可以實時上線；更可結合手機等多種設備
類比例子	購買發電機自己發電	訂製發電機自己發電	使用電網提供的電

對於雲端計算感興趣的企業，可以使用下面的表格來分析傳統軟體模式的成本開銷，從而理解雲端計算所帶來的好處：

1.識別企業的關鍵指標（KPI = Key Performance Indicator），如表 1-3 所示。

表 1-3 企業的關鍵指標

	KPI-基準	KPI-目標	變化（%）
節省 IT 成本			
改善運營成本			
改善業務效率			
改進客戶滿意度			

2.列出未來三年的 IT 成本開銷，如表 1-4 所示。

表 1-4 未來三年的 IT 成本開銷

	年增產率（%）	基準	目標 Y1	目標 Y2	目標 Y3
硬體					
服務器數量					
服務器的年平均成本					
IT員工					
硬體和軟體的管理人員數量					
IT人員的年平均成本					
軟體					
軟體數量					
開發／部署新軟體所需要的時間					
軟體開發和購買所需的成本					
其他方面					
設備維修、電費、場地開支等					

　　雲端服務的收費非常靈活，客戶是按照月或年以及使用量（Pay per use）來交費。尤其是按照使用量收費，是很多企業的夢想。大多數企業的 IT 系統只有幾天的高峰期。比如：有一些企業（如基金管理企業）只在月末才需要處理大量的數據。其高峰的處理量可能需要 20 臺伺服器一天來處理。在使用雲端計算之前，這些企業要購買 20 臺伺服器，僅僅滿足那幾天的高峰處理。在雲端計算平台上，因為是按照使用量收費，所以，20 臺伺服器 1 天的使用收費，等同於 1 臺伺服器 20 天的收費，這使得企業節省了大量的硬體成本。

　　對於「按照使用量付費」，到底是按照哪個（或哪些）資源的使用量收費？是儲存設備，還是 CPU、內存、網路設備？比如：在亞馬遜的 EC2 上，一個 1.0GHz x86 ISA 塊（slice）收取每小時 10 美分的費用。在亞馬遜的 S3 上，1G 容量的收費是每個月 15 美分左右。如果上傳 1GB 數據到亞馬遜上（或者從亞馬遜下載 1G 數據），網路帶寬的收費也大概是 15 美分。如果需要的話，亞馬遜使用者可以在 5 分鐘之內就可以增加一個新的 ISA 塊。亞馬遜在 2009 年底發佈了一個價格比較程序，使用者輸入有關的需求資訊，就可以比較使用亞馬遜 EC2、在內部託管項目或主機託管的成本。亞馬遜還發表了一份白皮書，詳細闡述了營運數據中心的直接和間接成本。

最近在美國出現了一個新詞，叫做 freemium。它是 free 和 premium 的結合。對於雲端服務，一些基礎的服務可能是免費的，而只向一些高級的服務收費。我們相信，未來軟體服務的趨勢在於應用程式、Web 服務和小額付費的交集（如圖 1-7 所示）。

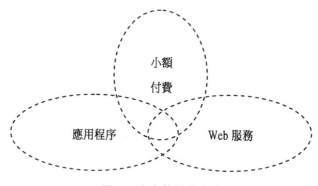

圖 1-7 未來軟體的方向

　　各個公司在雲端計算上的競爭異常激烈。網上零售店亞馬遜、社交網站 Facebook 等都是積極的參與者。我們根據美國經濟學人（The Economist）雜誌和其他公開資料，彙總了三家大公司在雲端計算的幾個重要方面的佈局，如表 1-5 所示。

表 1-5 三家大公司在雲端計算的幾個重要方面的佈局

	微軟公司	Google公司	蘋果公司
數據中心	開通2個數據中心，50萬台服務器	30多個數據中心，2百萬台服務器	在美國北卡州投資10億美元建數據中心
雲平台	Windows Azure平台	Google App Engine	蘋果應用商店
雲服務	電子郵件、網上辦公軟體、企業軟體等服務	電子郵件、辦公軟體、Google Doc等服務	手機和Mac上的軟體服務
雲計算外圍（如手機）	Windows Phone 7、IE瀏覽器	Chrome瀏覽器、Android手機操作系統	iPhone手機 iPad Safari
對開源的支持	支持部分開源軟體	Google公開了Android和Chrome代碼	不太支持開源軟體
數據遷移服務	支持從微軟.NET 平台到Azure平台的應用遷移	Google成立一個Data Liberation Front部門來遷移數據	尚未提供

1.2 什麼是物聯網

物聯網是新一代資訊技術的重要組成部分，是最近一段時間業界最為關注的熱點之一。國外的一個調查機構還提出了「物聯網產業規模比網際網路大 30 倍」的觀點。有人說「所謂物聯網，通俗地說是將生活中的每個物件安裝芯片，再透過無線系統綜合聯繫起來，透過一個終端就能控制包括家中和戶外所有設備」。這其實只是一個小部分。那麼，什麼是物聯網呢？

物聯網的英文名稱叫「the Internet of Things」，簡稱 IoT。顧名思義，物聯網就是「物物相連的網際網路」。這有兩層意思：

• 物聯網的核心和基礎仍然是網際網路，是在網際網路基礎上的延伸和擴展的網路；

• 其使用者端延伸和擴展到了任何物體與物體之間，進行資訊交換和通信。

因此，物聯網的定義是：透過射頻識別（RFID）、紅外感應器、全球定位系統、雷射掃描器等資訊傳感設備，按約定的協議，把任何物體與網際網路相連接，進行資訊交換和通信，以實現對物體的智慧化識別、定位、跟蹤、監控和管理的一種網路。

物聯網是一場更大的科技創新。這場科技創新的本質是：將會使得全世界每一個物品存在一個唯一的編碼。透過細小卻功能強大的無線射頻（RFID）、二維條碼等識別技術，將物品的資訊採集上來，轉換成資訊流，並與網際網路相結合，以此為基礎形成人與物之間，物與物之間全新的通訊交流方式。這種全新的通訊交流方式，終將徹底改變人們的生活方式和行為模式。另外，物聯網的出現，為政府公共安全監管提供了強有力的技術支持手段，提高了早期發現與防範能力。特別是突發社會安全事件和自然災害、核安全、生物安全等的監測、預警、預防，能夠及時有效地透過物聯網及時傳達到政府的各個相關決策部門，增強應急救護綜合能力。部分城市正在試點公共安全智慧影片監控服務平台，也正是基於此。

首先，物聯網是各種感知技術的廣泛應用。物聯網上布署了海量的多種類型傳感器，每個傳感器都是一個資訊源，不同類別的傳感器所捕獲的資訊內容和資訊格式不同。傳感器獲得的數據具有實時性，按一定的頻率週期性地採集資訊，不斷更新數據。

其次，它是一種建立在網際網路上的泛在網路。物聯網技術的重要基礎和核心仍舊是網際網路，透過各種有線和無線網路與網際網路融合，將物體的資訊實時準確地傳遞出去。在物聯網上的傳感器定時採集的資訊需要透過網路傳輸，由於其數量極其龐大，形成了海量資訊，在傳輸過程中，為了保障數據的正確性和及時性，必須適應各種異構網路和協議。

還有，物聯網不僅僅提供了傳感器的連接，其本身也具有智慧處理的能力，能夠對物體實施智慧控制。物聯網將傳感器和智慧處理相結合，利用雲端計算、模式識別等各種智慧技術，擴充其應用領域。從傳感器獲得的海量資訊中分析、加工和處理出有意義的數據，以適應不同使用者的不同需求。

物聯網和網際網路發展有一個最本質的不同點是兩者發展的驅動力不同。網際網路發展的驅動力是個人，因為網際網路改變了人與人之間的交流方式，極大地激發了以個人為核心的創造力。而物聯網概念下的服務平台的驅動力必須是來自政府和企業。物聯網的實現首先需要改變的是企業的生產管理模式、物流管理模式、產品追溯機制和整體工作效率。實現物聯網的過程，其實是一個企業真正利用現代科技技術進行自我突破與創新的過程，這一階段的主要工作是最大限度地把需要感知的事物連接到管理平台，實際上是一個採集終端規模推廣的過程。這個過程剛開始肯定會遇到阻力和困難，但只要堅定不移地去實踐，一定會進入一個全新的世界。

從技術架構上來看，物聯網可分為三層：感知層、網路層和應用層。感知層由各種傳感器以及傳感器網關構成，包括溫度傳感器、濕度傳感器、二維碼標籤、RFID 標籤和讀寫器、攝像頭、GPS、二氧化碳濃度傳感器等感知終端。感知層的作用相當於人的眼耳鼻喉和皮膚等神經末梢，它是物聯網獲識別物體，採集資訊的來源，其主要功能是識別物體、採集資訊。

網路層由各種私有網路、網際網路、有線和無線通信網、網路管理系統和雲端計算平台等組成，相當於人的神經中樞和大腦，負責傳遞和處理感知層獲取的資訊。

應用層是物聯網和使用者（包括人、組織和其他系統）的視窗，它與行業需求結合，實現物聯網的智慧應用。

物聯網的行業特性主要體現在其應用領域內，目前綠色農業、工業監控、公共安全、城市管理、遠程醫療、智慧家居、智慧交通和環境監測等各個行業均有物聯網應用的嘗試，某些行業已經積累一些成功的案例。

一般來講，物聯網的開展步驟主要如下：

步驟 1 對物體屬性進行標識，屬性包括靜態和動態的屬性，靜態屬性可以直接儲存在標籤中，動態屬性需要先由傳感器實時探測；

步驟 2 設備完成對物體屬性的讀取，並將資訊轉換為適合網路傳輸的數據格式；

步驟 3 將物體的資訊透過網路傳輸到資訊處理中心（處理中心可能是分佈式的，如各個環保局資訊中心；也可能是集中式的，如雲端計算中心），由處理中心完成物體資訊的相關計算。

物聯網分成下面幾類，如圖 1-8 所示。

- 私有物聯網（Private IoT）：一般為單一機構內部提供服務。可能由機構或其委託的第三方實施和維護，主要存在於機構內部的內網（Intranet）中，也可存在於機構外部。

- 公共物聯網（Public IoT）：基於網際網路（Internet）向公眾或大型使用者群體提供服務，一般由機構（或其委託的第三方）運行和維護。

- 社區物聯網（Community IoT）：向一個關聯的「社區」或機構群體（如一個城市政府下屬的各個部門：公安局、交通局、環保局、城管局等等）提供服務。可能由兩個或以上的機構協同運維，主要存在於內網和專網（VPN）中。

- 混合物聯網（Hybrid IoT）：是上述的兩種或以上的物聯網的組合，但後臺有統一運維實體。

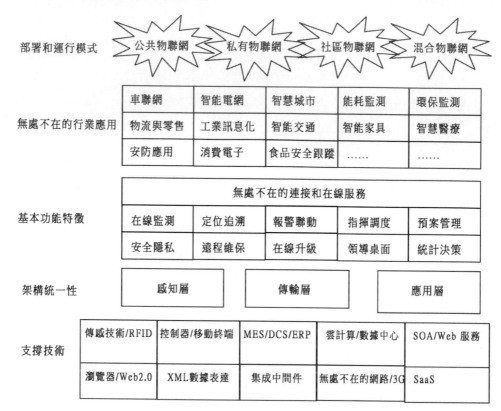

圖 1-8 物聯網的四大布署方式

在交通領域，除了人們熟知的影片監控、**GPS** 定位外，物聯網與手機技術的結合還將帶來更多方便。比如，在東莞地區，在車位上裝了無線傳感器，車輛只要停在這裡，系統就能感知，並把資訊透過電話或手機客戶端，傳遞給使用者，告訴使用者究竟停了多長時間車，以精確收費。另外，人們出門前可提前瞭解哪裡有空餘車位，甚至獲得預約服務。實現這種功能的小小一個傳感器由於是無線的，安裝起來並不麻煩。

在環保行業，巨正公司最近推出的環保雲端平台就是一個結合雲端計算和物聯網技術的應用案例。它充分利用物聯網和雲端計算等新一代資訊技術，把數據採集與傳輸網路、監測數據儲存與共享、監測數據管理與應用、突發環境事故與應急指揮為主要建設內容，運用和集成在線監測技術、計算機技術、網路技術、通信技術、影片音頻和影像技術以及 **GIS** 技術，建立一個能夠覆蓋各級環保系統，實時掌控監測區域、流域、空間的當前環境狀況。這個平台既能實現對重點汙染源（汙水、廢氣等）、高危汙染源排放情況及汙染治理設施、監測設施運行狀況的實時自動在線監測，幫助環保部門及時、準確、全面地瞭解環境狀況，為環境監管、環境評價、執法與決策提供有力支持。又能對各種事故等災害資訊進行科學有序的管理，並進行分析、預測和評估，為事故應急指揮部門進行科學決策和正確的指揮提供可靠的現代化手段。把事故應急反應的工作提高到了一個新的層次，真正地實現了應急管理的資訊化和現代化。

▌1.3 雲端計算產業

　　正如我們在前面提到的，雲端計算正在引導 IT 產業進入一個全新的世界。對於不同規模的 IT 企業，機會和挑戰有些不同。另外，雲端計算產業也對大型網站和電信企業帶來不少的影響。最後，讀者也需要注意到雲端計算本身的挑戰。

　　對於具有創新想法的開發人員和小型軟體公司來說，這是一個絕佳的機會。比如：筆者認識的一個規模較小的公司，他們開發了一個客戶關係管理平台。他們最近想把這個平台放到網際網路上，所以他們需要購買伺服器、資料庫等基礎軟體、電信的寬帶連接等等。另外，他們也需要招聘若干個技術人員來維護這些硬體和軟體。這是一個不小的開銷。還有，他們不知道會有多少使用者和企業來使用他們的工具，所以他們也不確定伺服器需要多大，寬帶要多寬。如果使用者數沒有達到預期的數字，那麼就浪費了這些寶貴的資源；如果使用者數大大超過了預期的數字，那麼就影響了客戶的滿意度。

　　所有這些成本開支和顧慮在雲端計算上都不存在了。在雲端計算上，你只要有好的想法並實現，就可以了。這些伺服器、網路帶寬等都由雲端計算平台提供了。你用多少，付多少。另外，在有些雲端平台（如 Google AppEngine）上，你都不用考慮負載平衡等功能，因為這些平台都已經提供了。

　　為了說明雲端計算對於小企業所帶來的機會。我們看看在 iPhone 平台（蘋果公司叫它「應用商店」）上的一個實際例子。正如我們在前面提到的，iPhone 平台就是一個雲端計算平台，各個軟體開發公司可以透過這個平台提供軟體。比如：我所認識的 Freeverse 軟體公司是一個小公司。該公司的創始人

（Ivan Simth）告訴我，他們公司開發了在 iPhone 平台上的 Flick Fishing、Flick Bowling、Skee-ball 等軟體。就單單 Skee-ball 軟體而言，一個月的收益是 18.1 萬美元（每個使用者只是支付幾美元就可以使用了）。而開發這個軟體只花了 2 個月！蘋果公司的收費也比較合理。對於每一個使用者在其平台上支付的服務費，蘋果公司從中收取 30%，70% 歸開發公司（或開發者）所有。根據華爾街的分析師估計，蘋果公司的應用商店每年為蘋果和開發者帶來超過 5 億美元的利潤。

一個值得關注的問題是，國內大中型軟體公司尚沒有在雲端計算上投入大量的資源，顯得比較短視。雲端計算的確還處於一個成長的初期，其影響還沒有真正發揮出來。但是，一旦各個大型國外廠商的雲端計算平台得到普及，其價格優勢和服務優勢必然直接衝擊國內的大中型軟體市場。國內軟體公司的市場份額可能會大大降低。國內大中型軟體公司要正視這些挑戰。在美國《經濟學人》雜誌上，有一句話值得國內的中大型 IT 企業的負責人深思。原文為：

「Only one thing seems sure about the future of the digital skies：the company or companies that dominate it will be American。European or Asian firms have yet to make such of an appearance in the clould Computing」

筆者意譯為：「雖然雲端計算的競爭還看不出誰是最後的勝利者，但是，有一點是非常肯定的，那就是，控制雲端計算的將是一個或多個美國公司。歐洲和亞洲的 IT 公司還尚未在雲端計算方面採取步驟」。

國內大中型應用軟體公司應該積極地布署雲端計算戰略。他們需要考慮以下幾點：

- 目前銷售的軟體產品是否都可以轉化為雲端服務？是不是一個基於瀏覽器的軟體？有沒有途徑轉換為雲端服務？比如：微軟公司的 Azure 為微軟產品的客戶提供了向雲端計算平台遷移的功能。

- 轉型為面向服務的公司（即雲端服務提供商，cloud service provider，簡稱 CSP），而不是提供軟體產品的公司。

- 軟體的可擴展性。隨著自己的軟體移向雲端平台，就需要考慮自己軟體能否支持大量使用者的同時使用。應該將重心放在自身軟體在多個機器上的水平擴展，而不是在單個機器上的優化。比如：採用 hadoop 的 map/reduce。

- 軟體是否提供了「按照使用量付費」的許可證模式。

另外一個經常被問到的問題：既然雲端計算平台在網際網路上，那麼，應用軟體公司是否還需要在客戶的機器上安裝軟體呢？我們認為，一些客戶可能還是需要一些簡單的線下服務的。從而，在沒有網際網路連接時，客戶的業務仍能繼續。

對於系統軟體公司來說，他們需要考慮的是：

- 系統軟體能否運行在一個虛擬設備上？要檢查自己的軟體能否運行在成千上萬個虛擬機上，而不是一個單獨的物理機器。
- 系統軟體如何在雲端計算平台上收費？
- 是否需要提供基於自己系統軟體的雲端平台（比如，微軟公司提供了基於 SQL Server 等微軟產品的雲端平台）？

有些系統軟體公司其實已經有了類似雲端平台的數據和營運中心。比如，很多公司正在為其客戶提供軟硬體平台和平台上的應用系統，所有的系統維護和設備都在自己公司內，而不是在客戶那裡，那麼是否可以將該平台成為公共雲端平台呢？

對於軟體服務公司來說，他們需要考慮是否向客戶提供雲端平台。比如：IBM IGS 為很多大客戶提供軟體服務，同這些大客戶建立了很好的客戶關係。這些大客戶也易於選擇 IBM IGS 作為自己的雲端計算提供者（如果 IBM IGS 提供的話）。

對於硬體公司來說，他們也需要考慮雲端計算所帶來的不同。比如：他們需要考慮自己的硬體能否支持動態地分配物理資源給不同的虛擬機（如在一個硬體上有多個操作系統，各個系統能夠按照需要動態地獲得硬體資源等）？

大型網站一般都擁有了大量的設備和一定的軟體系統。正如亞馬遜帶給大家的啟示，這些網站可以將自己的資源轉化為雲端計算平台，從而為網站帶來更多的收益。除了亞馬遜，其他網站也在積極佈局雲端計算。Facebook 是全球第二大熱門站點，每天有 5500 萬個更新，每週有 35 億個內容在該平台上共享。Facebook 也允許使用者在其平台上提供插件式的應用。比如，筆者的一個朋友完成了一個多種語言翻譯（包括語音）的網站。他將這部分功能以插件的方式放在 Facebook 上。所以，Facebook 正在從一個社交網站變成一個雲端平台，讓開發人員在其平台上提供多種軟體服務。根據美國經濟學人雜誌 2010 年 1 月 30 日報導，大約 1 百萬個開發人員在開發 Facebook 上的應用程式，Facebook 上已經有了 50 萬個應用程式。對於開發人員來說，他的應用程式可能被 Facebook 的 3.5 億使用者使用（作者註：只有 30% 的使用者來自美國）；對於 Facebook 來說，更多的應用程式可能吸引更多的使用者。另外，Facebook 最近提供了一個名叫「Facebook Connect」插件。該插件被用於其他的網站上。比如：有一個賣書的網站上使用了該插件，那麼，透過 Facebook Connect，你就可以知道你的朋友在這個網站上的活動（有沒有買書，什麼時候買的，等等）。Facebook 自己說，有 8 萬個網站已經使用了該插件。

雲端計算是在網際網路上。隨著越來越多的企業使用在網際網路上的軟體，必然極大地提高電信帶寬的使用率。這對電信是一個很好的機會。一些國家的電信公司自己在開發雲端計算服務，如：英國電信公司目前正在開發一項名為 BT Koala 的雲端計算服務。諾基亞、西門子通信、義大利電信和澳洲電信都是企業雲買方理事會的成員。

當然，雲端計算也給電信企業帶來很多挑戰，比如：現有的設施能否滿足大數據量的傳輸？根據美國商務週刊的報導，AT&T 公司的 3% 的 iPhone 客戶使用了該電信公司 40% 的數據網路。自從 iPhone 在 4 年前問世以來，AT&T 的網路數據流量增加了 50 倍。AT&T 每年投入上百億美元改善無線網路設施，即使這樣，AT&T 的手機客戶不時抱怨網路速度和穩定性。

還有一個案例，值得電信企業思考。國內的 QQ 使用了電信大約 40% 的帶寬，但是，騰訊公司並沒有支付 40% 的寬帶使用費用。基於雲的平台或者軟體，對於電信是機會，還是挑戰，需要時間的檢驗。

雲端計算尤其適合國內的 4000 萬家中小企業。一些 IT 公司可以基於網際網路為中國的中小企業提供一些行業通用的軟體服務，使得中國的中小企業能夠用得起和用得好軟體。雲端計算成本低（企業無需購買軟體和硬體）、沒有維護（由 IT 公司完成），不需要長期投資（企業可以按月支付），沒有投資風險（企業買服務，隨時可以退出）等等。我們相信雲端計算有著巨大的市場潛力。由於擁有許多經濟方面的好處，雲端計算即將成為軟體的主導，很快被眾多企業客戶所接受。

另外，雲端計算平台提供了「按需提供」的概念。隨著中小企業成長為大企業，小企業可以立即使用更多的雲端服務，而無需預先投資。隨著雲端計算的普及，軟體的使用就會像水和電的使用一樣。

比如，中網在線控股有限公司作為 NASDAQ 上市公司，正在為中國連鎖企業提供全面服務，其中很大一部分是為他們提供基於雲端計算和物聯網技術的軟體平台。在這個平台上，這些連鎖企業完成訂單管理和銷售分析等核心業務。

在雲端計算發展的過程中，我們需要克服以下的挑戰：

1. 服務的高可用性

所有的雲端服務都在網際網路上。企業使用者擔心服務能否一直可用。比如：亞馬遜在 2011 年 4 月故障 4 天；百度網仆 2010 年 1 月 12 日故障 11 個小時；微軟公司的 Azure 平台在 2009 年 3 月份試運行期間停止服務 22 個小時。Google 的某些功能在 2009 年 5 月 14 日停止服務 2 個多小時。很多人都在質疑雲端計算是否能夠滿足企業使用者所要求的高可用性。最近 IBM CEO 被問到 Google 公司的雲端計算業務時反問記者：「Google 能為企業提供雲端計算平台嗎？銀行願意在 Google 雲端計算平台上營運嗎？航空公司願意在 Google 雲端計算平台上營運嗎？電信公司願意在 Google 雲端計算平台上營運嗎？中國的銀行願意在 Google 雲端計算平台上營運嗎？俄羅斯中心銀行願意在 Google 雲端計算平台上營運嗎」？然後，他自己回答「No」。

一個常用的解決方案就是配置多個相同的雲端計算平台。如果一個雲端計算平台因故停止服務了，那麼，所有連接可以自動轉換到另一個服務平台上。

另一個問題是雲端計算平台的提供商自身。如果提供商本身出現問題，企業的數據和整個資訊系統都處於危險的狀態（比如：Google 公司在 2010 年 1 月突然說要退出中國市場）。所以，對於企業來說，在注重雲端服務的價格的同時，也需要考慮雲端平台所提供的雲端服務的質量。

還有一個問題是所有網際網路平台都面臨的問題：網路黑客的進攻。黑客的進攻可以阻塞服務的訪問通道，從而使得企業不能正常訪問雲端平台。

2. 服務的遷移

如果一個企業不滿意一個雲端計算平台所提供的服務，該企業能否容易地遷移它現有的數據到另一個雲端計算平台？雖然不同的雲端平台可以透過 Web 服務等方式相互調用對方平台的服務，但是，在一個雲端平台上的企業數據，能否方便地導出，而且其數據能否在另一個雲端平台上被導入？兩個平台上的數據格式是否兼容？數據是否採用業界標準？看看現在已經有的雲端計算平台，比如：微軟公司和 Google 公司的，我們就能理解遷移的不易。我們沒有看到一個容易的方法在這兩個平台之間遷移。

一些常見的做法，如：所有導出數據都是 XML 文件，雲端計算領域制定一些數據訪問和管理的標準 API（就像 JDBC 一樣，但是要拔高到服務一級）等等。這些都能夠或多或少地方便以後的數據遷移。但是，企業擔心它的業務系統過於依賴一個雲端計算平台，從而，影響企業採用雲端計算平台的信心。試想一下，如果一個企業綁定了一個雲端計算平台，那麼，當一個雲端計算平台提高服務價格時，該企業可能並沒有多少討價還價的餘地。

3. 服務數據的安全性

我接觸了一些企業，他們非常適合使用雲端計算平台。比如：我接觸了一個服裝企業，它在全國有 300 家直銷店。該企業希望能夠有一個平台來管理這 300 家直銷店的定貨、發貨、庫存、銷售、退貨等核心業務。該企業的老總問我：「我在雲端計算平台上的數據，其他人能看到嗎？」。我告訴他：「理論上，其他人有可能看到。但是，現有的 IT 技術可以防止這一點」。類似的問題其他企業也問了。他們對我的回答（「理論上有可能看到」）不是非常滿意。

企業對自己數據的安全性的關注，是影響他們採用雲端計算平台的另一個主要原因。其實，現有的技術，如防火牆、數據加密技術等，都保證了數據的安全性。我認為，這主要是一個信心問題，即企業對雲端計算的安全性是否有足夠的信心。

還有一個與數據的安全性相關的話題。一些企業不希望自己的銷售數據等資訊放在一個自己不能完全控制的平台上。比如,上交稅款可能同企業的銷售業績有關。一個極端的例子是,一個國家的企業都在使用另一個國家所擁有的雲端計算平台,那麼,這個國家難道不擔心自己的經濟數據被另一個國家所獲取嗎?

4. 服務的性能

既然雲端計算在網際網路上,那麼,網際網路的帶寬就直接影響了雲端服務的性能,尤其是那些傳遞大量數據的服務。有人提議,如果一個客戶的確需要發送幾百 GB 乃至幾個 TB 的數據到雲端計算平台,那麼,一個快速的解決方案就是直接透過郵政特快專遞送一個硬碟到雲端計算平台提供商。當然,隨著網路設備的發展,帶寬問題將不會制約雲端計算的發展。

5. 同基礎軟體提供商的合作

比如,一個 IT 軟體公司設計並開發了基於 Oracle 資料庫的財務管理軟體。那麼,每當一個客戶購買一份財務管理軟體,其中的價格包含了 Oracle 資料庫的價格和軟體協議。當 100 個客戶購買了財務管理軟體,那麼 100 份 Oracle 資料庫也被銷售了。所以,應用軟體和基礎軟體之間的關係比較簡單。現在,該 IT 軟體公司透過雲端計算平台提供財務管理軟體。該公司建立了自己的雲端平台,在雲端平台上,安裝了 Oracle 資料庫。那麼,該公司到底要向 Oracle 公司支付多少軟體費用呢?現在的軟體銷售模式決定了基礎軟體同客戶之間的關係是「一次買賣」,而不是「用多少付多少」。這個問題正在等待著基礎軟體提供商的回答。

當然,另一個方式是使用免費的開源軟體,比如 MySql。但是,開源軟體能否提供同商業軟體一樣的性能和使用者訪問量呢?能否提供高質量的售後服務呢?

為了消除妨礙企業使用雲端計算服務的障礙,包括微軟、IBM、思科、惠普等在內的多家公司成立了「企業雲買方理事會」。企業雲買方理事會的一個重要任務是消除企業對廠商鎖定的擔憂。企業雲買方理事會將研發標準的解決方案,使企業能方便地遷移一個廠商的服務到另外一家廠商。另外,安全和可靠性也是企業擔心的問題。企業雲買方理事會將研究這些問題，並制定最好的解決方案。企業雲買方理事會還將解決與雲端計算性能相關的問題。

對於軟體開發公司而言，其所提供的雲端服務要注重「連接與協作」，即能夠連接其他軟體開發公司所提供的服務，並與其協作。這就表明了，雲端計算平台的開發是需要一個比傳統軟體的開發具有更大規模的協作。有人問，在網際網路上的大規模的協作可能嗎？我們所看到的開源程序，其實就是一種這樣的模式。很多素不相識的軟體開發人員和設計人員，透過網際網路，完成一個共同的開發項目，比如 Linux 系統。所以，大規模的協作是沒有問題的，而且這將徹底改變整個軟體產業的格局。

我們相信，越來越多的開源程序將會湧現，這不僅僅在基礎的系統軟體方面，也在應用軟體上。在不久的將來，很多軟體公司可能不需要自己開發軟體，而是需要定製某些開源軟體，成為一個真正的軟體服務提供商，而不是軟體產品提供商。

對於中國的軟體產業，我認為這是一個很好的機會。如果我們把一部分付給國外大型軟體公司的軟體費用，用於開源程序的跟蹤和定製，這最終能夠極大地降低中國企業的 IT 成本。

▌1.4 物聯網產業

一項新技術的產生，必然會引起一項新的產業調整，又會取代一個舊的服務體系，形成一個新業務模式。物聯網技術就是如此。相關企業可以開發保障生產安全、食品安全、生物安全、社會安全、環境安全等公共安全重大服務體系的物聯網裝備和系列產品，也可以在已建成的平台上提供社會化的公共安全監控服務，從而推動產業和市場的發展。今年中國物聯網市場規模達到 1933億元，增長率達 61%。專業機構預計，到 2013 年，中國物聯網市場規模將達到 4896 億元，未來三年中國物聯網市場增長率都將保持在 30% 以上。在「應用引領產業發展」的感召下，中國的物聯網應用已經擴展到多個行業領域，包括安防、電力、交通、醫療衛生、工業控制、農業、環境監測、金融服務業等多個領域，其中基於高速傳感網的環境監測系統已在部分城市和地區投入使用；基於傳感網的智慧交通系統在流量監測、紅綠燈控制、停車資訊服務等方面已投入應用。

我們以山西省環保行業為例來探索物聯網產業。山西應用物聯網技術，在全省 756 家重點排汙企業建成了既監又控的汙染源自動監控系統，現有聯網廢氣監控點 1023 個、廢水監控點 586 個、環保治理設施監控點 1237 個、分級警告設備 2071 臺。山西省制定了多個技術標準，比如《山西省汙染源在線監測設備數據輸出、採集、傳輸技術要求》《山西省汙染源影片監控技術規範》等等。

物聯網可以幫助環保行業細化汙染源監控系統全方位架構、強化數字環境管理，這將帶來環境管理模式重大轉變。借助物聯網工業資訊化技術，實施排汙監控、工況監控、影片監控「三位一體」全方位實時監管，可從不同角度把握企業汙染治理設施運行及排汙狀況，用整體化、系統化、全方位監控代替單一的排汙口監控，可多資訊、多角度、多方式集群邏輯判斷企業生產的環保行為。汙染源末端排汙口主要汙染物排放自動監控是核心，實時提供企業排放主要汙染物的濃度、流量等第一手資訊，是開展總量核算、提汙費核定、認定違法超標超量排汙行為的數據來源；汙染治理設施過程工況監控是基礎，透過遠程分析企業汙染治理設施的主要工況參數運行狀態，實時掌控汙染治理設施的正常運行狀態，是核定企業汙染治理設施有效運轉率的主要途徑；生產排汙狀態影片監控是標識，反映排汙口廢氣或廢水的物性狀態，是判定企業是否停產、是否正常排汙的有力佐證。物聯網在環保行業有著重大的應用前景。在環境監測監控領域，建成環境監控物聯網平台，建設環境監測傳感網系統及預警平台、重點排汙企業智慧化遠程監控平台、放射源管理傳感網系統及集水文監測、環境監管與應急處置於一體的物聯網決策指揮管理系統，打造「感知環保」應用，全面提升環境監管能力。

1. 物聯網對設備企業的機會和挑戰

布在水中的傳感器（如圖 1-9 所示），就能隨時監測水質情況；在泥石流多發地段布設監測點，可提前發出預警；在公園內安裝噪身監測設備（如圖 1-10 所示），就能隨時監控噪聲。借助物聯網技術，在利用自然資源與保護自然環境之間，人們找到了關鍵銜接點。

在之前注重 COD、二氧化硫的基礎上，2011 年環保部新增了氨氮、總磷和氮氧化物削減率等 14 項監測指標。環保部門將把氨氮、氮氧化物和總磷等指標引入減排任務中。氮氧化物是形成灰霾天氣的主要原因，氨氮和總磷則直接反映出湖體改善的效果。這些監測數據的採集要求，是設備企業的機會和挑戰。

圖 1-9 水物聯監測設備

圖 1-10 安裝在廈門公園內的無線噪音遠程監控系統

2. 物聯網對軟體企業的機會和挑戰

我們還是以環保行業為例，環保物聯的目標是「測得準（數據）、傳得快、搞得清、管得好（環境）」。數據的處理（包括是否預警）、多類別多地區數據的挖掘，都是軟體企業的機會。當然，物聯網所帶來的海量數據和數據之間的眾多關聯，也給軟體企業帶來不少的挑戰。

▌1.5 雲端計算和物聯網的結合

物聯網實質是物物相連，把物體本身的資訊透過傳感器、智慧設備等採集後，收集至一個雲端計算平台進行儲存和分析（如圖 1-11 所示）。

在實際的應用領域，雲端計算經常和物聯網一起組成一個互通互聯、提供海量數據和完整服務的大平台。比如：城市公共安全智慧影片監控服務平台，就是集安全防範技術、計算機應用技術、網路通信技術、影片傳輸技術、訪問控制技術、雲端儲存、雲端計算等高新技術為一體的龐大系統。公共安全智慧影片監控服務平台包括傳感器技術、無線圖傳技術、智慧影片分析技術、資訊智慧發佈及推送技術、中間件技術、資料庫等核心技術。這個平台實現對已標識的影片數據自動分析、切換、判斷、報警。在雲端計算平台上，建立服務模式和服務體系。

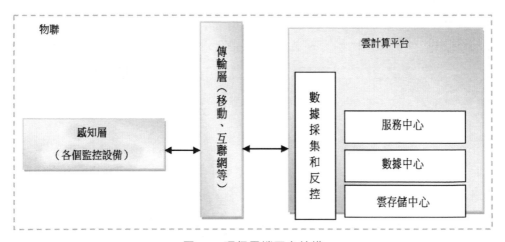

圖 1-11 環保雲端平台結構

我們以環保平台為例來看看雲端計算和物聯網的集合。環保平台利用物聯網等現代資訊技術對汙染嚴重的生態環境進行詳查和動態監測，對森林資源、草地資源、生物多樣性、水土流失、農業汙染和工業及生活汙染等及時做出監測和預警。在實際的日常環境監測中，透過布設物聯網傳感器使得環境資訊化，能夠建立起環境監測、汙染源監控、生態保護和核安全與輻射環境安全等資訊系統，有利於實時收集大量準確數據到雲端計算平台，進行定量和定性的分析，為環境管理工作提供科學決策支持。同時，物聯網應用還可以突破環境管理的時間和地域限制，最大限度保障環境資訊的客觀性和真實性。

我們看一個物聯反控的例子。無錫移動配合環保部門在重點排汙監控企業排汙口安裝了無線傳感設備，不僅可以實時監測企業排汙數據，而且可以遠程關閉排汙口，防止突發性環境汙染事故發生。該系統利用 GPRS 無線傳輸通道，實時監控汙染防治設施和監控裝置的運行狀態，自動記錄廢水、廢氣排放流量和排放總量等資訊，當排汙量接近核定排放量限值時，系統即自動報警提示，並自動觸發簡訊提醒企業相關人員排放值數據並自動關閉排放閥門。同時，一旦發生外排量超標情況，系統立即向監控中心發出報警信號，提醒相關人員及時至現場處理。在系統運行中如遇停電，系統自備電源立即啟動，維持系統 10 天以上的運行，確保已採集數據資訊的安全完整。這個項目已在太湖周邊 40 餘家重點企業投入使用，有效減少了企業違規排放現象。

數據管理是雲數據中心的主要功能，也是一個平台的核心競爭力，如：亞馬遜的產品資料庫，eBay 的產品資料庫和銷售商，MapQuest 的地圖資料庫，Napster 的分佈式歌曲庫等等，在網際網路時代，對數據的掌控導致了對市場的控制，從而為該企業帶來了巨大的經濟回報。在亞馬遜上，有書的詳細數據（如圖 1-12 所示），例如：封面圖片、書目錄、書索引和若干頁樣本。更重要的是，使用者來評註書本。我們可以想像，在幾十年之後，可能是亞馬遜而不是 Bowker，成為圖書文獻資訊的主要來源，成為一個學者、圖書管理員和消費者的參考書目來 源。亞馬遜還引入了其專有的標識符（即：ASIN），該標識符在 ISBN 存在時與之對應，而當產品不帶有 ISBN 時，就建立出一個等價的命名空間。

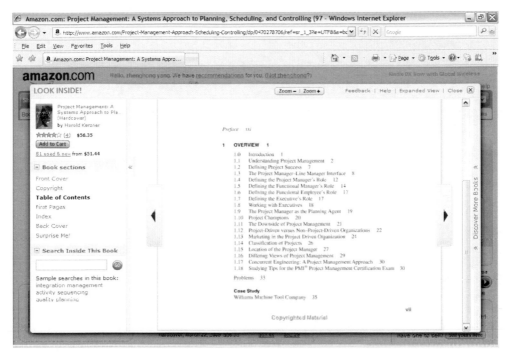

圖 1-12 Amazon 上的書本資訊

　　以環保行業為例，由於環保數據的結構複雜，類型繁多，每天要採集的數據量巨大，所以，環保數據和儲存管理一體化是平台的一個關鍵點，是決定系統綜合效能發揮的重要因素。基於雲端計算技術構架環保行業的雲數據中心是必由之路。我們將在下一章詳細講解雲數據中心的重要功能。

　　如果是一個行業的雲端計算平台，那麼，服務中心提供該行業的完整服務；如果是一個政府的公共雲端計算平台，那麼，服務中心提供綜合服務平台，如電子政務等。雲端服務中心為最終使用者和行業軟硬體開發者提供雲端服務。這包括提供通用的資訊服務和資源，和提供行業專用資源和軟體，使得行業使用者和開發者能夠各取所需，提高整個資訊處理效率。

　　雲端服務中心應該採用 SOA（面向服務的體系架構）。SOA 是軟體設計、開發和實施方式的一個巨大的變革。根據美國市場研究公司 Gartner 的報告，在 2010 年，80% 以上的大型的新系統使用 SOA。既然雲端計算的目的就是提供軟體服務，那麼，怎麼設計和實施軟體服務就是關鍵。SOA 是我們設計和實施雲端服務的最有效的方法。

企業的業務處理往往比較複雜，SOA 就是打破這個複雜性。另外，軟體體系結構發展的核心是在三個方面：軟體的組件化，如何分割組件和組件的抽象化（即：越接近人類的思維越好）。在 SOA 上，各個獨立的「服務」組合成子系統，從而提供了隨需應變的服務所需要的動態機制和靈活性。那麼，什麼是 SOA 呢？為什麼要使用 SOA 來設計雲端服務呢？ SOA 和 Web 服務的區別在哪裡？

1. 什麼是 SOA ？

SOA 是英文 Service Oriented Architecture（面向服務的體系架構）的三個開頭字母的縮寫。SOA 是一種高層的架構模型，是一種軟體設計方法。它將一個企業或者行業的所有業務操作切分為多個服務。隨著業務需求的改變，這些服務能夠被重新組合，然後應用到各種業務流程中。從使用者的角度來看，SOA 保證了業務的靈活性，從而使其 IT 軟體系統能快速適應企業 / 行業的業務變化。從某種意義上說，SOA 幫助我們構建了一個 IT 架構，該架構可以適應將來未知的業務需求。

SOA 是一套構建軟體系統的準則。透過這套準則，我們可以把一個複雜的軟體系統劃分為多個子系統（業務流程）的集合，這些子系統之間應該保持相互獨立，並與整個系統保持一致。而且每一個子系統還可以繼續細分下去，從而構成一個複雜的企業或行業級架構。在基於 SOA 架構的系統中，具體應用程式的功能是由一些鬆耦合併且具有統一對接定義的服務組合起來的。面向服務的體系結構（SOA）中的構件包括：

- 服務：服務使用者透過已發佈對接調用服務。

- 服務描述：服務描述指定服務使用者與服務提供者互動的方式。它指定服務請求和響應的格式。

系統設計人員一般從企業 / 行業的具體需求入手構建基於 SOA 的架構。巨正環保公司的設計人員構建了如圖 1-20 所示的 SOA 架構。這是一個基於 SOA 的系統，其中的所有程序功能都被封裝在一些功能模塊中，巨正公司就是利用這些已經封裝好的功能模塊組裝他們所需要的系統，而這些功能模塊就是 SOA 架構中的不同的服務。總之，在 SOA 中：

- 所有功能都定義為服務。

- 所有的服務都是獨立的。它們就像「黑匣子」一樣運行：外部組件既不知道也不關心它們如何完成自身的功能，而僅僅關心它們是否返回期望的結果。

- 對接是可調用的。也就是說，在體系結構的層面上，服務究竟是本地的（在本系統內）還是遠程的（在外部系統上）、是用什麼協議來調用或需要什麼樣的基礎架構組件來連接，都是無關緊要的。服務可能是在相同的應用程式中，也可能是在內部網內完全不同的系統上，還有可能是在用於 B2B 配置的合作夥伴的系統上的應用程式中。

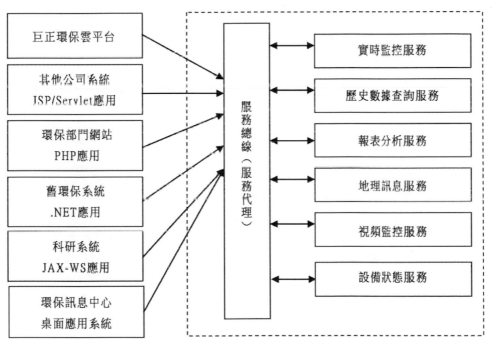

圖 1-13 巨正環保雲 SOA 架構

對於圖 1-13，調用服務的應用可以是：

- 傳統的桌面應用：環保資訊中心的某些電子政務系統是一個桌面系統，工作人員啟動在其機器上的應用系統來查看和更新平台上的企業資訊。

- 巨正環保雲端計算平台。

● 對外的環保網站、其他企業的應用系統等等。

很多讀者經常看到 SOA 和 Web 服務等概念在一起，下面我們闡述它們之間的關係。

2. 什麼是 Web 服務？

Web 服務就是在 Web 上按照某個規則來訪問的軟體服務。很多雲端服務都是 Web 服務，Web 服務本身可以實現一個業務流程。Web 服務解決了互操作性問題：Web 服務和其調用者可以使用不同的操作系統，不同的程式語言和不同的體系結構。

Web 服務是包括 XML、SOAP、WSDL 和 UDDI 在內的技術的集合。XML 是一種通用數據表達法。在使用不同程序語言編寫的程序和執行不同的機器指令之間，都可以使用 XML 作為交換媒介。XML 是所有 Web 服務技術的基礎，並且是互操作性的關鍵，每個 Web 服務規範都是基於 XML。SOAP 使得 XML 所編寫的資訊的交換規範化，WSDL 使用 XML 描述 SOAP 的細節。Web 服務本身是用標準的 WSDL 描述（即：描述服務提供的操作、輸入輸出參數和訪問服務的方式），服務調用者能夠在網路上使用基於 HTTP 的 SOAP 訪問這些服務（調用者發送一個 XML 消息給服務提供者）。所有 Web 服務的 WSDL 描述資訊都可以被髮布到一個標準的註冊中心上（如 UDDI）。

實現 Web 服務的方法很多，比如，使用 J2EE 中的 JAX-WS、JAXB 等技術來實現。從現有的 Java 類別轉化為 Web 服務非常簡單，你只需要在類別的前面加上「@WebService」註釋即可。如果是開發新的 Web 服務，你可以採用自上而下的方法，即：設計人員建立一個 WSDL 文件來設計 Web 服務，然後讓開發工具根據 WSDL 資訊自動生成 Java 類別（如 EJB），開發人員再在這些類別上添加業務邏輯。對於調用 Web 服務的程序來說，很多開發工具都能自動生成調用服務的代碼。

3.SOA 和 Web 服務的關係

Web 服務的互操作性等技術特徵都是 SOA 系統所要求的。因此，現在有很多系統設計人員和開發人員簡單的把 SOA 和「Web 服務」技術等同起來。本質上來說，SOA 體現的是一種系統架構，你可以使用 Web 服務來實現 SOA

系統。但是，Web 服務並不等同於 SOA。

　　SOA 服務和 Web 服務之間的區別在於設計。SOA 並沒有定義服務互動的物理模式，而僅僅定義了服務互動的邏輯模式。但是，Web 服務在需要互動的服務之間如何傳遞消息有具體的模式（如透過 HTTP 傳遞 SOAP 消息）。從本質上講，Web 服務是實現 SOA 的具體方式之一。除了使用 Web 服務來實現 SOA 服務外，我們還可以使用 CORBA 等其他方式。

　　Web 服務是針對特定消息的傳遞。Web 服務規範定義了實現服務以及與它們的互動所需要的細節。然而，SOA 是一種用於構建分佈式系統的方法，採用 SOA 這種方法構建的分佈式應用程式可以將功能作為 Web 服務交付給終端使用者，也可以構建其他的服務。即：SOA 可以基於 Web 服務，也可以基於其他的技術方案（如可以在 HTTP 或 JMS 上使用 XML 來實現相似的結果）。

　　雖然 Web 服務解決方案和 SOA 都包括了服務請求者（客戶端）和服務提供者（伺服器），但是 Web 服務是透過 SOAP（XML 消息傳遞）來通信。Web 服務使用 Web 服務描述語言（WSDL）描述服務請求者和提供者之間的聯繫。Web 服務標準是一個內部軟體與外部軟體互動的最佳方法。在使用 SOA 設計分佈式應用程式時，你可以將 Web 服務的使用從簡單的客戶端 - 伺服器模型擴展成任意複雜的系統。

　　總之，SOA 不是任何諸如 Web 服務這樣的特定技術的集合，而是完全獨立於它們的體系結構。在業務環境中，SOA 是一種應用程式的體系結構，在這種體系結構中，所有功能都被定義為獨立的服務，這些服務帶有定義明確的可調用對接，可以用定義好的順序調用這些服務來形成業務流程。在本書中，我們將專注於如何將 SOA 用在 Web 服務上。

　　最近有人提出 Enterprise 2.0。Enterprise 2.0 其實就是將社交網站和傳統企業系統結合，強調企業業務的「連接與協作」。從技術上說，企業 2.0 就是將 Web 2.0、SOA 和雲端計算結合在一起，方便資訊的交換，從而使得分佈在不同地方的客戶和合作夥伴協調工作。企業的整個業務不再是 IT 驅動的業務，而是客戶驅動的業務。它幫助企業的管理者透過雲端計算平台迅速、準確地獲得業務數據。

　　同企業 2.0 相關的 Web 2.0 核心理念就是「網際網路作為平台」。Web 2.0

強調使用者在網際網路平台上的參與和資訊的增值，強調「使用者增加價值」。符合 Web 2.0 的服務（應用系統）具有以下特徵：

- 軟體變成一個持續更新的服務，隨著越來越多的使用者使用，這個軟體服務也逐漸被更新。另外，軟體越容易使用，就越能提供更多的價值。

- 服務所設計的數據來自多個方面。使用者也成為資訊的提供者和控制者。這是一個多向的數據交流，參加的使用者都能獲益。比如，在 YouTube 上，使用者上載了自己的影片內容，其他使用者都可以欣賞；在亞馬遜上，使用者發佈了所購買產品的評論，其他使用者都可以參考這些評論來決定是否購買；在 Wikipedia 上，使用者提供了相關內容的解釋，其他使用者獲取、乃至修正某些解釋；在部落格（Blog）上，使用者提供了自己的日記資訊，其他使用者可以閱讀和欣賞文章等等。

- 透過數據的整合，變成一個多對多的關聯，而不是過去的一對多的聯繫；變成了凝聚大多數人的智慧，而不是一個單一的業務處理。透過同客戶一起創造價值來達到雙贏的目的。

這個使用者的參與性對於企業軟體是非常重要的。這能夠幫助企業找到潛在的合作夥伴、客戶、供應商等。透過 Web 2.0，越多使用者使用系統，則該系統的效果必然是越好。這是因為：

1.營運必須成為一種核心競爭力。Google 或者 Facebook 在產品開發方面的專門技術，必須同日常營運方面的專門技術相匹配。從軟體作為商品到軟體作為服務的變化是一個極大的變化，以至於軟體必須每日加以維護，否則將不能完成任務。Google 必須持續抓取網際網路並更新其索引，持續濾掉鏈接垃圾和其他影響其搜索結果的東西，持續並且動態地響應數千萬使用者的異步查詢，並同步地將這些查詢同上下文相關的廣告匹配。

2.使用者必須被作為共同的開發者來對待。需要實時地彙總使用者行為，來檢查哪些新特性被使用了，以及如何被使用的。這將成為另外一種必須具有的核心競爭力。我的一位朋友是一個大型網上服務商的開發人員。他評論道：「我們每天為網站的某些部分提供兩到三個新的特性。如果使用者不採用它們，我們就將其撤掉。如果使用者喜歡它們，我們就將其推廣到整個網站」。

假設我們已經有了很多雲端服務,那麼,就需要一個工具和標準將這些服務組合起來。「Mashup」就是被用來快速地組合服務成一個業務系統。在美國,一個經典的例子就是,將 Google 或其他提供商的地圖服務,集成到房地產銷售的網站上,從而,對某些房子感興趣的人就可以看到該房子的實際位置和周邊環境,如圖 1-14 所示。

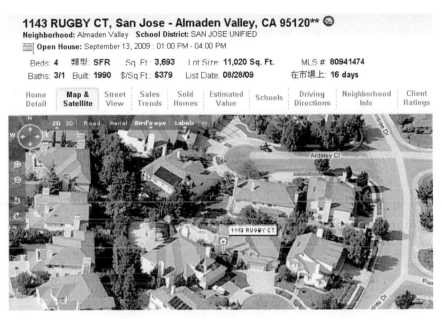

圖 1-14 Mashup 應用實例

1.6 本書兩個案例

在本書中,我們透過兩個實際的案例來分析物聯網和雲端計算的設計和實施。

環保系統的目標是安全防控和節能減排。正在擬定中的國家環保「十二五」規劃中提出了總體規劃目標,即到 2015 年,主要汙染物排放得到控制,重點地區和城鄉環境質量有所改善,生態環境總體惡化趨勢達到基本遏制,環境安全基本保障,為全面建設小康社會奠定良好的環境基礎。如何在技術上監測重點地區環境質量變化,進行環境趨勢跟蹤和趨勢分析,如何全面綜合地評價區域性整體環境安全和保障措施完善程度,如何進行生態環境質量和汙染情況關聯性分析等深入的環境保護相關分析，是困擾目前環保資訊化建設的一個重要技術瓶頸。

下面是現有環保系統的特點：

- 具有基本的環境和汙染源監測功能，具有初步的傳輸和統計分析功能，有些系統結合了 GIS 系統，並具有初步的環境綜合質量的預測預警功能；

- 監控模塊考慮了運行時的應變能力和容錯能力，採用斷網緩存處理等手段確保整個監控系統的穩定性與可靠性；

- 監控設備數量巨大、地理區域分散、實時性要求高；

- 各個環保系統構成一個複雜的異構環境；不同的開發工具、不同的資料庫產品、不同的軟體開發商，使得這些系統之間的數據交換和共享變得尤其困難；

- 與環境相關的基礎數據（包括環境質量和各類汙染源監測數據）不全面、不準確、不及時；由此產生了一系列環境管理和服務方面的問題，包括環境質量預測不準確、環境質量與汙染源關聯分析不緊密；

- 缺少對大量基礎數據的統一整理，未能綜合如氣象、交通等相關部門資訊對各類環保數據進行充分分析，從而很難為環境管理決策提供有效科學支持；

- 缺少對水體水源、大氣、噪聲、汙染源、放射源、廢氣物等重點環保監測對象的狀態、位置等資訊進行全方位監控；

- 以資料庫為中心，而不是以內容庫為中心，從而缺少對環保數據的全面管理和分析；

- 缺少處理海量數據的體系結構，也未充分考慮海量數據儲存支撐平台。

巨正公司透過調研和整理，分析了當前環保系統的特點，確定了以雲端計算和物聯網技術為核心的環保雲端平台是一個非常可行的方案，從而可以徹底解決上述問題。在環保雲端平台上，透過採用數據分析、可視化監測和地理資訊技術，並透過環保專家知識庫和對大量實時和歷史數據的挖掘、評測與關聯性分析，深度獲取和挖掘相關環保數據，幫助環保部門準確判斷環境變化趨勢。還有，環保雲端平台把環保危機事件的預警、態勢分析、聯動和應急指揮決策輔助組合為一體，提供準確的分析、挖掘掌握水、氣、土壤等多相生態環境變遷和關聯性的規律，對完善環境法律、法規體系、環保行業監測規程和技術標準、環保發展戰略的規劃等提供充分的科學依據。

這個平台既能實現對重點汙染源（汙水、廢氣等）、高危汙染源排放情況及汙染治理設施、監測設施運行狀況的實時自動在線監測，幫助環保部門及時、準確、全面地瞭解環境狀況，為環境監管、環境評價、執法與決策提供有力支持。又能對各種事故等災害資訊進行科學有序的管理，並進行分析、預測和評估，為事故應急指揮部門進行科學決策和正確的指揮提供可靠的現代化手段。把事故應急反應的工作提高到了一個新的層次，真正地實現了應急管理的資訊化和現代化。

這個平台的實施，必將培育環保物聯網產業體系，包括環保資訊化服務產業、傳感器和物聯網基礎設施以及雲端計算服務產品等。這個平台實現對環境資訊資源的深度開發利用和對環境管理決策的智慧支持，從而最大程度地提高環境資訊化水平，完善環境保護的長效管理機制，推進汙染減排、加強環境保護，實現環境與人、經濟乃至整個社會的和諧發展。

中網在線控股有限公司作為 NASDAQ 上市公司，正在為中國連鎖企業提供全面服務，其中很大一部分是為他們提供基於雲端計算和物聯網技術的軟體平台。中網的雲端計算平台為國內的連鎖企業提供各類軟體服務，如：供應鏈管理、庫存管理、財務管理、客戶關係管理等軟體系統。這些系統從前都是運行在客戶機器上的應用程式。連鎖企業一般具有總部和分部的特性。總部和分部使用中網提供的軟體來管理他們自己的業務，如：訂單、庫存、發貨、銷售、退貨、業務數據彙總和分析等。

中網公司在全國有多個分公司，共有 300 多名員工。中網公司需要解決下面的問題：

- 一些客戶的 IT 技術比較弱，經常需要公司的技術人員到現場解決問題。

- 一些客戶經常需要安裝系統到新的分店的機器上。比如：杭州的一個服裝廠商在江蘇省常州市新開了一個加盟店。加盟店的人員不能很好地安裝系統。

- 一些客戶經常使用那臺安裝了應用軟體的計算機上網。有時這個機器感染病毒，並導致整個企業的數據丟失。工作人員經常發現客戶沒有按照要求備份數據。

- 一些大的客戶都有自己的 IT 系統。中網的應用軟體需要同這些客戶的現有系統進行連接。各個大客戶並沒有使用統一的 IT 系統，這使得中網平台要兼容不同的 IT 系統。這些系統往往採用不同的操作系統，不同的程式語言。他們的系統的對接和數據格式可能同中網系統不同。大多數大客戶都不想改變他們自己現有的內部系統。

- 一些客戶正在建立自己的網站。他們希望中網軟體能夠接收並處理從他們自己網站來的實時業務數據（包括：網上使用者註冊，登錄，使用者在網上下訂單等）並長期保存，從而他們自己的網站就不需要維護和管理這些業務數據。雖然網上使用者訪問他們自己的網站，但是中網平台在後面處理網上銷售業務並保存銷售數據。

- 使用中網軟體的一些客戶在業務上有直接或間接的聯繫。有些客戶要求中網軟體能夠關聯各個客戶的數據，消除數據的冗餘和不一致性。

上面的前三個問題都可以透過軟體即服務來解決。而後面的問題，可以歸結為兩個基本問題：異構和改變。中網軟體需要連接各種各樣的系統（異構）和適應新要求（改變）。雲端計算所採用的 SOA 的優勢是互操作性，可以集成不同平台之間的功能，而與編程的語言、操作系統和計算機類型等等無關。

就內部而言，應用程式的重複使用是一項關鍵的優勢，因為它可以降低開發成本。服務的重複使用，其長期作用在於減少冗餘的功能，簡化基礎架構，從而降低維護代碼的成本。透過按服務的使用者來組織應用程式，與傳統的編程技術相比，我們獲得一個更加靈活敏捷的集成模型，使我們可以迅速地修改業務流程的模型。比如：庫存查詢是一個已經存在的服務。現在需要一個監控庫存並在需要時自動重新定購的服務。我們可以使用庫存查詢服務並加上適當的定購功能來完成。

就外部而言，當保留了相同的消息格式時，支持該格式的軟體只要仍然支持相同的消息對接，則可以按需進行更改。只要它支持相同的消息格式，甚至可以使用另一種程式語言的實施來完全替換系統，請求程序無需更改。雲端服務還可以支持多個版本的應用程式。

以 SOA 為基礎的雲端計算能夠幫助解決上述的問題。雲端計算平台為連鎖企業提供一個功能全面、方便使用的企業管理軟體，從而幫助中網站在一個新的高度理解企業級架構中的各種組件的開發和布署，並以更迅速、更可靠、更具重用性構造整個業務系統，幫助中網平台更加從容地面對業務的急劇變化：

- 雲端計算所採用的 SOA 提供了一個抽象層，透過這個抽象層，中網可以繼續利用它在 IT 方面的投資，方法是將這些現有的軟體包裝成提供企業功能的雲端服務。

- 中網雲端計算平台幫助他們快速、準確地同產業鏈上的上游和下游完成業務操作；幫助他們管理總店和分店的業務操作。

- 雲端計算所帶來的零維護，使得客戶無需維護系統，無需安裝系統。

- 在面向服務的體系結構中，集成點是對接而不是具體的實現。這提供了實現的透明性，並將基礎設施和實現發生的改變所帶來的影響降到最低限度。因為複雜性是被隔離的，當更多的企業一起協作提供價值鏈時，這會變得更加重要。

- 雲端計算給客戶帶來的低成本（客戶無需購買伺服器，按使用量付費）和零風險使得中網平台更容易吸引新客戶。

- 從現有的服務中組合新的服務的能力。這給需要靈活地響應苛刻的商業要求的企業提供了獨特的優勢。透過利用現有的組件和服務，可以減少完成軟體開發的生命週期（包括收集需求、進行設計、開發和測試）所需的時間。這使得可以快速地開發新的業務服務，並允許公司迅速地對改變做出響應。

- 透過雲端計算平台，客戶可以在同一個平台上進行網上業務操作，從而幫助客戶快速、準確地進行交易。這就改善了客戶之間現有業務的效率。

- 透過以鬆散耦合的方式公開業務服務，企業可以根據業務要求更輕鬆地使用和組合服務。這就增加了重用性，並降低了成本開銷。

- 基於 SOA 的業務流程是由一系列業務服務組成的，可以更輕鬆地建立、修改和管理它從而滿足不同時期的需要。

圖 1-15 顯示了中網雲端計算平台以服務為中心的應用架構。中網雲端計算平台構建在 J2EE 平台上，使用了 J2EE 的最新技術，如 JSF、Web 2.0、EJB 3.0、JPA、JMS 等。圖 1-16 顯示了中網平台 J2EE 方案。中網的客戶透過瀏覽器訪問 JSP，JSP 訪問 EJB 來完成業務處理。EJB 本身使用 JPA 實體，透過實體管理器讀取和存放資料庫上的數據。另外，中網還透過消息伺服器接收外部系統（如廠商系統）發送過來的消息，並透過消息驅動 bean 處理消息和調用業務處理的 EJB。另外，中網在 EJB 的基礎上建立了 Web 服務，外部系統可以調用 Web 服務來訪問中網雲端計算平台。

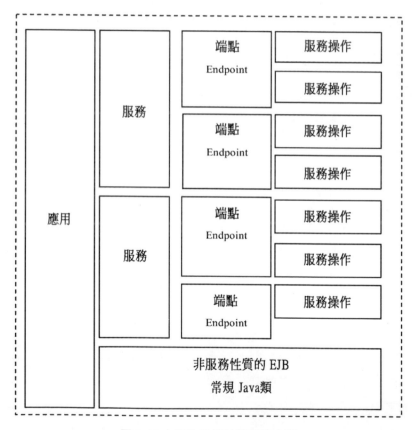

圖 1-15 中網的雲端計算解決方案

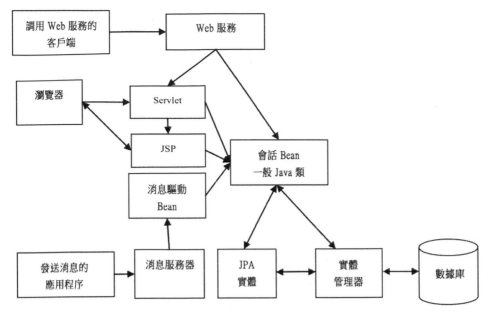

圖 1-16 中網的 J2EE 方案

▋1.7 基於物聯網的雲端計算平台的人員安排

軟體開發領域的主要發展趨勢是從傳統軟體體系結構過渡到面向服務的體系結構（SOA）。雲端計算需要使用 SOA 來設計雲端服務。在傳統軟體體系結構中，將項目視為單個新應用程式的交付。在雲端計算平台上，將項目視為集成服務的交付：一些是新增的服務，一些是現有的服務。

在組建開發團隊時，最大的轉換是從應用程式交付轉到服務交付。傳統軟體開發人員通常構建應用程式中的一個模塊，或典型的三層體系結構中的某一層。他們是在模型 - 視圖 - 控製器（Model-View-Controller, MVC）體系結構中負責開發的人員。在雲端計算平台上，開發人員負責服務的實現。他們並不需要知道何時、如何或為什麼調用服務以及誰調用服務。他們所關心的只是，服務完成什麼工作以及需要符合什麼樣的服務協議。

在雲端服務的設計和實施中，我們需要各種角色的人員。下面我們按照不同階段來講述所需要的人員情況。

1. 項目／產品經理（Project Manager）

項目經理負責項目的全面管理與領導，定義並追蹤項目計劃與工作的分解。雲端計算平台中的項目經理的角色與傳統 IT 環境中的項目經理之間的主要差異在於項目的生命週期。項目經理通常都需要為每個服務計劃較短的交付週期。他們與業務使用者和不同服務使用者一起定義服務的質量要求（如響應時間等）。此外，他們必須與多個 IT 小組共同協作以確保這些質量要求是可以實現的。

2. 企業架構師（Architect）

企業架構師與使用者溝通，以瞭解其對系統的需求。與技術團隊成員溝通，並將確定的要求轉換為能進行編碼和測試的技術規範（Specification）。在雲端計算環境中，架構師不是來設計一個系統以完全替代現有系統，而是與整個開發團隊合作，讓他們開始用服務的方式思考問題。如：需要何種服務？已經存在哪些服務可供使用？哪些服務在調整後還可以使用？等等。與技術團隊合作來設計和構建必要的服務，也可能會利用已經存在的現有服務。架構師還負責定義安全策略。

3. 系統分析員／需求分析員

系統分析員必須懂得商業語言並且具備相關行業和領域的技能。系統分析員獲取使用者的功能需求並且給項目組提供相關領域的知識。系統分析員將業務需求轉換為對 IT 系統的要求。

系統分析員還要確定新服務採用何種方式。在與架構師進行了討論後，系統分析員設計服務對接。在這個對接中，請求將可能被路由到現有的系統。因此，系統分析員可能需要考慮現有系統的容量，並作出相應更改（以確保後端系統可以處理新的服務）。

系統分析員給出的新服務的 IT 解決方案非常詳細（包括硬體、軟體、應用程式和配置），公司的決策層可以據此進行業務決策，以確定是否需要實施新 IT 解決方案。如果認為需要實施，則會組建一個項目開發團隊。

4. 服務建模人員

使用功能建模技術來定義服務對接。

1. 軟體架構師

軟體架構師是負責將所需的功能劃分為軟體服務。他分析現有的系統，並確定需要在何處增強或編寫新組件。軟體架構師從企業架構師處獲取指導資訊，以確保項目的體系結構與 IT 策略總方向的一致。需求來自系統分析人員。架構師確認端到端的來自服務請求者和提供者的設計需求，併負責詢問和表述非功能服務的請求。在現有系統的基礎上，軟體架構師決定服務的實現策略：

- 開發一些應用程式代碼，用於實現新功能。

- 將服務請求路由到現有的後端系統。

巨正公司的軟體架構師選擇使用 J2EE 技術來編寫新的應用程式代碼。對於已有的功能，架構師為每個後端系統定義一個服務對接（從而定義了系統調用的方式），业透過 ESB （企業服務總線）來實現對服務的請求和應答。

2. 軟體開發工程師

軟體開發工程師設計和實現系統的各個部分。軟體開發工程師通常具有針對某個平台、程式語言和 / 或業務領域的專業技能。比如：巨正公司的 J2EE 開發工程師熟悉 Web 服務概念和 XML，他們開發服務對接、服務實現（提供者端）和服務調用代碼（請求者端）。開發工程師又可以細分。比如：服務開發工程師開發服務的代碼塊，這些服務可在多個應用程式中重用；前端（介面）開發工程師負責透過配置服務並將其鏈接到一起來構建前端系統。對於使用 J2EE 平台的開發工程師，又可以分為 EJB 開發工程師、Web 模塊（JSP/Servlet/HTML）開發工程師等。

測試會在多個層次上進行。每個服務需要獨立測試，以確保其正確性。然後，測試服務的集成。對於複雜的系統，我們要特別注意的是：測試環境能否平穩地過渡到生產環境中。

1. 測試架構師

測試架構師指定如何測試服務，並標識測試所需的代碼。測試架構師可以將服務對接出現的位置作為插入測試代碼的地方，來測試以下方面的內容：

- 調用服務對接的組件是否可以對所有類型的數據做出響應。
- 實現服務對接的組件是否可以處理所有類型的請求。

我們應該充分使用開發工具所提供的測試環境來進行全面的功能測試。

2. 測試工程師

測試工程師編寫測試代碼，運行測試程序，然後將錯誤報告給相應的開發人員，並對修正後的代碼進行測試。測試工程師參與項目的多個階段，檢查各個服務的正確性、執行服務組的集成測試，並在布署期間測試系統是否已經可以投入生產環境了。他們負責各個階段的測試，比如單元測試、集成測試、加載測試和驗收測試。他們還定義 Web 服務互操作性測試與一致性測試的測試用例，驗證服務的請求者和提供者是否可以順利地進行互操作，並且確保遵循 Web 服務的互操作性。

在系統透過測試後，我們就可以布署系統了。

1. 業務人員（系統的目標使用者）

業務人員使用新業務服務。由於面向服務的項目通常是將業務的各個部分連接在一起，所以業務人員要和其他業務人員協作，一起確定系統的正確性。

2. 系統管理員與資料庫管理員

系統和資料庫管理員安裝和維護硬體、操作系統、資料庫系統和中間件。管理員配置運行環境來布署新的應用程式。

3. 布署工程師

他們安裝新系統。比如：J2EE 平台的布署工程師將所有的 EJB 模塊、Web 模塊等組合成一個 EAR 文件，然後在 Web 應用伺服器上布署。

當所有的組件就緒後，測試工程師就可進行測試來確保所有組件都能正常工作。系統最後就可以投入生產使用了。

在生產環境中，系統是否運行成功是以端到端的可用性作為標準來測定的。因此，操作過程要據此進行範圍的劃定。

1. 系統管理員

系統管理員監視系統，並執行日常操作，如備份等。

2. 問題分析員

問題分析員對 IT 系統的錯誤進行跟蹤。問題分析員介於客戶支持工程師和開發工程師之間。問題分析員檢查系統上的日誌資訊。

3. 變更管理員

變更管理員負責批准所有生產系統的變更，這包括新服務的使用。即使新服務不要求對原有服務進行更改，也會影響伺服器上的負載。變更管理員與 IT 部門的其他專家一起協作，驗證更改是否成功。例如，變更管理員將確保新解決方案不會影響現有的後端系統，確保系統管理員可以監視新解決方案。表 1-6 給出一個常用的更改記錄。

表 1-6 常用的更改記錄例子

變更ID	總結	變更時間	持續時間	用戶影響	風險評估	更改人	批准人	狀態
JZ110507	增加輻射監控服務	2011-5-8 21:00	60 分鐘	無	低	楊正洪	周發武	完成

表 1-7 列出了巨正公司所採用的不同的角色。在這個表中，我們列出了這些角色需要哪些技能，以及這些角色可以使用哪些工具（關於工具討論，我們已經假定 J2EE 是所選擇的服務實現平台。如果涉及到諸如 Microsoft .NET 這樣的平台，就必須在圖中添加其他的技能和工具等）：

表 1-7 巨正公司所採用的不同的角色

項目角色	執行的任務	必備技能	支持工具
項目經理	項目的規劃和管理	項目管理技術	微軟Project Manager
需求分析員	需求分析	行業知識	微軟office系列工具
SOA架構師	體系結構決策 流程建模和優化	IT體系結構、J2EE技術、XML、Web服務、業務知識	UML編輯器、office系列工具、圖形化建模工具
服務建模人員	接口設計 WSDL編寫	WSDL、XML Schema和名稱空間、J2EE	WSDL 編輯器、 Java 到 WSDL生成器、圖形化建模工具

（續表）

項目角色	執行的任務	必備技能	支持工具
服務開發人員	服務提供者編碼 服務請求者編碼 代碼文檔化	J2EE、XML、SOAP、WSDL、Web service、Portal、EJB、UDDI、JPA、JSP、JSF	IDE開發環境
測試人員	WSDL檢查 SOAP信封追蹤 一致性測試 故障診斷等	SOAP、WSDL、J2EE、JUnit	TCP 監視器 測試工具
服務部署人員和管理員	部署服務 系統管理	Web應用服務器 數據庫服務器	服務運行平台所帶的工具

註：上述角色負責整個項目的不同方面。一個員工通常可以擔當多個角色。

　　正如我們在前面講的，面向服務的體系結構是一種軟體設計方法。你可以使用任意的技術來實現，如：CORBA、.NET 和 J2EE 等。你可以在一個企業內部採用 SOA 來實現面向服務的企業應用系統，也可以擴展到 Web 服務。在網際網路上實現 Web 服務就是雲端服務了。

Chapter 2
基於物聯網的雲端計算平台

從本章節你可以學習到:

❖ 平台總體結構

❖ 基於物聯網的數據源控製器

❖ 數據中心

❖ 服務中心

❖ 平台控制中心

❖ 環保雲端平台總結

正如第 1 章所闡述的，物聯網就是物物相連的網路。顧名思義，物聯網三個字中「物」就是物體智慧化，「聯」就是物體智慧後資訊的傳輸，「網」就是建立網路後的應用服務。簡單地説，是指物體透過智慧感知裝置，經過傳輸網路，到達指定的資訊承載體（雲端計算平台），實現全面感知、可靠傳送和智慧處理，最終實現物與物、人與物之間的智慧化識別、定位、跟蹤、監控和管理的一種智慧網路。物聯網核心的「三層網路」是指：感知層（資訊獲取）、傳輸層（通訊網路）、應用層（資訊處理）。應用層就是建立雲端計算平台，實現統一的數據中心和服務中心。在服務中心上，有行業應用服務、數據挖掘服務、數據分析服務和專家系統等。

　　在上述三層結構中，物聯網產生的海量數據，需要雲端計算平台優化儲存和處理。雲端計算平台上的應用和服務是物聯網的核心。我們國家在多個行業正在實施基於物聯網的雲端計算平台。在本章，我們闡述基於物聯網的雲端計算平台的各個組成部分。為了闡述方便，我們以環保行業為例。本章所闡述的內容也適合其他行業，乃至政府雲。對於環保行業不感興趣的讀者，可以在閱讀時把握基本原理，而忽略環保行業的具體需求。

　　在全國環境資訊化工作會議上，環境保護部部長周生賢在會上表示，到 2015 年，基本構建「數字環保」體系。數字環保系統的建設，是透過技術、資訊、業務、標準的融合，甩掉單一的業務部門孤立建設資訊系統的舊模式，透過對業務流程的標準化分析，開創工作流程、業務資訊、事務處理、資源分析一體化的資訊系統建設新模式，將數據採集、數據管理、數據分析及數據利用融為一體，做到環境數據標準化、業務流程規範化、業務管理一體化、環境監控可視化、綜合辦公自動化、績效評估動態化、環境服務公眾化、環境決策科學化。整個數字環保系統其實就是一個物聯網和雲端計算相結合的大平台。

　　基於雲端計算技術的環保雲端平台提供高計算能力、海量儲存能力、智慧數據挖掘和分析能力、消息統一管控能力和可溯源安全保障能力。在數據管理與儲存中，採用大規模並行文件與儲存系統實現對系統的底層支持，同時使用大規模並行資料庫系統進行數據的儲存與管理。對於數據的處理，採用了在線分析處理的方法實現環保監測功能。平台還提供了並行數據挖掘、大規模影片分析、海量數據可視化以及應急系統輔助決策等服務。

2.1 平台總體結構

　　如圖 2-1 所示，基於物聯網和雲端計算的環保雲端平台在感知、傳輸、應用三個層面進行資訊化建設，並以數據源管理、數據中心建設和服務中心為主進行構建。其中最底層由在線檢測儀表和傳感器組成的數據採集端，分為廢水感知網路、廢氣感知網路、治理設施感知網路和設施運用感知網路，中層為數據傳輸為主的網路傳輸層，上層為雲端計算平台，為整個系統提供雲數據中心和雲端服務中心。

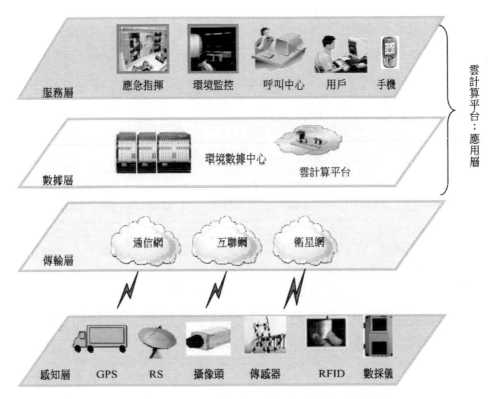

圖 2-1 基於雲端計算技術與智慧化設施的物聯網框架

　　感知層透過在目標域佈置大量的採集節點，對水、大氣、固體廢物、危險廢物、醫療廢物、放射源等環保檢測對象的資訊進行感知，從而全面及時地採集到需要的數據；傳輸層透過有線、無線、衛星等多種網路把採集到的環保數據資訊迅速、準確地傳輸到雲數據中心，服務層將透過高性能計算、海量數據挖掘、智慧分析等技術，對數據進行有效地處理，透過相應的服務實現對環境的智慧化管理。

即現場監控端，由一系列傳感設備和儀表構成，具備汙染源與環境質量監測數據採集、遙感（RS）資訊生成、現場影片資訊採集、環境溫濕度感知、治汙設施開關量和模擬量感知、現場設備維護管理身份識別與記錄、儀器自我診斷與遠程反控、危險源（危廢）與放射源射頻身份識別（RFID）與定位（GPS）等功能。透過這些感知設備，對水、大氣、噪聲、土壤、危險廢棄物等環保監測對象的狀態、參數及位置等資訊進行多維感知和數據採集。

建設集傳感器網路、無線網路、有線網路、衛星網路等多種網路形態於一體的高速、無縫、可靠的數據傳輸網路，能夠靈活快速將感知數據傳輸至雲端計算數據中心。實現更加全面的互通互聯；將各類監測裝備進行聯網數據傳輸，實現水、大氣、噪聲、土壤、危險廢棄物等環保監測設備的網路化高速數據傳輸。在環保行業，一般採用最新的 3G 無線技術與光纖相結合的通訊網路，實現通訊網、網際網路與衛星網的融合。

雲端計算平台是數據儲存、分析與服務平台，雲端平台層分為數據中心和服務中心。數據中心是將所有環境基礎資訊（基於 GIS 平台）和監測數據及影片資訊包括汙染源、水質和空氣質量、危險源（危廢）、放射源、餐飲油煙、機動車尾氣、環境生態等環境資訊集中在環保雲端平台，建立大型資源池，實現數據儲存、數據分析、數據整合和數據共享。

服務中心（有人也叫應用層）包括監控平台與數據應用，包括省、市、縣等監控及應急指揮中心、呼叫中心等各個子系統。相關企業和公眾等都可以透過瀏覽器或者手機移動應用從環保雲端平台獲取相應的資訊和服務，實現資源共享及按需服務。

按照圖 2-2 所示的結構，我們闡述雲端計算平台的內部組成。

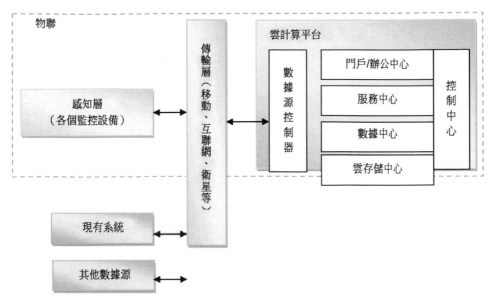

圖 2-2 環保雲端平台結構

圖 2-2 描述了雲端計算平台內部的詳細層次結構。各層次的任務在下面幾節描述。

1. 數據中心

由於環保數據的結構複雜，類型繁多，所以，環保數據和儲存管理一體化是平台的一個關鍵點，是決定系統綜合效能發揮的重要因素。我們基於雲端計算技術構架了環保雲數據中心。在雲數據中心上，統一管理如下環保數據：

- 基礎性數據。環境基本情況資訊，包括監測點名稱、地址、位置、類型等。

- 歷史數據。包括各監控中心前期收集的監測汙染物數據。

- 實時數據。實時數據是自動監控設備瞬時採集的現場數據。

- 統計分析數據。針對上面幾類數據的彙總和分析後所得到的數據。

- 影片監控數據。各個監控點攝像頭採集的影片監控資訊。

- 辦公數據。日常辦公的文件、表格等文件。

環保數據類型多樣，如結構化數據（數值）、圖像、影片、聲音、地圖等等。環保雲數據中心的一大特色是基於數據模型來管理和操縱環保數據。每類數據都有自己的模型，數據模型是訪問數據中心的標準對接，數據挖掘、並行計算、可視化和影片搜索等服務都是以數據模型為對接來訪問環保數據。這就實現了數據的統一維護和查詢。基於數據模型，異種異構的環保數據可以在各個平台上互動和儲存，從而為建立一個基於雲端計算的完整的環保行業海量數據中心奠定了基礎。另外，為氣象、水文、民政、政府規劃、財政、地稅、國稅、經貿、工商、社會經濟、金融等方面與環保有交集的數據平台建立了數據交換標準，便於環保部門與其他政府部門、社會公益團體、企業以及民眾進行不同種類和不同優先級的數據互動以及共享。

數據中心上的數據模型，就是通用、高效、易於擴展的環保資訊數據格式和語義描述標準，為環保資訊的交換、分發和共享提供統一的數據規範，以支持不同應用廠商在數據儲存、交換和共享方面的技術需求。除了給環保數據定義模型之外，環保雲端平台定義環保資訊採集規則和環保資訊服務的規範流程，為現有系統與環保雲端平台之間的連接協作提供標準規範。數據中心上的數據模型是一個可動態調整和擴展的數據模型，為適應未來環保數據的更改提供了可靠的基礎。雲數據中心還提供了自動多維歸類的功能，實現數據的即時整合，避免了數據重複儲存，保持各服務數據的一致。這個功能實現了對全局數據進行靈活的多維分析和多樣式展示，為管理層監控和決策提供有效支持。

2. 雲端儲存中心

由於環保數據種類繁多，每天要採集的數據量巨大，我們需要考慮儲存的一體化，並考慮新業務加入後所需要的儲存。在設計儲存系統時，我們考慮了不同業務數據及支撐系統（如 GIS）對儲存容量和性能的需求，環保雲端平台的雲端儲存中心提供了如下功能：

- 使用 hadoop 的 HDFS 實現了分佈式文件系統，即分佈式儲存。

- 透過建立虛擬設備和虛擬容器來統一各類儲存設備和文件系統的對接，從而實現儲存空間的統一管理、數據並行訪問、數據分類儲存，並保證了性能和空間動態擴展。虛擬設備和虛擬容器對各種業務服務提供統一的訪問對接，業務應用無需瞭解物理儲存的具體資訊。查詢、統計分析、資訊上報或發佈等多種服務，都透過同一個對接訪問儲存系統上的數據，便於各種服務對數據的共享。

- 虛擬容器支持海量儲存設備。在巨正雲端平台上，光纖磁碟陣列、SCSI 磁碟陣列等設備，都只是某一類虛擬容器，從而，可以根據數據特點選擇不同性能和容量的設備：有些存放在大容量、高帶寬的設備上，而有些存放在廉價的儲存設備上。

- 透過虛擬設備和虛擬容器，平台可以把一個物理儲存設備空間劃分成多個虛擬設備，從而為多個環保單位有效利用同一批物理設備提供了捷徑。

- 虛擬設備分為備份設備、刪除設備、複製設備、歸檔設備和正常設備。備份數據儲存在備份設備上，刪除數據被轉移到刪除設備上。這些都有利於數據的遷移和備份。另外，這種儲存系統的分類設計，也是考慮了不同種類的數據在不同階段的價值以及對儲存系統的需求。分類儲存的思想充分提高儲存系統的性價比，例如：只把價值特別高的或者訪問非常頻繁的數據放到價格昂貴的高性能儲存設備上。

3.服務中心

雲端服務中心就是對大量實時和歷史數據的高性能計算和數據挖掘，準確判斷環境狀況和變化趨勢，對環保危急事件進行預警、態勢分析、應急聯動等任務。雲端服務中心集成了報表和數據分析、輔助決策等服務，能有效地為環保局宏觀決策提供詳實數據和可靠分析。

服務中心是環保綜合管理服務平台，可分為以下幾個中心：監測預警服務中心、汙染源監控服務中心、應急指揮服務中心、電子政務辦公中心、移動服務中心和營運中心。服務中心採用面向服務的架構（Service-Oriented Architecture，簡稱 SOA）。透過服務之間的消息路由、請求者和服務之間的傳輸協議轉換（SOAP、JMS 等）、請求者和服務之間的消息格式（XML）轉換，從而安全、可靠地互動處理來自不同業務的事件，並訪問那些互相獨立、互不兼容的、複雜的源數據系統。SOA 也保證了服務功能的透明性（即使用者的可擴展性）和服務位置的透明性（即不同服務的共享性且服務間對接的獨立）。

一個服務是由多個步驟完成的，所以，服務其實就是處理流程，包含一系列處理步驟。這個處理流程可以是自動的，也可以是包含人工干預（比如：人工審核）的處理流程。各個處理步驟處理著數據中心上的數據，並可能生成新數據（如報表服務生成報表）。每個處理步驟既可以是調用巨正開發的處理工具，也可以調用其他環保企業的處理工具。服務中心記錄著處理流程的開始時間和結束時間，從而記錄整個服務的生命週期。服務中心的流程引擎支撐這些流程的運轉和管理。

4. 物聯網與數據源管理器

環保雲端平台是一個由很多設備組成的環保設備物聯網路，它的感知（傳感）層是建立在多個廠商設備之上。為了便於環保雲端平台統一管理這些設備，就需要標準化設備管理對接，這就是數據源管理器所要完成的功能之一。從而，我們透過影片監控、遙感和傳感器等前端感知設備採集數據到雲端計算數據中心。另外，環保雲端平台還需要考慮同現有應用的數據整合和交換，這也是透過數據源管理器完成的。

數據源管理器是數據中心與各個監控設備和現有系統的對接。設備上所提供的數據是編碼的數據，並不符合數據中心上的數據模型。數據源管理器就是完成數據包解碼，並按照數據模型存放到數據中心上。

設備上的數據包編碼的分類與取值是否科學和合理直接關係到資訊處理、檢索和傳輸的自動化水平與效率，資訊編碼是否規範和標準影響和決定了資訊的交流與共享等性能。編碼需遵循國際標準、國家標準和行業標準。只有當資訊分類編碼標準和統一，各資訊系統才能有效地集成和共享。數據源管理器就是架起兩者的橋樑。

數據校驗是保證數據一致性、完整性的必要手段。它貫穿整個平台，對進入數據中心的所有資訊進行嚴格的審核，如果不符合要求或無法判定時，均過濾出去，保證數據的安全；透過一定的驗證規則，數據源管理器對數據進行驗證，驗證規則可以根據需要自定義。

物聯網是把任何物體與網際網路相連接，進行資訊交換和通信，以實現對物體的智慧化識別、定位、跟蹤、監控和管理的一種網路。在環保雲端平台上，在線監測設備的遠程反控可實現對監測設備的控制，並可遠程設定和修

改參數:

- 當需要遠程控制在線測試設備時,透過環保雲提供的操作介面進行操作,有操作權限的使用者選取所需要控制的站點和設備,並且指明需要進行何種操作,從而對站點的在線監測設備進行遠程控制。

- 如果因為通信故障和設備損壞的原因導致控制命令無法正確傳達,系統將會產生一個錯誤資訊告知操作人員,同時該次遠程控制操作將會被系統放棄。

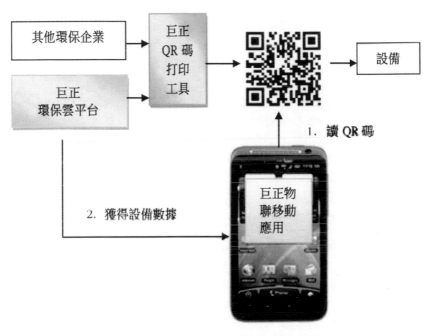

圖 2-3 基於雲端計算和物聯的移動操作平台

　　環保雲端平台還提供了 QR 碼的編制和影印服務(如圖 2-3 所示),為每個環保設備貼上 QR 碼。這個 QR 碼上保存有該設備的詳細資訊(XML 格式)。在手機上的環保物聯應用,透過手機的照相頭掃描設備上的 QR 碼,訪問雲端計算數據中心,從而獲得該設備的所有上傳數據、統計分析數據等等。環保工作人員只要拿著一個手機,到哪裡,他都知道該設備的所有資訊和相關操作,為控制該設備提供科學依據。另外,如果該設備不在雲上,也可以保存該設備資訊到雲上。關於設備的其他操作記錄,也可以透過該應用上傳到雲。整個系統讓設備成為一個「會說話」和「會記憶」的設備。這些工具適合整個行業的環保檢測設備，從而為環保雲成為一個行業級的平台提供了堅實的基礎。

5. 門戶中心

門戶中心為環保雲端平台的各類使用者提供個性化的介面和服務。環保雲辦公中心就是屬於雲端計算平台的門戶中心，環保局和環保企業等各類使用者在辦公中心上使用授權雲端服務。

雲端計算的目標是，改變過去豎向方式所採用的各業務系統的數據分別設計、自建自用的模式（如圖 2-4 上圖所示），堅持「統一設計，集中管理，統一訪問，兼顧已有與擴展」的原則，構建環保雲數據中心（如圖 2-4 下圖所示），實現「一數一源、一源多用、全面共享」，為上層應用整合和流程優化奠定基礎。環保雲端平台細分為數據中心與服務中心，將所有環保資訊按照面向對象的方式進行管理，基於數據模型實現數據擴展和數據關聯，提供數據中心標準對接，完成數據統一維護和查詢功能，並為數據挖掘、並行計算、可視化和影片搜索等服務提供對接。

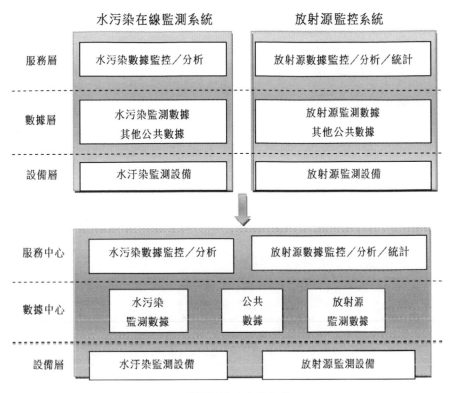

圖 2-4 環保雲端平台的架構

　　環保雲端平台上的數據中心，是面向環保行業相關數據，基於雲端計算的海量數據儲存技術所建立起來的異種異構數據的大平台。數據中心實現數據儲存和分類管理等功能，服務中心實現環保服務、數據挖掘與統計預測分析等功能。

　　環保雲端平台可以被安裝在國家、區、省、市縣等多個層面上。每個雲端平台都有一個唯一的節點號碼，並提供了節點之間的數據交換和同步。比如：省級節點透過定時或實時的方式將數據傳輸到國家級節點。這滿足國家環保部資訊系統交換相關規範。另外，國家節點可以直接連接省級節點來查詢數據。基於環保部四級環保專網，建設連接環保部、省環保廳和市下轄行政區縣的環保網路，將環保機構級聯成為一個大的環境保護業務專網，為數據採集、傳輸和資訊發佈提供傳輸通道。

　　按照訪問範圍，雲端平台可以劃分為私有雲（內網）和公有雲（外網）。除了汙染源監測、環境質量監測、設備狀態監測、環保數據挖掘、可視化分析、影片分析之外，在私有雲上的服務有項目審查、綜合辦公、許可證管理等；在公有雲上的服務為行政處罰、環境信訪、公共服務等。在公有雲上，普通大眾可以跟蹤環保事件以及環保數據的實時查詢，增強環保認識。私有雲可以與公有雲徹底隔離，也可以透過 VPN 等方式交換數據。比如，傳遞汙染源監測數據和環境質量監測數據。

2.2 基於物聯網的數據源控製器

在監測設備到數據源管理器之間的網路傳輸系統採用了傳感器網路、無線網路、有線網路、衛星網路等多種網路組合的形式，將感知數據傳輸至環保雲端平台的數據源管理器，如圖 2-2 所示。另外，環保雲端平台還需要考慮同現有應用的數據整合和交換，這也是透過數據源管理器完成的。在物聯網部分，數據源控製器完成三個主要任務：

- 採集數據

- 同現有系統的服務集成（透過數據源控製器觸發現有系統上的某個操作）

- 反控設備

在數據採集部分，採用多節點異構採集、多設備自治組網、多信號協同處理的方法，對水體水源、大氣、噪聲、汙染源、放射源、固體廢棄物等重點環保監測對象的狀態、參數及位置等資訊進行實時採集。資料庫源管理器提供一個與各個數據源轉換的對接，映射為平台上的數據類型，提高系統的靈活性，如圖 2-5 所示。雲端計算服務中心

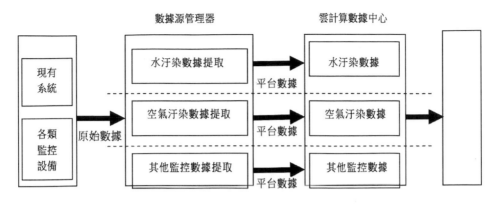

圖 2-5 數據採集和提取

在數據採集部分，數據源管理器主要完成下面兩個任務：

1. 數據獲取與處理：獲取設備的監控數據，對獲取的數據進行處理，其中包括對數據的糾正（如圖像數據的輻射糾正和融合等）。

2. 提取資訊：對處理後的數據進行資訊提取，這些資訊包括設備參數資訊、環境質量狀況現狀與動態變化資訊、汙染特徵資訊、水質狀況資訊等。這些資訊被轉化為平台所定義的格式，進入數據中心，最後由服務中心完成數據處理和分析。比如：生態環境質量分析、環境空氣質量分析、地表水環境質量分析，生態環境質量評價、環境空氣質量評價和地表水環境質量評價。比如，下面就是一個設備發送的數據包：

```
##0145ST=32;CN=2011;PW=123456;MN=HB071113300103;CP=&&DataTime=201102160003
06;B01-Rtd=0.000,B01-Flag=D;001-Rtd=6.9,001-Flag=N;011-Rtd=254.1,011-
Flag=N&&AB41
```

數據源管理器從數據包上提取資訊。比如：「CN=2011」就是表明這個數據是實時數據。「MN=HB071113300103」用來區分監測點。

環保行業中各部門的軟體系統都有所不同，各部門根據各自或某一特定業務編制相應的軟體。這些系統的工作平台、開發工具、後臺資料庫不盡相同，使得各部門的系統彼此之間的互動共享性較差。另外，大量的環保數據存在於資訊孤島上，只停留在查詢檢索和統計功能上，並不能很好用於數據分析和決策幫助。數據源管理器對各類現有的監管系統整合，形成物聯網管埋虛擬終端。數據源控製器實現與現有系統的無縫連接，主要包括：

- 數據的無縫連接：充分利用數據源控制器的屬性映射功能，把現有監測系統平台的數據結構映射為數據中心上的數據結構，從而讓雲端計算平台的數據中心獲得現有系統上的數據。

- 操作的無縫連接：把現有系統的一個功能註冊為數據源控制器上的一個操作，雲端平台透過調用這些操作來完成在現有系統上的功能。

- 數據源控制器支持現有系統的運行環境並可與其兼容。

- 我們有時需要報警信號與影片錄像聯動，有時報警信號與控制輸出聯動，這些都可以透過物聯來完成。物聯網是包含監測子網在內的一個虛擬網路。監測子網主要包括以下功能：

- 監測儀與通信終端之間透過事先約定好的通信對接協議，將監控數據傳給通信終端；

- GPRS 通信終端透過 RS232 埠與通信終端相連，透過 TD/CDMA/GPRS 網路傳輸至數據中心；

- 服務中心下發的控制命令透過通信終端發送給監測儀，監測儀收到命令後做出相應動作。

應用物聯網傳感技術，全面感知水源地、地表水、大氣、噪聲等環境質量狀況，充分發揮已建設和即將建設的水、氣、聲環境質量自動監測站點的作用，將環境質量站做為物聯網的前端數據感知設備，實現環境質量監測的全面物聯；建立對環境質量包括空氣質量監測，飲用地表水監測，噪聲自動監測等各方面的在線監測系統，透過無線傳輸實現對環境質量的在線自動監測和數據傳輸（到數據中心），為決策提供科學依據；在服務中心上，對自動監測數據進行統計分析，產生報警資訊，提高環保局對於環境質量的監控管理能力，提高物聯網對環境的感知能力。

環保行業有大量的不同種類的在線監測儀表及傳感器。比如，廢水在線監測儀表及傳感器是汙染源廢水在線監控系統的基本組成部分，包括儀表和採樣及預處理子系統（採水泵、採水管路、過濾裝置、獨立採樣器等）。它所含各類儀表，具體包括檢測常規五參數的 DO、ORP、pH、電導和溫度傳感器，監測有機物的 TOC、COD 在線分析儀，監測營養鹽的 NH3-N/ 總氮、總磷 / 正磷酸鹽、總磷總氮分析儀等。汙染源自動監測站監測儀表首先組網，與廢水汙染物排放企業建立關聯，組成廢水監測站點。監測站點子網透過數據專線與移動數據路由器相連，為固定公網 IP 地址，GPRS 終端撥號上網後將獲得移動數據網內部動態 IP 地址，可以直接與環保雲端平台伺服器建立連接，傳輸數據。

　　在數據中心和監控設備之間，巨正提供了數據源管理器來為設備提供統一對接。巨正數據源管理器提供了多個連接器（如圖 2-6 所示）。除了針對不同設備的連接器之外，對於現有的系統，巨正是透過資料庫連接器完成數據的採集。資料庫連接器支持多種資料庫引擎，包括 SQL SERVER、ORACLE、IBM DB2 等，將其轉換為數據中心繫統使用的一種通用數據格式，實現數據在兩種格式間相互轉換。它可以在列和列之間拷貝、移動數據，也可以將複雜查找的結果放到數據中心上。

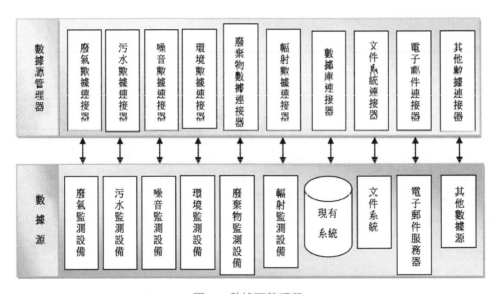

圖 2-6 數據源管理器

　　巨正環保雲以環境監測數據（環境質量數據、汙染源數據、應急監測數據）採集為出發點。環境質量數據主要包括地表水監測數據、空氣質量監測數據（含 VOC 特殊因子數據）和區域噪聲檢測數據。汙染源數據包括各企業的汙染排放監測數據、煙氣排放監測數據、廠界噪聲排放監測數據、核與輻射監測數據、影片圖像檢測數據以及道路交通汙染數據。這些數據和環保雲端平台上自動生成的各類統計報表數據、文件數據最終組成環保雲數據中心。同時該系統提供專門的數據調用對接，實現同上級環保部門的環境監控資訊系統的數據交換和其他行業的政府部門的數據交換。表 2-1 列舉了主要的環保數據是如何進入到環保雲端平台的。

表 2-1 主要的環保數據進入到環保雲端平台的對接

數據源	傳輸方式	頻次	雲計算平台的接口系統
水質自動站	傳感網	實時傳輸	數據源管理器
空氣質量自動站（含VOC）	傳感網	實時傳輸	數據源管理器
噪音監測點	傳感網	實時傳輸	數據源管理器

（續表）

數據源	傳輸方式	頻次	雲計算平台的接口系統
污染源監測點（含放射源）	傳感網	實時傳輸	數據源管理器
道路交通監測點	傳感網	實時傳輸	數據源管理器
移動（應急）監測點	傳感網	設置	數據源管理器
視頻監測點	傳感網	實時傳輸	數據源管理器
各類統計和分析報表	局域網／公網	定期	後台服務程序
手工錄入數據	局域網／公網	不定期	辦公中心
其他系統數據	局域網／公網	定時同步	數據源管理器

正如我們在前面所闡述的，數據採集主要完成接入協議轉換、數據提取和數據轉換（為平台的標準數據）的功能。如圖 2-7 所示，巨正環保雲端平台採用分佈式協同處理機制，各類原始數據經各個連接器（數據源驅動器和它的單項處理）提取出環保數據（包括必要的可視化的感知數據、圖像資訊），根據採集規則和轉換規則（在設備規則上定義），把數據映射為標準的平台數據。巨正數據源管理器提供了如下功能：

圖 2-7 巨止數據源管理器

- 數據源配置，比如：ID、名稱、IP 地址、訪問使用者名和密碼等。

- 數據採集規則，比如：採集時間（開始時間、結束時間）、數據格式、存放資訊、過濾設定等。

- 數據映射管理。

- 數據源驅動器和操作，包括日誌存放位置等資訊。

- 收集伺服器完成設備的實時採集數據和從現有系統採集數據。

- 數據校驗，設定審核條件。根據審核條件，自動過濾無效教據，並對無效數據予以標識和剔除，比如：自動監控儀、數采儀、上位機接收到數據誤差大於 1% 時為無效數據。

- 處理流程，將採集到的數據自動放到一個處理流程上處理（比如進行自動審核）。比如：汙染源停運（大修、中修、小修等）時的數據均為無效數據，在自動監測儀校零、校標、質控樣試驗期間採集的數據為無效數據。從上次比對試驗或校驗合格到此次比對試驗或校驗不合格期間的在線監測數據作為無效數據。

- 數據補遺，設定一定的補遺規則對數據進行自動補充。補充的數據類型統一為小時數據。也可手工進行數據補充。

借助物聯網，巨正數據源管理器還完成對感知設備進行控制指令的傳輸、設備的配置、設備性能數據採集和設備操作維護的對接管理。總之，巨正環保雲端平台充分利用物聯網技術建設和完善包括汙染源在線監控和環境綜合質量監測在內的智慧感知網。

2.3 數據中心

要建立一個好的環保行業數據中心，我們首先要區分下面幾個基本概念：

- 數據模型：某一類數據的模型，如汙水監測數據模型。

- 業務模型：某一個業務流程，如預警流程。

- 各類數據：在一個數據模型上的具體數據，如汙水監測數據。

在管理數據時，我們首先在數據中心上定義數據模型，然後，就可以透過數據源管理器採集基於這個模型的數據了。數據到達數據中心後，數據中心上的自動歸類和自動工作流等功能就能夠自動管理這些數據了。

有些環保系統的數據模型是固定在應用程式中，那麼，對於任何新增的環保數據類型，這些環保系統就需要進行二次開發。比如：當我們將固廢、機動車尾氣、核與輻射的監管納入到汙染源監管系統上，在雲端平台上只需要定義三個新數據模型、定義針對這三類數據的數據源管理器即可。而對於其他軟體，他們就需要建立新的資料庫表，開發新的應用代碼和測試新代碼，等等。

透過分割數據模型和數據，從而保證了平台的靈活性和可擴容性，就能夠平滑實現前端監控點擴容、中心擴容和分控臺擴容，並且可以充分利用前期資源，降低擴容投入成本，系統的擴充僅需在前端增加網路攝像機或在監控中心增加電腦設備而無須任何複雜的過程，真正實現高度的可擴容性和靈活性。

整個雲端平台的數據中心如圖 2-8 所示。

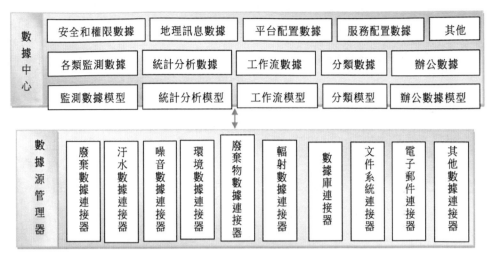

圖 2-8 數據中心

在數據中心上，存放著四大類數據，分別是各個數據模型、業務數據（監測數據、統計分析數據、工作流數據）、配置數據和空間地理資訊，並透過數據模型建立統一的訪問機制，服務系統透過數據模型訪問各個業務數據，建立適應動態變化的數據集成框架，為上層服務提供穩定的數據服務：

1. 數據模型

在符合國家環保行業業務數據標準的前提下，以數據模型的方式，建立數據模型庫。每個數據模型都包含有屬性、訪問控制列表、監控設定、自動歸類設定、歸檔時間等。有些模型描述監測數據，如汙染數據模型、環境質量數據模型等；有些模型描述了服務對接，有些模型描述了業務流程上的規則和各個步驟；空間數據模型描述空間數據。數據模型為數據源管理器和服務中心提供一致和全面的數據資源。

在數據中心上，除了提供環保數據的模型之外，還有各個業務流程的定義（管理員也可以定義新的業務流程）。透過對業務處理的實時監控，系統準確、完整地保留業務處理過程，我們稱為生命週期數據。基於業務處理數據，管理部門也可以將任務管理和績效考核納入到業務系統中，提高工作效率和政府部門的響應速度。

2. 業務數據

業務數據包括：汙染源、環境測點、建設項目、應急流程等靜態數據，還包括在線監測、監控、影片數據、監察管理數據、排汙數據、環境統計數據、監控資訊、日常辦公資訊等動態數據。數據中心還管理諸如許可證、設備狀態數據、行政處罰數據、環境信訪數據、公共服務數據、從 Web 服務來的數據、消息隊列數據、建設項目審查等數據。業務數據都符合它們各自的數據模型。數據中心按照數據模型所規定的格式，保存和管理環保數據。比如，廢氣數據包括：實時數據、小時均值、日均值、年均值等；廢水數據包括：實時數據、小時均值、日均值、月均值、年均值等。

服務中心利用海量的在線監測數據對環境狀況做統計、分析、評價和預測。比如：統計指定時間內環境質量數據的最大值、最小值、平均值，超標率等，並生成各種報表。雲數據中心保存了日、月、年統計報表和各類動態分析報告，如汙染評價分析、汙染對比分析、汙染物總量控制、設備運行狀況等。

數據中心的業務數據還包括文件系統上的數據，比如：影片文件、XML 文件、Office 文件等。

3. 配置數據

雲端平台上的所有配置資訊，包括數據源驅動器配置、GIS 配置、業務介面定製、服務配置數據、地區數據描述、平台描述數據等。

4. 地理資訊數據

主要以圖層的形式儲存所有空間資訊，包括矢量和遙感資訊，並以時間維為標籤劃分歷史空間資訊庫。同時含有面向業務的空間資訊圖層庫，為業務屬性匹配空間位置形態資訊，為系統提供直觀的圖形化的業務資訊表現。空間數據模型充分考慮空間數據的數據格式以及地圖比例尺、地圖投影、地理坐標系統等地圖特殊因素，還考慮了數據的冗餘度、一致性和完整性等問題。在雲數據中心上的空間數據採用分層和分幅儲存和管理。

數據中心提供統一的數據模型和業務模型，主要透過建設基礎數據標準，為應用及數據分析提供一致的數據基礎標準，便於資訊交換、共享及分析利用。具體來說：

- 環境數據標準化：透過建立標準數據模型，實時採集和交換各應用系統數據，建成統一的數據中心，實現數據的共享和資訊的整合。

- 業務流程規範化：對環境管理中的審查、監督、執法、監測、處罰、信訪等核心流程進行規範。另外，將分散在各個業務系統的流程透過梳理和再造，集成到一起，實現跨部門業務流轉。

數據模型的最終目標是環保應用領域的標準和規範。環保雲上的數據模型關心兩個方面：數據本身的描述和數據之間的關係。

基於雲端計算的數據中心，首先是一個數據模型中心。有大氣的數據模型，有汙染源的數據模型，數據中心所體現的數據模型是對各環保數據進行一體化設計。透過提供環保數據的標準化模型，並透過數據源驅動器的數據映射功能，從而使得各個現有系統的數據使用同一個語言說話，這就打破了各現有系統之間的壁壘，把各個現有系統從一個資訊孤島轉變為一個大平台下的子系統，保證了環保資訊的共享。數據模型上的數據格式的依據為國家環保部門相關標準，如：國家環保總局發佈的《水汙染在線監測系統驗收技術規範》和國家環保總局發佈的《固定汙染源煙氣排放連續監測技術規範》。除了記錄環保數據本身的屬性之外，數據模型還記錄該數據的建立資訊、使用者資訊、服務對接資訊等。除了環保數據模型，還有配置數據模型、流程數據模型等。比如：流程數據模型就是流程自身功能的定製資訊。

監測設備佈局往往採用「點、線、面」相結合的方式，由點及線，由線及面，由面完全感知三維立體空間對象特徵，確保探測結果準確無誤。如：面向總量減排管理的主要入湖口及河道水域綜合立體監測、面向立體交叉汙染監測的區域立體監測等。這些監測數據之間存在著多維關係，巨正環保雲端平台的數據中心就可以把這些數據透過自動歸類，有機地關聯起來。這對以後的關聯性分析是非常重要的。另外，從國家、區、省、市、縣等各個層面來歸類環保數據（包括：環境和汙染源監控數據、統計分析報表）。省級使用者看到整個省的數據，市級使用者看到整個市的數據。

環保數據是有一定格式的、代表某些特殊意義的數據或數據集合。數據標準化、規範化是實現資訊集成和共享的前提，在此基礎上才談得上資訊的準確、完整和及時。只有實現數據的標準和統一，業務流程才能通暢流轉；只有實現數據的有效積累，決策才會有據可循。數據標準化離不開業務模型的標準化、業務基礎數據的標準化和文件的標準化，只有解決了這些方面的標準化，並實現資訊資源的規範管理，才能從根本上消除各環保局各業務系統的「資訊孤島」。環保資訊化的最大效益來自資訊的最廣泛共享、最快捷的流通和對資訊進行深層次的挖掘。因此，如何將分散、孤立的各類資訊變成網路化的資訊資源，將眾多「孤島式」的資訊系統進行整合，實現資訊的快捷流通和共享，是環保雲端平台所解決的問題。

數據標準化體系的設計目標是規範、標準、可控、支持高效數據處理和深層數據分析的數據結構以及穩定、統一的數據應用體系及管理架構。數據模型就是一套合理和方便的共享對接標準及規範。在建立數據模型時，有國家標準的，採用國家標準的數據格式；沒有國家標準的，應該分析企業數據類別，梳理業務流程，從中提取數據模型。後一種方式是一個漸進式標準化策略。首先建立平台上的數據標準化框架，確保數據標準化的實用性，防止數據標準化空洞或流於形式。配合試點子系統的運行，完成與試點子系統相關的業務數據以及部分管理數據的標準化工作，其後在遵循統一原則的前提下，各子系統項目分別完成相關的數據標準化工作，並將標準化成果納入環保雲數據中心上。為了支持這個漸進式標準化策略，環保雲端平台支持數據模型的動態更改。

傳統系統的設計，往往從邏輯資料庫出發建立數據模型，並遵循關係資料庫規範設計資料庫結構，最終想要實現資訊的全面性和數據的規範性。在這個模式中，數據模型包括兩個層面：

- 邏輯模型：也稱概念模型，它是按照使用者的觀點對數據和資訊進行建模，通常用一些實體和關係來表示，它不依賴於某一個 DBMS 支持的數據模型。

- 物理模型：它是面向實際的資料庫實現的，表現為數據結構（用於描述靜態特性，如數據類型、關係等）、數據操作以及數據的約束條件。

傳統的數據模型的建立步驟如下：從實際業務中抽取各類實體→定義各個實體自身的屬性→定義各個實體之間關係，設計出實體－關係圖（E-R 圖）→根據 E-R 圖把邏輯模型轉換為物理模型→物理模型數據結構的建立→物理模型數據操作的定義→物理模型的完整性定義和檢查。

上述的傳統數據模型有兩個致命的問題：

- 不具有可擴展性：當企業需要對模型進行擴展來支持企業的可持續發展時，必然需要改動資料庫結構，從而需要改動應用程式；

- 環保數據包括大量非結構化數據，比如影片、音頻、圖片和曲線等。關係資料庫的優勢在於管理結構化數據，但不擅長於管理非結構化數據。當一個以關係資料庫為核心的環保軟體需要管理大量影片、地理資訊圖片等非結構化數據時，整個系統根本無法正常運行。

所以，環保雲端平台是基於內容管理器，而不是關係資料庫的平台。環保雲端平台構架在內容管理器之上，而內容管理器是充分利用關係資料庫和文件資源管理器的優勢，把環保屬性資訊放在資料庫中進行管理，而把大量的非結構數據交給文件系統來管理，並在屬性資訊和文件之間建立關聯。

現有的一些環保軟體的業務功能與資料庫結構關聯緊密，由於環境數據經常變更，在變更後，軟體的某些功能就不能再使用了，需要修改或重新開發，耗費大量的人力財力，而且，這種軟體的升級會隨著數據結構的變遷永無止境，給系統開發和維護人員帶來很大麻煩。因此，巨正公司使用數據模型，作為程序與數據中心之間的溝通橋樑。數據模型用來表示數據的格式和關係（如圖 2-9 所示）。另外，巨正環保雲端平台支持數據模型的動態變化。程序訪問的是數據模型，也就不需要總是隨著資料庫結構的變化而變化。數據中心的建設就是為此目的而開展的。

圖 2-9 數據中心

在巨正環保雲端平台上，根據環保業務管理特點，對環保數據進行建模，制定數據標準（規範）、定義處理流程，從而為環保行業提供一個標準數據平台，充分滿足歷史數據、現在數據和未來數據的整合需要，逐步實現數據與業務的無關性。透過數據模型，巨正雲數據中心可以將環保局各種業務數據和空間數據整合起來，實現數據的統一儲存、備份和恢復、複製、數據遷移、歸檔、輔助決策分析、儲存資源管理和服務級的數據管理，解決了環保局以前數據存貯雜亂、數據冗餘、數據管理工作繁複等問題，實現了在雲端計算平台上各主要業務系統（即雲端服務）的互聯交換和資源共享。

環保雲端平台最有價值的是數據，巨正透過數據模型將各種數據統一整合到數據中心上（如圖 2-10 所示），從而為數據的充分利用與有效挖掘提供了基礎。巨正環保雲上的數據包含了基礎數據、監測數據、影片監控數據、統計分析數據、空間數據、政務數據等。每類環保數據都是基於某個數據模型，比如：報表數據模型的屬性（描述資訊）包括報表 ID、報表名稱、上報部門、報表分類等，語義（生成規則）包括報表與其他各數據模型的映射規則、計算公式、過濾條件等。

圖 2-10 巨正環保雲數據中心上的數據

透過數據模型和數據收集工具形成環保數據共享資料庫，從而實現業務系統之間的數據共享和數據交換，對外也可提供數據交換服務。環保雲端平台在數據中心上保存日常報表（基於報表模型），平台使用者無需每次動態生成報表，從而減輕數據中心的處理壓力。巨正環保雲端平台管理著下述數據：

1. 基礎數據

基礎數據是為瞭解決系統之間公共數據的共享。基礎數據包含汙染源基礎資訊。比如：根據編碼規範對企業進行了統一的編碼（QR 碼），形成了貫穿環保業務的企業編碼。汙染源資訊主要包括企業編碼、企業名稱、法人代碼等。除了監控企業資訊，基礎數據還包括各類環保企業資訊、與固體廢物和危險廢物相關的危險廢物經營許可證等。汙染源管理數據也是屬於基礎數據的一部分。基礎數據的管理者是數據中心主管部門。

2. 監測數據

監測數據包含針對水源地、地表水、大氣環境、噪聲、灰霾、噪聲、固廢 / 醫廢 / 危廢、放射源與輻射、油煙、氣（機動車尾氣）等的監測數據。一個監控企業可能包含多類監測數據。比如，針對排汙數據，一個企業可能有多個排汙口，並且有多個類型（如廢水和廢氣排汙口）。下面我們以噪聲監測數據為例來研究一下監測數據。對各個噪聲功能區定期監測，實現噪聲自動連續監測。透過環境噪聲監測傳感器實現交通噪聲、工業噪聲、建築噪聲和社會噪聲等噪聲資訊的採集，形成噪聲感知網路，並將超標噪聲數據透過無線網路實時地傳回中心。另外，服務中心還可以繪製噪聲地圖。透過噪聲地圖，執法部門不僅能瞭解到整個城市的聲環境狀況，而且還可以瞭解到噪聲排放的位置、超標噪聲的具體數值和類型等，從而加強對噪聲汙染的監控和治理，並完成噪聲環境評價。

對於危險物的監測，往往採用 RFID 電子標籤，從而對危險物的收取、運輸、處理等數據進行採集分析，得出各種精確數據。服務中心分析實時採集到的數據，從而實施危險時間報警機制。在危險物的監測方面，GPS 定位實現對收運車輛實時監控、動態調度、靜態管理及在途管理，及時瞭解監控收運車輛具體位置、時間、速度等資訊。

3. 影片監控

對固體廢物的收取、運輸和處置的各個關鍵環節進行有效的實時的影片監控，以確保對固體廢物全過程的可視化監控。治理設施監控也包含了影片監控。透過環境治理設施監控，各環境職能部門可隨時、隨地、隨處對環境治理設施運行狀況進行瞭解和監督，確保各環境治理設施的正常運轉，避免無故停運現象。在環境設施需要改造、更新或者維修時，可以第一時間被環境職能部門瞭解。透過環境治理設施的監控，企業可對部分參數進行調整，提高環境汙染設施的利用效率，為節能減排增加了空間。

4. 統計分析數據

平台提供了各類統計和分析數據，比如：統計廢水和廢氣的排汙情況的日/月/年統計報表、年度生態環境質量監測與評估報告、比對分析報告等。雖然數據統計和分析是由服務中心完成，但是，統計和分析所產生的報表都按照相應數據模型在數據中心存放。正是因為數據中心集中管理統計報表和分析報告，服務中心才可以把這些報表和報告放在一個或多個工作流上完成業務的審核等工作。

統計報表分成自動生成的統計報表和即時查詢所生成的報表。自動生成的報表有月統計報表、季度統計報表和年統計報表。比如：按月/季度/年統計廢物的處理量、收取量及按月統計黑名單比例和事件比例等報表。下面是一些常用報表：

（1）汙染總量控制報表

- 同期對比：按企業、地區、行業、統計汙水排放量、廢氣排放量、汙染物排放量。對排放量進行排序。

- 趨勢對比：對比同一汙染物、同一企業、地區、行業不同時間的排放量，計算消減量和消減率。

- 排放量：查看汙染源汙染物的當前排放量、總量閥值、單位以及所占總量的百分比。

（2）汙染源統計報表

按照行政區、行業、企業規模、隸屬關係（國控、省控、市控）、汙染源類型（水、氣）統計汙染源數量及排汙口數量。

（3）環境分析數據

對汙染源，顯示一個監測點在一個時間段某汙染物的趨勢曲線；河流斷面按同一流域檢測點顯示數據趨勢曲線。對有上下游關係的站點，以曲線顯示實時數據，分析上、下游檢測點間的數據關係。這些曲線都是數據中心上的環境分析數據。

（4）汙染分析評價數據

按地區、行業、企業計算汙水、廢氣企業的達標率及單個汙染物的超標倍數及達標率，對汙染情況進行分析評價，產生相應的報表。

（5）汙染對比分析數據

- 同期對比：對同　汙染物在不同的行政區、行業和汙染源條件下進行對比，數據類型包括年數據、季數據、月數據、日數據。對比的因子包括廢氣、汙水排放量、汙染物排放量、汙染物濃度均值。並可對指標進行排序。最終產生同期對比報表。

- 趨勢對比：將同一汙染物在不同分析類型下某時間段的趨勢走向和同一分析類型條件下作對比並生成報表，分析類型包括：行業、汙染源、行政區。數據類型包括：年數據、季數據、月數據、日數據。對比的因子包括：廢氣、汙水排放量、汙染物排放量、汙染物濃度均值。

（6）汙染數據分析

對於指定的分析上限和下限，統計出指定時間段內所有高於上限和低於下限的監測點位，把分析數據以報表形式（如 EXCEL 文件）存放在數據中心上。

5. 政務數據

政務（業務）數據指各業務活動的事務處理的數據，主要包括企業申報資訊和審查資訊、行政審查資訊、限期治理審查資訊等。政務數據還包括公文流轉、通知、公告等政務處理數據，還包括部門行政審查向公眾公示的數據。

6. 環境空間數據

空間數據是指環保業務所需要的空間地理各類參照圖層以及與業務相關的空間位置圖層，透過將該圖層連接業務數據，將屬性直接表現在直觀的二維地圖中。

7. 環保行業知識庫

在數據中心上，還有一個環保行業知識庫，存放著環保行業的標準和規範，比如：

（1）環保法律法規庫

環保法律法規資料庫包括國家及各省環保行業法律法規及國家對環境事故處理的相關的法律法規。

（2）環保標準管理

環保標準管理模塊將國家對環境質量制定的相關標準進行整理，包括城市噪聲、空氣質量、室內環境、水質量的各種標準。

（3）應急案例

將國內外已經發生並成功處置的各種環境突發應急事件事故進行整理，詳細記錄該事故的發生過程、應急監測、分析結果、汙染途徑、危害情況、處理措施等內容，為應急指揮人員提供應對各種突發環境事故的參考。

（4）應急監測實用技術文件

將各種應急處置的分析技術、採樣技術、分析案例、未知汙染物監測處理技術進行整理，為應急指揮人員提供詳細的技術支持。

▌2.4 服務中心

環保雲端平台集數據採集、傳輸、監控、數據統計、數據查詢、趨勢分析、決策支持、環境質量評價、汙染預報、公共查詢、數據上報和 GIS 等功能為一體，結合各個地區已建成或將要建成的實時監測網，透過長期、連續、實時的數據分析，判斷該地區的汙染現狀、汙染趨勢，評價汙染控制措施的有效程度，研究汙染對人們健康及對其他環境的危害，並為制定空氣質量標準，驗證汙染擴散模式，以及進行汙染預報，設計汙染源的預警控制系統，制定經濟有效的空氣汙染治理策略等提供依據。

環保雲端平台的服務中心首先為平台提供了一致的開發、設計、布署和運行環保服務框架。類似插件的方式，各個環保企業所開發的環保服務都可以在環保雲端平台上運行。無論是基於 .NET 的環保工具，還是基於 Java 的環保工具，環保雲端服務中心提供調用這些工具的對接，環保雲端平台管理員只需要設定這些工具的位置和所開發的工具即可（對於服務的建立、布署、服務目錄的管理、服務的授權使用等等，我們將在後面章節詳細介紹）。

如圖 2-11 所示，服務中心提供了監測、報表、預測、預報、預警、分析、挖掘等服務：

- 水質量在線監測服務：以水質自動監測站為基礎，結合環保局的水監測網，實時監控水環境質量，實現在線數據查詢及統計報表、在線數據自動報警、電子地圖與環保資訊綜合發佈等。另外，還提供水環境質量報告和報表，對在線監測設備、傳感器的狀態和位置等資訊提供有效管理。

圖 2-11 服務中心

- 空氣質量在線監測服務：以空氣質量自動監測站為基礎，結合環保局的空氣監測網，實時監控空氣環境質量，實現在線數據查詢及統計報表、自動報警、電子地圖與環保資訊綜合發佈等。空氣環境質量服務中心提供空氣環境質量報告、報表，對在線監測設備、傳感器的狀態和位置等資訊提供有效管理。

- 噪聲質量在線監測服務：以噪聲監測設備為基礎，實時監控聲環境質量，實現在線數據查詢及統計報表、自動報警、電子地圖與環保資訊綜合發佈等。

- 環境監控可視化服務：透過在線監測和影片監控技術實現汙染源、環境質量的實時動態監控；並透過圖形化的方式對全局業務流程的監控；

- 綜合辦公自動化服務：實現公文流轉、審核、簽批等行政事務的流程化處理；實現公文流轉與業務流程的無縫銜接；

- 環境服務公眾化服務：按照陽光政府的要求，構建為企業和公眾提供服務的一站式環保門戶網站；

- 績效考核動態化服務：確定每個流程節點的考核時間和考核事項，廉政監控點，建立考核模型，實現動態實時的績效考核；

- 環境決策科學化服務：利用專業的數學模型，建立基於 GIS 的環境質量分析和預警平台，為領導決策提供支持；

- 對接服務：對接服務提供對外數據對接，並提供基礎和統計數據給其他需要使用本系統的單位。比如，同交管部門的合作，同 12369 投訴系統提供服務對接來完成報警資訊登記等。

還有，服務中心上的各類服務完成日常報表、通用查詢（基於查詢模型）、基礎數據維護等日常基礎數據的服務。

服務中心是一系列環保服務的提供方。比如，監控子站採集各臺儀器數據，透過有線或無線通信設備將數據傳輸到數據中心。在服務中心上的監控服務處理各子站狀態資訊及監測數據。另外，還有統計分析數據服務等其他服務。環保雲的監控服務目錄如表 2-2 所示。

表 2-2 環保雲的監控服務目錄

數據 / 服務	廢水	廢氣	核與輻射	固廢危廢	土壤	水質	大氣粉塵	噪聲	生態環境	治理設施
在線監控（包括視頻）										
設備管理										
統計報表										
數據分析										
報警管理										
數據審核										
基本信息管理										
數據查詢										
應急										
運營支撐歸檔										
GIS										
流程管理										

　　除了上表列出的服務之外，環保雲端服務還包括：檔案管理服務、監督與執法、公眾服務、環境評估、信訪管理、許可證管理服務、辦公服務、移動平台服務等。

　　圖 2-12 是巨正環保雲端平台的服務中心。下面我們闡述部分環保雲端服務。

圖 2-12 巨正環保雲端平台服務

　　在監控服務中，定時彈出小時超標報警視窗，顯示當前小時超標企業、超標數據和超標倍數等；也可以手工查詢小時超標企業。監控服務具體分為：

1. 汙染源監控服務

當汙染源監測監控數據被採集到雲端計算平台上的數據中心之後，相應的汙染源監控服務就開始監控（如圖 2-13 所示）。汙染源實時數據監測對汙染源監測數據進行實時監測，顯示汙染物濃度、流量實時曲線，實時表格，可單畫面、多畫面顯示。可對多個監測點的數據進行對比檢測。顯示的介面集成 GIS 和實時數據。

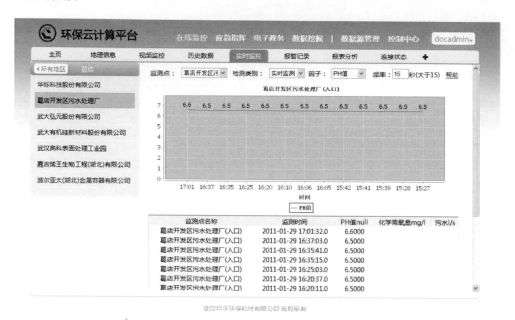

圖 2-13 汙染物實時監控

汙染源總體監控資訊以列表的形式顯示所有監測點的通訊狀況、排放狀況（正常、異常）、影片、基本資訊、在線時間（當前、累積）、最新監測數據（數據超標變色）、汙染源在線狀況統計，按國控、省控、市控對汙染源進行分類。

2. 治理設施過程監控

治理設施運行情況監測是透過實時採集和處理各種汙染源在線監測儀表、治理設施和排汙設備的關鍵參數，監測治理設施的運行狀況和淨化效果。關鍵參數包含電氣參數（如電壓、電流、頻率參數）、工藝參數（物位、流量、壓力等）。在設備上採用可靠的現場控制系統，監控治理設施的運行處理情況，同時，透過工廠總能源流轉情況，在生產量估算的情況下，測算出汙染排放量，以及應達到的淨化指標，結合汙染指標測算分析其綜合治理情況，全面監測企業治理設施運行、汙染物治理效果和排放量情況。

3. 噪聲監控

在區域內的主要交通要道、學校、商業區和人口集中區域設定噪聲自動監測和顯示設備，對環境噪聲進行 7 乘 24 小時全天候實時監測，並透過電子顯示屏向社會發佈監測結果。市民可以隨時看到自己居住附近或者途徑交通幹道的噪聲分貝，直觀瞭解噪聲汙染情況；各個測點的監測數據實時地傳到數據中心，環保局使用者可以對分佈在區域內的各測點的數據進行實時監測，及時、準確地掌握噪聲現狀，分析其變化趨勢和規律，瞭解各類噪聲源的汙染程度和範圍，為城市噪聲管理、治理和科學研究提供系統的監測資料。

4. 危險廢物安全監控

利用 RGID 技術可實現聯單自動化處理。當危險廢物運達處置單位時，RFID 射頻識別設備透過發射信號自動識別目標對象（貼有 RFID 標籤的危廢）並獲取相關數據（RFID 儲存的聯單資訊）。在讀取到電子聯單資訊後，透過固廢危廢管理服務自動寫入危廢的種類名稱、數量、產廢單位、運輸單位、承運人、運輸起始時間、到達處置單位時間，危廢處理方式等資訊，並發送到相關負責人處審查。

運輸監控管理服務主要結合運輸車的 GPS 系統，對危廢固廢的運輸路程和路線進行監控，確保危廢固廢運輸安全。運輸車輛路線與原定路線出現偏差以後，系統將產生報警資訊。點擊出現報警情況的運輸車輛，可以查看報警的詳細資訊。

5. 輻射監控

輻射監測採集層對各種輻射源進行數據指標的採樣與收集。採集接入的輻射源監測點包括：環境自動監測點、Ⅲ類以上工業放射源、城市放射性廢物庫、輻射環境監測標準子站。傳輸層把監測數據上傳到數據中心。輻射安全監管服務完成對輻射源數據的處理和分析。

6. GPS 監控服務

透過 GPS，可以對收運車輛路線提供實時追蹤服務。車載終端的 GPS 模塊實時接收全球定位衛星的位置、時間等數據，一方面發送車內的監控系統，得到車輛的當前位置並且在電子地圖上顯示；另一方面，數據將透過 GPRS 終端模塊發送到遠程監控中心伺服器，使得監控中心實時得到所有車輛的位置資訊，給車輛的安全監控提供了基礎。

7. 環境空氣質量動態遙感監測服務

針對生態環境保護重點地區和敏感地區，包括自然保護區、重要生態功能區、生態建設區，實現生態環境遙感資訊提取與監測，實現生態環境狀況綜合分析與評估；針對固體廢棄物汙染，提供對固體廢棄物的識別、提取與分析功能，實現固體廢棄物對周圍生態環境的影響評價。針對礦產資源開發、道路工程建設以及區域開發項目對生態環境造成的破壞和影響，提取生態遙感指標，實現對大型工程區域開發項目建設前、項目建設中及項目完成後的遙感監測與評估。

8. 綜合監控服務

比如，在大氣監控中，環保雲端平台運用物聯網技術建立全空間（高空、近地和地面）全天候的三維大氣監測體系，全面說清汙染源狀況及環境質量狀況，全面跟蹤工廠等主要汙染源汙染排放，及時掌握汙染源狀況以及實現汙染源對汙染濃度影響的技術分析，為大氣汙染應急提供決策手段，還可為大氣汙染防治措施、政策、標準等實施可能產生的效果進行科學評價，從而為大氣環境管理提供科學決策能力。

實時地監控系統的各個設備和系統點的使用情況，及時地獲知設備和系統的故障點。對設備的聯網率、設備運行時間、排放狀況、點位個數進行實時統計，反映設備整體的運行狀況。根據使用者選擇不同的排口，在介面上透過流程圖和數據結合的方式顯示出該測點設備在一天之中的運行時間、設備運行狀況及實時數據。除了監控管理之外，還包括故障管理、性能管理、安全管理和基礎維護管理。

環保雲端平台上的統計服務能夠靈活地按環境要素、業務功能需求分項統計各類報表內容，並對環境監測審核後的數據統計分析，生成 Excel 或 PDF 報表。還生成各類日、月、季和年報表。

在統計過程中，必然有一些判斷的標準。若一個廢水企業有多個排汙口，可計算這幾個企業排汙口的汙染物的平均值，並判斷平均值是否達標；若一個企業的多個排汙口中有一個排汙口超標，就判斷該企業廢水超標。若一個廢氣企業有多個排汙口，計算這幾個企業排汙口的汙染物的平均值，並判斷平均值是否達標；在這多個排汙口中只要一個排汙口超標，就判斷該企業廢氣超標。若一個企業既有廢水排放口又有廢氣排汙口，則按照上面的功能要求分別計算廢水和廢氣的企業超標情況，並且如果廢水和廢氣有一個排汙口超標，則判斷該企業超標。

除了數據中心所描述的統計報表之外，統計分析還生成如下報表：

- 水環境質量統計報告：對主要河流、水庫與湖泊、地下水質量進行彙總統計。

- 空氣質量報告：按區域、汙染指數、首要汙染物、質量級別統計空氣質量狀況。

- 輻射環境質量分析報告：根據輻射監測數據進行彙總統計分析，反應輻射環境質量情況。輻射環境質量分析內容包括：

  ❖ 監測平均值計算：單點及多個測點監測數據平均值計算，主要包括日、月、年平均值計算。

  ❖ 統計區域內全部監測數據最大值、最小值。

  ❖ 統計多個監測數據的標準差。

  ❖ 同期數據比較：對監測數據進行歷史同期對比，以列表和對比圖兩種形式展示，進行輻射環境變化的趨勢分析。

  ❖ 基準值比較：把監測數據與選定或輸入的基準值進行比較，反映輻射環境的優劣。

  ❖ 變化率計算：計算監測數據的月和年變化率。

  ❖ 自動監測與人工監測數據比較：設定人工監測數據輸入對接，在同一圖表中繪製自動監測結果與人工監測結果。

  ❖ 監測結果與本地對照分析：以列表和統計圖兩種方式展現監測數據與本地對照結果，並可對應顯示在環境地理資訊系統的電子地圖上，判斷輻射空氣吸收劑量率是否處在當地天然輻射水平範圍內，以反映地區的輻射環境汙染的變化趨勢。

環保雲端平台提供了多種分析服務。比如：環境質量分析。環境質量分析是利用現有環境監測數據，結合環境評估模型對環境質量進行分析，環境質量包括水環境質量、空氣質量、聲環境質量、輻射環境等。環境質量分析需要對各項環境進行獨立分析，獲取區域的各類環境要素質量狀況。

1. 水環境質量分析

利用各項監測數據實現對水環境質量進行分析。包括河流、湖泊、水庫、飲用水源地等水環境質量的監測和環境質量變化情況之間的關係進行分析，對其做出定量描述。透過水環境質量評價，摸清區域水環境質量發展趨勢及其變化規律，為區域環境系統的汙染控制規劃及區域環境系統工程方案的定製提供依據。水環境質量分析內容包括水環境質量現狀評估。根據各項監測數據對水環境質量現狀進行評估，計算各大水系流域的水質類別並進行分佈評估和分佈對比，為環境質量的治理改善提供依據。

2. 空氣質量分析

利用各項監測數據，分析區域內總體大氣環境空氣質量，以圖和數據列表相結合的方式進行直觀表達。可自動計算各區域的 API 指數，並分析 API 指數與汙染因子之間的關係。

查詢服務包括多個方面。查詢結果可導出到 EXCEL、PDF 等格式的文件中。在 EXCLE 文件或者 PDF 文件中，導出的報表抬頭顯示企業或監測點名稱。

1. 環境資訊查詢

環保工作人員應能按需及時查詢其所關注的環境資訊，例如：

• 重點汙染源地理位置及其基本資訊和相關環境資訊；

• 某個區域內每日的空氣汙染指數；

• 某個區域內各類河流斷面、湖庫水質自動監測點等數據；

- 某個區域內空氣質量自動監測站數據；

- 某個區域內飲用水源地保護區分佈與保護範圍；

- 自然保護區分佈與保護內容。

透過與地理資訊系統（GIS）的集成，可定位各類環境管理對象的地理位置，並可進行導航。另外，我們擬開通基於手機的查詢服務，從而環保人員都可以透過移動智慧終端進行查詢。

2. 汙染源數據查詢

查詢廢氣、汙水流量、汙染物濃度數據等。數據類型分為實時數據、分鐘數據、小時數據、日數據。有時也需要完成綜合查詢，比如：按國控、省控、市控，日期查詢整個地區或行業的廢水、廢氣及汙染物的排放量。

將現有重點環境與汙染源影片監控系統軟體整合進環境安全防控系統（如圖 2-14 所示）。影片監控介面與汙染源實時數據進行整合，在顯示監測站點的影片圖像同時顯示該站點的監測數據。影片監控對危險流動源的收取、運輸和處理的各個關鍵環節進行有效的實時監控，以確保對危險流動源收運過程的可視化的監控。

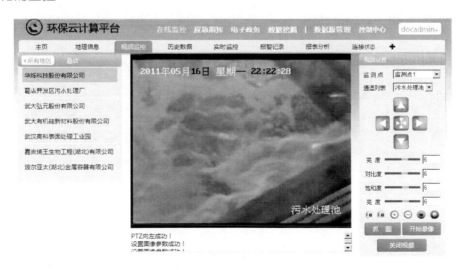

圖 2-14 影片服務

汙染源報警監控服務包含以下內容：

- 報警查詢：按類型快速查詢報警資訊。報警類型分為超標報警、數采儀掉線報警，超標報警可聯動查看報警的影片圖像或抓圖。報警內容包括汙染源名稱、監測點名稱、報警值、標準值、流量值和報警描述。查詢條件包括時間和流量，並可以導出報警資訊。

- 報警統計：統計一個企業或監測點一段時間內報警次數和報警持續時間，並對報警次數和時間進行排序。

- 報警處理：使用者針對某一條報警資訊進行處理，並給出處置意見。

- 報警設定：設定報警上下限，異常值上下限，數采儀掉線時間間隔報警設定。報警的數據類型可根據使用者需求進行靈活設定，包括小時數據、分鐘數據、實時數據、日數據。

- 報警方式設定：設定報警方式（簡訊、郵件、網頁彈窗提示、聲音）、報警通知人、通知時間、是否啟用報警。超標報警發給企業負責人，數采儀掉線報警發給運維單位相關人員。

- 送達報告：查看報警簡訊的送達情況報告。

相關使用者登錄到巨正環保雲端平台後，接警介面自動彈出報警視窗及相應的報警資訊、報警來源。

透過物聯網相關的監測資訊，結合水環境、大氣環境模擬模型，進行水、大氣環境汙染事故的預警分析。在環保雲端平台上，按預警源分為自動監測預警服務和人工預警服務。自動監測預警主要是從測控體系的子系統提取預警事件進行處理。人工預警監測主要從若干人工預警監測站點獲取預警資訊。系統提供人工錄入、統計和分析等功能。人工監測數據與自動監測數據一併進入預警系統。當與之有關的區域將要發生事故時，能提前發出預警，以便及時採取措施，防止事故的發生。按照預警對象，預警分為：

- 水源水質預警

採用連續測定的儀器進行檢測，運用 GIS 平台進行數據處理預測預報，一旦發現水質問題，向相關部門發送預警報告及相關處理方案，使得汙染水體能夠及時得到解決。

- 空氣質量預警

利用汙染源在線監測和空氣質量在線監測，結合空氣質量模型進行空氣質量預警，並向相關環境管理人員進行匯報。

按照服務的方式，預警服務分為：

- 預警發佈

當系統受到緊急預警或重要預警，管理員可以手工發佈到預先設定的管理人員，發佈方式有簡訊、網站公告等。

- 預警更改與解除

管理人員確認預警後，可以更改預警或解除預警。

- 預警查詢

提供預警瀏覽介面，顯示預警來源、時間、預警級別、預警內容等。查詢功能提供查詢介面，可以根據預警來源、時間、級別等查詢條件查詢相應預警。

- 預警指標管理

提供預警指標庫的維護，包括新增預警、修改、刪除和預警下發。

- 預警分級核定

應急服務的最終目標是：構建環境質量預測及環境汙染事故應急管理服務框架，加強環境汙染應急處置及預案管理，提升應急反應和處置能力；對發生的環境事故，實現應急資源的調度和管理。應急服務包括突發事件應急處置指揮服務和環境安全應急指揮聯動服務等。在環保雲端平台上，我們透過「事件」來管理突發事故。對整個事件從產生、應急到處置進行閉環管理。減少管理的盲目性，提高監管效率。事件管理服務主要有如下功能：事件分類管理、事件處理、事件分析、事件歸檔、事件瀏覽和事件管理。除了事件服務之外，還有如下服務：

- 應急物資管理

針對可能出現的各種應急事故，對區域內各個地方儲存應急物資如：滅火器、鹽酸、消防栓、防毒面具進行統一管理。該服務詳細描述了物資的用途、數量、儲存地、負責人及聯繫方式,當出現應急事故時,指揮人員能及時調動相應物資。

• 專家庫管理

專家庫將專家按照專業、類別進行分類,並將該專家的單位、電話聯繫方式留檔。當出現應急事故時,指揮人員能夠在第一時間與專家進行聯繫,保證事故能夠得到科學合理的處置。

• 應急預案管理

應急預案分為環保局預案、檢查預案、輻射預案、危管預案等。環保局預案可以分為總則、組織機構與職責、應急處置、應急保障、應急通訊聯絡、應急終止。使用者可以詳細地查詢各個步驟的詳細內容;檢查預案可以分為總則、分隊編制和職責、各種保障、環境監察應急工作程序。使用者可詳細查詢每個步驟的詳細內容;輻射預案包括應急分隊編制、應急啟動、開進、現場器材開展與監測、應急措施。使用者可以詳細查詢每個步驟的詳細內容。

• 應急檔案管理

檔案管理將整個環境突發事故從發生到應急監測、處置的全過程記錄進數據中心。資訊包括環境事故的類型、發生地、處理方法、所用處理物資、影響範圍等。

• 應急報告

根據事故現場提交的人工監測數據以及整個時間的處理過程,系統能夠自動生成環境事故處理評估報告,報告既可以根據人工監測數據對事故進行定量分析,又可以根據事故的影響範圍、影響人群以及相應的定量分析結果作出定性的分析。

• 環境評估

損益評估利用環境突發事故模型,根據事故的類型、汙染類型、事故持續的時間按照既定的模型對環境事故造成的損失進行初步評估。

總之,應急事件發生後,將自動根據事故資訊運用 GIS 技術來自動提取事故周邊地點的重點保護區、危險源、應急物資、應急人員等的分佈情況，在 GIS 電子地圖上顯示出這些重點關注資訊的分佈狀況。另外，根據事故類型與發生地資訊動態查詢已建立好的應急預案提供給使用者，使用者選擇一個指揮預案進入指揮流程階段。當啟動現場指揮時，系統將第一時間透過簡訊方式將事故資訊發送給環保局應急指揮的相關負責人。另外，系統自動檢索以往同類型或者同地點的案例，使用者可以選擇這些案例進行案例回放，為環保局處理事故提供依據。

環境地理資訊服務是為平台的各個業務提供地圖服務和空間分析能力（如圖 2-15 所示）。在地圖上能大致瞭解檢測站點的位置時，可以透過地圖放大功能將地圖放大到監測站點的大致位置上，然後透過地圖添加監測站點功能直接在地圖上將監測站點資訊添加到數據中心上。也可以將檢測站點經緯度輸入到監測站點資訊內，系統自動定位監測站點到地圖上，或者將地圖放大到監測站點大致位置，點擊將監測站點定位到地圖上。空間數據服務包括兩部分：

- 空間數據管理：實現空間數據採集、編輯、入庫、更新及儲存和管理。

- GIS 服務管理：負責對空間數據資源、服務資源、對接資源的註冊、發佈、目錄和安全進行管理。

圖 2-15 地理資訊系統

環保雲的 GIS 服務不僅可以向使用者輸出全要素地形圖，而且可以根據使用者需要分層輸出各種專題圖，如汙染源分佈圖、大氣質量功能區劃圖等等。

在進行自然生態現狀分析過程中，利用 GIS 可以比較精確地計算水土流失、荒漠化、森林砍伐面積等，客觀地評價生態破壞程度和波及的範圍，為各級政府進行生態環境綜合治理提供科學依據。在環境影響評價時，對所有的改、擴、建項目可能產生的環境影響進行預測評價，並提供防止和減緩這種影響的對策與措施。利用 GIS 的空間分析服務，可以綜合性地分析建設項目各種數據，幫助確立環境影響評價模型。利用 GIS 還可以更加明確地揭示不同區域的水環境狀況，反映水體環境質量在空間上的變化趨勢。可以更加直觀地反映如汙染源、排汙口、監測斷面等環境要素的空間分佈。利用 GIS 還可以進行汙染源預測、水質預測、水環境容量計算、汙染物消減量的分配等，以表格和圖形的方式為水環境管理決策提供多方位、多形式的支持。

電子政務服務中心集成總量減排、項目審查、汙染源管理、許可證管理、現場執法、環境監察業務、行政處罰、固廢和危廢轉移、核與輻射管理、環境信訪、綜合辦公等多個業務，透過專用的工作流引擎，將環保局相關業務以任務的形式驅動，實現對業務辦理進行跟蹤、督辦及考核的一體化業務管理。系統使得汙染源從產生開始，自動將相關資訊轉後續監管部門共享，並且後續的資訊自動歸聚到同一汙染源，隨時動態反映汙染源狀況。

1. 總量減排服務

總量減排服務主要包括環境容量分析、減排電子臺帳、總量核算、總量統計與分析以及減排文件管理。電子臺帳的主要內容包括城市汙水處理廠、企事業單位工業廢水治理工程（含清潔生產、中水回用等）、產業結構調整（關停的廢水或廢氣排放企業）、燃煤電廠脫硫工程、非電企業二氧化硫脫硫工程、產業結構調整（關停小火電機組）、油改氣工程等相關數據的採集及相關文件、企業照片的上傳。總量核算包括 COD、氨氧等的歷年完成減排量、十二五任務量、完成年任務比例、完成十二五任務比例相關數據採集及核算。總量統計及分析顯示各個指標的歷史數據變化曲線、計算公式，同時能夠統計出環統數據和根據監測得出的監測數據，同核算總量形成對比和分析，並進行形象、直觀的展示。

2. 建設項目管理服務

建設項目管理服務包括網上申報及審查管理、環境影響評價管理、環保「三同時」驗收管理、建設項目審查管理和總量控制管理等。網上申報及審查管理包括網上諮詢、企業網上申報、環評單位網上申報、評估中心評估、網上資料核實、項目核實及批文發放、環評單位管理等內容組成。環境影響評價管理按照環境影響評價法的規定，對項目的環境影響評價大綱進行管理，對環評的各項數據進行覆核和管理，對環評實際結果進行評估。建設項目審查管理包括建設項目審查、建設項目試生產以及建設項目驗收管理等內容。總量控制管理是在建設項目審查以及建設項目驗收管理過程中對於總量指標進行批覆，並且與總量減排管理系統進行集成管理。

3. 排汙許可證管理服務

排汙許可證管理基於總量控制管理，建立一個工業汙染源基本情況庫，錄入現有排汙許可證的汙染源基本情況數據，獲取汙染源基本數據，系統功能包括建立工業汙染源及申報、排放資料庫，對已發許可證按區域、流域等對汙染物總量進行統計，對新發許可證進行總量分析評估，為控制和削減汙染提供依據。排汙許可證管理主要包括排汙許可證發放管理、排汙許可證換證、排汙許可證註銷、排汙許可證年審、排汙許可證企業監督管理等。

4. 汙染源檔案管理服務

一個典型的汙染源，其生命週期分三個部分：汙染源產生、汙染源日常管理（許可、執法、收費、處罰等）、汙染源的註銷。汙染源檔案管理服務主要是基於汙染源的全生命週期的變化，對全局範圍內的汙染源進行集中管理的系統。

5. 行政處罰管理服務

行政處罰管理服務包括調查取證、立案管理、案件受理、行政處罰告知、申辯管理、聽證告知管理、聽證通知管理、聽證筆錄及聽證報告、審議管理、行政處罰決定、行政處罰跟蹤管理、案件執行情況管理、案件復議及訴訟、配合強制執行、結案等。

6. 環境信訪管理服務

信訪投訴管理包括：電話投訴登記臺、環保信訪登記臺、任務辦理臺、投訴調查處理、覆函、轉辦函、環保信訪查詢庫、投訴詳情查看、查詢統計等。任務辦理臺集中處理環保投訴，各業務員在其中處理各類業務，包括環保投訴調查處理、領導的審核及簽批、環保投訴登記表的影印、任務辦理軌跡查看等。

7. 排汙收費服務

根據標準的排汙收費流程運轉，實現了日常工作流程化、具體工作電子化。

8. 綜合辦公中心

綜合辦公中心是在整合環保局現有的辦公系統平台功能的基礎上，符合國家有關規定和標準、符合環保局自身業務特點的綜合辦公系統。它實現了局內行政工作流程化定製與管理，在局機關、下屬單位之間實現辦公資訊互動和共享。該服務實現了如下功能：

- 提高工作效率：不用拿著各種文件、申請、單據在各科室跑來跑去，等候審查、簽發、蓋章，這些都可在網上進行。

- 規範單位管理：把一些彈性太大不夠規範的工作流程做得井然有序，比如公文會簽、計劃日誌等工作流程審查都可在網上進行。

- 包括了公文管理、會議管理、車輛管理、移動辦公、領導日程管理、通訊錄管理、待辦事宜、催辦督辦以及行政事務管理等內容。

安裝在環保業務人員的智慧手機上的環保移動應用，訪問環保雲端平台上的服務，查詢各類數據（如汙染源地圖、環境質量資訊、辦公資訊、法律法規），完成現場執法（執法後的資訊立即保存到數據中心）、現場辦公、稽查管理等多個業務操作，實現移動辦公和監控。還有，智慧手機上的 GPS 定位環保人員的當前位置和行進軌跡。當有突發環境或信訪事件發生時，便於指揮中心對車輛和人員進行調度，及時對事件進行處置。

現場執法人員還可透過環保移動應用在對環境違法企業進行現場執法。比如：記錄問訊筆錄、取證（拍照、攝像、錄音等）。以前需要手工填寫問訊筆錄，利用攝錄設備取證。目前可以透過移動應用，利用智慧手機完成筆錄和取證工作，筆錄和取證數據立即保存在數據中心，提高了工作效率。

環保移動應用還具有汙染源現場核查的功能。從前，環境監察部門巡檢需要準備並攜帶大量的表格、文書、參考資料，到現場邊檢查邊填表，對有疑惑的問題要現場翻閱相關法律法規條文和文件資料。檢查完畢返回後再根據現場填寫表格和存檔。透過環保移動應用，按照設定流程填寫完檢查單。還有，各類環保工作人員外出進行現場執法和檢查或出差，其間可透過環保移動應用查詢各類環境新聞，可查詢環保部、省政府及環保廳下發的各類文件和通知、公告等，可進入辦公中心進行文件辦理，實現了移動辦公。

為了加強對各地汙染企業自動監測數據管理，監控中心每月不定期按四個辦法、巡查比對、監督檢查等要求對企業進行檢查並且人工監測汙染企業的汙染數據。檢查的項目包括：人工監測平台是否規範、排汙單位是否違規進入站房、企業是否修改設備參數、企業是否模擬數據上傳、數據上傳是否符合要求、分析儀器數據是否與上傳數據一致、是否存在虛報停產的情況、歷史問題是否已經整改以及其他違反規定的情況等。對於違反規定的企業以及拒絕檢查人員檢查的企業，按照有關文件規定，在計算當月運行率、準確率和超標情況時按照違反規定的程度來統計。另外，將人工監測數據與同時的自動監測數據相比較。在計算當月運行率、準確率和超標情況時，按照人工監測數據與自動監測數據相差程度來統計。當人工監測數據與自動監測數據的誤差超過國家有關規定時，使用人工監測數據參與各種報表統計分析。實現人工監測數據與自動監測數據的對接。結合企業生產狀態，自動判斷出歷史問題是否整改，並作出相應處理。所有這些處理，都可以在環保移動應用上完成。

文件管理服務的目的是實現對各類檔案材料的電子化管理，透過對各種類型文件分類管理，便於在局域網或外網快速查閱各類資料，解決傳統手工查找紙質檔案文件費時費力的問題，電子檔案管理服務極大提高監控工作效率。檔案管理服務可以快速定位所需文件，記錄使用者訪問及工作的歷史資訊，並實現對檔案的錄入和維護等功能。

數據挖掘與傳統的數據分析（如查詢、報表、聯機應用分析）的本質區別是數據挖掘是在沒有明確假設的前提下去挖掘資訊、發現知識。服務中心集成了先進的數據挖掘工具，計算出環境狀況變化趨勢。對大量實時和歷史數據的挖掘、評測與關聯性分析，深度獲取和挖掘積累相關環保知識，全面提升分析決策的智慧化程度，包括準確判斷環境狀況和變化趨勢對環保危急事件進行預警、態勢分析、聯動和應急指揮決策輔助於一體，提供準確的分析、挖掘掌握多項生態環境變遷和關聯性的規律，對完善環境法律、法規體系、環保行業監測規程和技術標準、環保發展戰略的規劃等提供充分的科學依據。

環境保護涉及多個學科，複雜程度較高，不僅涉及到各類汙染企業的工藝流程和各類汙染因子的監測、分析、處理等內容，還需要根據監測數據結合氣象、水利、國土、農林等部門預測預警環境綜合質量的變化評估狀況。這些工作都需要對海量資訊進行識別、分類、綜合分析、模擬預測、評估等處理。

2.5 平台控制中心

透過設備採集的數據經過傳輸層的傳輸，彙集到雲端計算平台的數據中心上。在服務中心上的各項業務（服務），實現對環境質量和汙染源的實時和動態的監管，並在此基礎上進行數據的共享、報表、發佈，預測、預報、預警、分析、挖掘及汙染源控制等功能。控制中心是整個平台的控制平台，控制著數據源管理器、數據中心和服務中心。

數據模型管理包括環保數據屬性、環保數據模型、自動歸類設定、版本設定、加密設定、數據模型之間的引用等建立、更新、查詢和刪除功能。比如，在控制中心上，各個環保部門的管理員可以做以下操作：

- 建立、更新、刪除屬性（如圖 2-16 所示）。設定屬性的數據類型、長度、最大最小值（整數類屬性）、字元串的內容（如規定只包含數字和字元）等。

- 建立、更新、刪除數據模型（如圖 2-17 和圖 2-18 所示）。設定數據模型的名稱、訪問控製表、儲存設備、版本控制、是否自動放到某個處理流程和其流程名稱、歸檔設定、監控設定、模型的類型、是否自動放入（一個或多個）文件夾和文件夾名稱、引用設定、各個屬性和子節點、是否儲存文件（非結構化數據）。針對在數據模型中的屬性，你可以設定：

是否強制（非空）、是否唯一、是否只讀、是否可查詢、是否有缺省值和其缺省值。子節點是屬性和次子節點的集合。透過屬性和子節點，使用樹型結構來描述數據模型。

圖 2-16 巨正環保雲的數據屬性設定

圖 2-17 巨正環保雲的數據模型的基本設定

圖 2-18 巨正環保雲的數據模型的屬性設定

- 支持動態調整，所有這些設定都可以隨時修改，並立即生效。

　　雲端平台的數據中心是一個內容管理中心，不僅僅管理著屬性數據（如監控企業名稱，監控設備編號，監控參數值等），還管理著非結構化的數據，如影片本身。並且，把屬性和非結構化數據（如影片）統一為一個邏輯數據（命名為「內容」），雖然在平台底層是分開存放的（屬性數據在資料庫裡，非結構化數據在文件系統上）。無論是服務中心，還是數據源管理器，都是以數據模型作為參數，來訪問數據中心，並從數據中心獲得內容的。還有一點，環保原始數據是不允許修改的，環保雲端平台所提供的註解文件是用來保存在原始數據上的註解。

　　在環保雲端平台上，除了預先定義了的環保處理流程，管理員還可以建立多個環保工作流（包括工作點、工作區、選項等）。

1 · 定義處理流程和步驟

- 處理步驟由工作點和條件設定，如圖 2-19 所示。

- 數據和文件夾透過各個處理流程按照設定的條件送達各個工作點 。

- 一個工作點可以是自動處理程序,也可以是需要手工干預的操作,如圖 2-20 所示。

2. 多路分支的條件點(如圖 **2-19** 的條件語句部分)

- 自動轉到下一個工作點。

- 選擇選項轉到下一個工作點。

圖 2-19 工作流的各個步驟

3. 並行處理點和合併點(如圖 **2-20** 的下拉框)

- 同時送到兩個或多個工作點來處理。

- 並行處理後彙總到一個工作點。

- 只有所有並行處理完成,彙總工作點才看到。

查看工作点

基本属性

属性名	值
名称	地表水分析
描述	地表水分析
文档过期设置	0　小时　过期后　无动作
最多待处理文档	0　　　超过后　无动作
类型	普通
选项组	普通 / 并行 / 合并 / 分开
访问控制列表	
下一个工作点指定人组	everyone
本工作点指定人组	everyone
进入工作点外部程序	方法名
离开工作点外部程序	方法名
超量后外部处理程序	方法名

删除　　更新　　帮助

圖 2-20 工作點定義

4. 工作點待處理的最大量和期限（如圖 2-20 所示）

- 一旦超過指定數量，讓系統自動產生提醒資訊（比如發電子郵件給主管）。

- 各個工作點必須在收到材料後的指定時間內完成處理，否則標識那些逾期未處理的工作點。

5. 在流轉中設定屬性

- 優先級、分配工作人員等。

6. 自定義選擇選項和自動選項

- 手工選項：批準、否決、同意、不同意、退回等。

- 自動選項：可以是一個數據處理工具（如圖 2-21 所示）、簡訊發送程序等。

查看选项

基本属性

属性名	值
名称	巨正地表水分析工具
描述	巨正地表水分析工具
设置出口程序	✓
出口程序类型	JAVAAPP
出口程序名称	com.JZ.DiBiaoShui.Fenxi
出口程序方法	analyzeData

删除　　更新　　帮助

圖 2-21 外部程序處理的選項

7. 自由定義工作區

- 工作區是一個或多個工作點的彙總平台，如圖 2-22 所示。

- 使用者訪問授權的工作區來訪問各個工作點中的待處理數據和文件夾。

查看工作区

基本属性	
属性名	值
名称	宜昌市环保局
描述	宜昌市环保局
文档显示顺序	无
访问控制列表	AdminOnly
包含的工作点	地表水分析 大气分析 *
过滤返回文档	☐ 只显示过期文档　☐ 只显示登录用户所分配的文档
返回文档个数	◉ 所有文档 ○ 1个文档 ○ 最多到 _____ (注意：1-32767)

▣ 删除　　▣ 更新　　▣ 帮助

圖 2-22 工作區定義

還有，環保雲端平台支持動態修改各個處理流程，並立即生效。

監控設備分為很多類：環境質量的監控設備、汙染源的監控設備等等。這些設備監測大氣、機動車、水、噪聲、核與輻射、固體廢物、影片、RFID、GPS 等。一個環保行業的數據可以歸結到多個類卜，比如：按照企業的分類，按照監測對象的分類，按照時間的分類，按照所在區域 / 流域的分類等等。所以，對環保數據的自動歸類和手工歸類的功能，是環保雲端平台必須要提供的。在巨正環保雲端平台上：

- 一個數據模型可以引用一個或多個另外的數據模型，如汙染監測數據模型引用企業數據模型。

- 所引用的數據模型可以是一個文件夾模型，從而把不同的數據歸類到不同文件夾下。

還有一點，在環保雲端平台上的數據多維歸類，是基於內容指針完成的，所有數據都只保存在一個地方，數據的一致性和完整性有充分的保證。

在環保雲端平台上，透過儲存容器和儲存設備兩個虛擬對象來管理實際的物理設備。在控制中心上，管理員自定義一個或多個虛擬儲存設備來包含不同的文件系統和不同的儲存介質。在環保雲端平台上：

- 指定某些數據（透過數據模型上的設定完成）存放到某些虛擬儲存設備上；

- 系統自動在同一虛擬儲存設備的不同物理設備之間切換；

- 當需要維護一個物理介質或文件系統時，可以暫停該文件系統或物理介質的使用；

- 在平台上，一個物理介質或文件系統被定義為容器，多個容器組成一個虛擬設備。

在環保雲端平台上，服務有服務目錄，支持服務的建立和布署等功能。對於門戶服務，我們透過門戶模型來完成。門戶模型就是一個介面模型，包括：

- 選單：選單項、操作等；

- 介面元素（窗體、按鈕、文本框）：位置、大小、操作等；

- 映射的數據模型；

- 功能處理。

- 控制中心還提供了下述管理：

- 安全管理和權限管理；

- 備份和復原；

- 批量導入；

- 系統備份和恢復；

- 系統維護；

- 長期歸檔；

- 不同伺服器間數據同步（同步規則定義，遠程伺服器定義等）；

- 數據源驅動器、數據操作、採集規則、數據採集器。

▌2.6 環保雲端平台總結

如圖 2-23 所示，環保雲端平台對環境資訊進行更透徹的感知、更全面的互聯互通、更深入的智慧化應用，實現對環境資訊資源的深度開發利用和對環境管理決策的智慧支持，從而最大程度地提高環境資訊化水平，完善環境保護的長效管理機制，推進汙染減排、加強環境保護，實現環境與人、經濟乃至整個社會的和諧發展。具有以下特點：

- 實時、準確監測、科學預測、及時發佈，並為應急指揮提供一個可靠平台。

- 集成各個現有子系統，形成一個環保行業操作平台；它是一個綜合管理服務系統平台，為各業務部門、管理決策部門、環保專家、行政執法人員、企業、公眾和其他應用部門提供智慧化、可視化的環保資訊管理應用和綜合服務平台，提升環保局的總量減排能力和環境綜合質量的監管能力，快速、高效、準確地完成上級管理部門下達的各項任務，便捷、及時地對企業和公眾提供環境資訊服務，打造良性的互動平台。

- 完成了環保監控物聯網技術規範、環保資訊化服務流程、環保數據管理更新機制和新一代環保資訊系統應用維護體系等，為國家各級環保部門的應用推廣提供探索經驗和標準示範，並在未來環保行業標準、政策法規、發展戰略的中長期規劃中發揮指導作用。

- 探索制定統一的標準規範：制定系統建設標準與規範，包括標準框架、物聯網建設與管理、數據管理和應用安全等方面的標準與規範，用於指導今後環保資訊系統建設，保障系統建設先後之前標準一致。標準規範建設的內容包括本系統建設過程中需要遵照執行的國家和行業標準，專門為本系統建設編制的標準規範。

- 開放的技術架構，其他環保企業和環保系統可以無障礙連接到環保雲端平台。

- 同時具備透明布署、穩定運行、高可靠性等諸多優點。

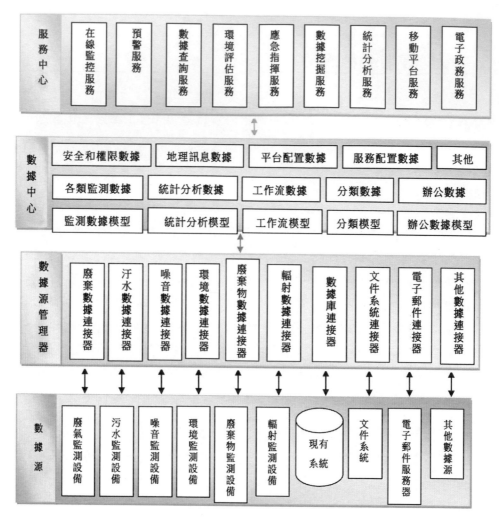

圖 2-23 環保雲端平台

Chapter 3
雲端服務和服務對接

從本章節你可以學習到：

❖ 雲端服務

❖ 怎麼描述雲端服務

❖ 為雲端服務建模

❖ 服務註冊表

❖ 雲端服務對接

❖ 消息傳遞對接

❖ 對接選型考慮

正如我們在第 1 章所闡述的，我們把雲端計算所提供的軟體服務叫做「雲端服務」，並可以採用 SOA 的架構來設計雲端服務。在本章中，我們首先討論雲端服務本身，然後討論雲端服務的對接。

3.1 雲端服務

本節首先討論雲端服務的層次；然後討論設計雲端服務的各個方法和設計原則；接著描述怎麼使用 WSDL 描述雲端服務，並給出了一個 WSDL 實例；最後討論一下雲端服務建模的工具。

雲端服務是一個粗粒度的對象。從軟體層次上看，雲端服務層可以分解為以下各層，如圖 3-1 所示。

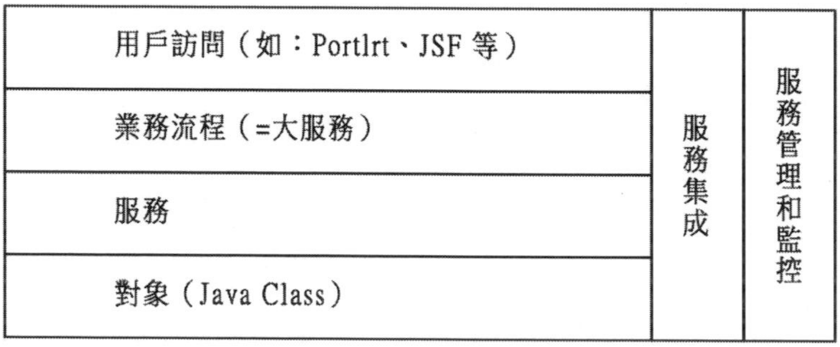

用戶訪問（如：Portlrt、JSF 等）	服務集成	服務管理和監控
業務流程（=大服務）		
服務		
對象（Java Class）		

圖 3-1 雲端服務層次

在設計雲端服務時，需要考慮每一層的內容和架構，如表 3-1 所示。

表 3-1 各層的內容和架構

層	要考慮的內容	架構上的考慮
對象層	是創建新的系統對象，還是選擇已有的應用程序？	是否採用EJB？
服務層	服務分類表和服務的描述	是否全部採用web服務？
業務流程層	確定各個業務過程	是否採用JMS？
用戶訪問層	如何調用服務	是否使用Portlet？
集成層	確定集成服務的架構；如何確保服務質量	是否採用ESB產品？
管理層	安全問題和決策；性能問題和決策；技術和標準的局限性以及決策；服務的監控和管理	採用哪個Web應用服務器？是否採用SSL？

下面我們描述各層。

1. 對象層

本層包含現有系統已經實現的對象和新的對象。它們比服務細。它們可能是一個用 Java 實現的對象，如企業。對於使用 JPA 的系統，它們可能是一個 JPA 實體。SOA 可以利用現有的系統，並且用基於服務的集成技術來集成它們。在這一層中，我們用不同的對象把底層系統的功能封裝起來。

2. 服務層

公開的服務處於這一層。它們可以被查找並動態調用，也可以直接靜態調用。在這一層上，用於描述服務的對接被公開，從而對接可以被公開使用。服務的對接是以服務描述的形式展現（如使用 WSDL 來描述）。在運行時所提供的服務功能是由對象層實現的。各個服務可以獨立存在或者被組合成為另一個大服務。服務層是系統中最重要的一層。在這層中，我們要用底層功能組件來構建不同功能的服務。總的來說，SOA 中的服務可以被映射成具體系統中的任何功能模塊。從功能性方面上來說，可以大致劃分服務為以下三種類型：

- 商業服務（business service）或者是商業過程（business process）：這一類的服務是一個企業可以公開給外部使用者或者合作夥伴使用的服務。比如下訂單服務、檢查訂單狀態服務、商品查詢服務等。

- 商業功能服務（business function service）：這類服務會完成一些具體的商業操作，也會被更上層的商業服務調用。在大多數情況下，這類服務不會公開給外部使用者直接調用，比如查詢使用者帳戶資訊等。

- 技術功能服務（technical function service）：這類服務主要完成一些底層的技術功能，比如日誌服務以及安全服務等。

3. 業務流程層

在服務層之上的第 4 層就是業務流程層，在這一層中我們利用已經封裝好的各種服務來構建商業系統中的商業流程。這一層可以看作大的服務。它一般是多個服務的合成。它的調用方式同服務相同。我們也可以使用一些可視化的流程集成工具來描述和設計流程，比如使用 IBM WebSphere Business Integration Modeler。

4. 使用者訪問層

使用者訪問層是最終使用者所看到的介面。我們可以使用一些高級的技術，如 Portlets、Widget、Mashup 等；也可以使用一些傳統的技術，如 HTML、JSP 等，或者兩者的結合。這一層在業務流程層之上，有時也叫表示層。我們利用表示層來向使用者提供使用者對接服務。這一層可以用基於 portal 的系統來構建。

以上這幾層都需要有一個集成的環境來支持它們的運行，這就是集成層和管理層。

5. 集成層

集成層集成所有的服務，比如使用 ESB。服務的調用者透過集成層來訪問服務，從而保證了服務的位置獨立性。

6. 管理和監控層

管理和監控層監控（如性能和可用性）和管理（如安全）服務。這一層監控雲端服務以確保我們實現了雲端服務的質量標準。這一層主要為整個系統提供一些輔助的功能，例如：服務質量管理，安全管理這一類的輔助功能。

最近，有一些公司提出服務模塊（簡稱模塊）的概念。它是由一個或多個具有內在業務聯繫的服務組件構成。把多少服務組件放在一個模塊中，或者把哪些服務組件放在一起，這主要取決於業務需求和布署上的要求。另外，由於模塊是一個獨立布署的單元，這給應用的布署帶來很大的靈活性。比如，只要保持模塊對接不變，我們很容易透過重新布署新的模塊而替換原有的業務邏輯，而不影響應用的其它部分。我們認為，服務模塊就是一個單獨的小系統。

在雲端計算系統中，我們使用 SOA 來設計雲端服務。在面向服務的軟體設計方法出來之前，業界還有另外一些設計方法，它們都各有優缺點。我們在這裡快速地回顧這些軟體的設計方法，以便讀者更好地理解 SOA 所產生的背景。在設計 SOA 系統時，我們會同時使用這些軟體設計方法。

SOA 的系統一般包含 3 個層次，如圖 3-2 所示。

其實，每個層次都曾經有一種設計方法。

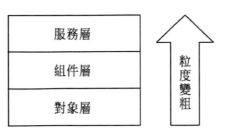

圖 3-2 SOA 的三個層次

1. 面向對象的分析和設計

面向對象的軟體設計方法就是從對象（物體、概念或實體）的角度考慮問題域和邏輯解決方案。這些對像一般具有許多操作和狀態（記憶這些操作的結果）。設計和分析人員一般封裝對象（或對象組）的某些方面，抽象對象的某些特徵。面向對象的分析和設計的基本原則是：

（1）封裝：軟體對象就是模擬真實世界的對象，是包含其物理屬性（數據）和功能（方法）的離散包，如倉庫對象。

（2）資訊隱藏：結構良好的對像有簡單的對接，並且不向外界泄露任何內部機制，如入庫。調用者不需要詳細暸解入庫的具體操作。

（3）類別和實例：類別是用於定義特定類型的軟體對象，它包含屬性和方法。而實例是一個具有這些屬性值的具體對象。建立類別的新實例稱為實例化。比如，在中網雲端計算平台中，庫存就是一個類別。所有的庫存都具有一些屬性，比如商品的名稱和其數量等。各個批發商的庫存都是這個類別的實例，具有一些特定屬性值（如張三的庫存同李四的庫存在商品種類別上的不同：張三的庫存包含了很多鞋，而李四的庫存包含了很多衣服）。類別是一直存在的，而實例具有有限的生命週期。

（4）關聯和繼承：在面向對象的分析和設計中，我們需要表達類別之間的關聯。繼承是其中的一種關聯。我們常常發現軟體對象的自然層次。例如，中網雲端計算平台中，有批發商、生產廠商、零售店等多種企業。這些企業共享許多屬性，比如名稱、地址、聯繫電話等。我們建立一個通用的企業類別，批發商、廠商等都是該類別的子類，如圖 3-3 所示。

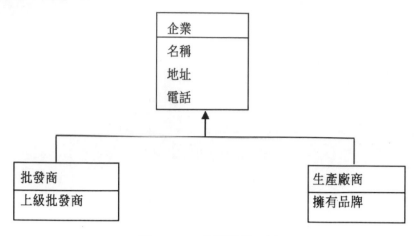

圖 3-3 UML 類別繼承示例

（5）資訊傳遞：軟體對象之間需要相互通訊。比如，中網雲端計算平台中的商品銷售。假定批發商 A 批發給零售店小張 100 件童裝。那麼，可以將帶有 100 件童裝的出庫參數發送到庫存實例。當庫存實例（即批發商 A 的庫存）接收到消息時，它執行相應的出庫操作（在類別中，稱為出庫方法）。

（6）多態：兩個或兩個以上的類別（一般有繼承關係）接受相同的消息，但以不同的方式進行實現。

2. 面向組件的分析和設計

面向對象的軟體設計方法所設計出來的對象的粒度比較細，其實很難被重用。在應用程式開發和系統集成中，粗粒度的組件越來越成為重用的目標。這些粗粒度組件透過內聚一些更細粒度的對象來提供完整定義的功能。我們可以將企業的應用程式劃分成一組粒度大的組件。面向對象的技術和語言通常被用來實現組件。

3. 面向服務的設計

面向服務的軟體設計是將組件描述成提供相關服務的物理黑盒，這些黑盒封裝了可執行代碼單元。它的服務只能透過一致的已發佈對接進行訪問。組件必須能夠連接到其他組件（透過對接）以構成一個更大的組件。服務通常實現為粗粒度的可調用的軟體實體，它作為單個實例存在，並且透過鬆散耦合和基於消息的通訊模型來與應用程式和其他服務互動。

在面向服務的設計中，我們要使用與實施細節無關的標準化對接來構建服務。我們使用一套服務描述語言（如 WSDL），來描述服務的輸入參數（如「庫存查詢」服務需要商品編號），並描述服務響應細節（如返回庫存中商品的數量，是一個整數）。服務的請求程序無需知道實現服務的程式語言，而且可以使用任何語言來編寫請求程序。這就使得一個平台上的服務可以和另一個平台上的應用程式集成。互操作性的關鍵是請求和響應消息，例如，使用 SOAP 消息。

如圖 3-4 所示，中網雲端計算提供了很多服務，這些服務都是採用面向服務的設計方法所設計的。我們可以看出，面向服務的系統包含了：

- 服務：一個邏輯實體，如網上訂單服務。服務提供者（中網）實現了服務軟體。

- 服務使用者（或請求者）：調用服務提供者的軟體。傳統上，它稱為「客戶端」。服務使用者可以是終端使用者應用程式或另一個服務，既可以在外部系統上，也可以在中網自己的系統上。

- 服務總線：完成服務定位和代理的功能。是一種特殊類型的服務提供者，它作為一個註冊中心，允許查找服務提供者的對接和服務位置。它還可以將服務請求傳送到一個或多個服務提供者。

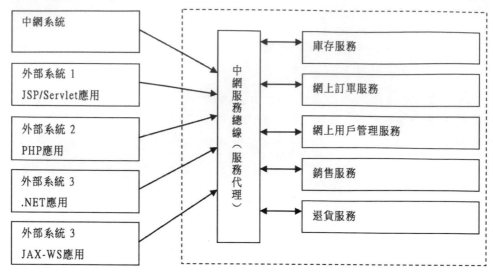

圖 3-4 中網雲端計算提供的部分服務

4. 各種設計方法的異同

同面向對象的設計方法和面向組件的設計方法相比，SOA 具有以下不同：

- 服務組件往往是粗粒度的，而傳統組件以細粒度居多。

- 服務組件的對接是標準的，主要是用 WSDL 描述的 Web Service 對接，而傳統組件常以具體 API 的形式出現。

- 服務組件的實現與程式語言是無關的，而傳統組件常綁定某種特定的語言。而面向對象的分析和設計方法具有以下特點：

- 面向對象的方法的粒度級別集中在類別級，對於以服務為中心的 SOA 建模來說，這樣的抽象級別太低了。像繼承這樣的類別關係使得類別和類別之間產生一定程度的緊耦合（因而具有依賴性）。SOA 試圖透過鬆耦合來促進靈活性。

- 對於設計服務中的底層類別和組件結構，面向對象的設計方法仍然是一種有價值的方法。在中網雲端計算平台中，我們使用面向對象的方法來設計服務中的類別。

SOA 的系統並不排除使用面向對象的設計來構建單個服務，但是其整體設計卻是面向服務的。由於它考慮到了系統內的對象，所以，雖然 SOA 是基於對象的，但是作為一個整體，它卻不是面向對象的，不同之處在於對接本身。

雲端服務是按照 SOA 來設計的，雲端服務之間是一個鬆散耦合。雲端計算本身將軟體系統看作是一些有著標準對接的服務集合。針對不同的業務需求，企業可以像搭積木一樣將不同服務組合在一起來構造一個新的業務系統。雲端服務具有如下特徵：

1 · 鬆散耦合（loosely coupled）

鬆耦合性要求雲端計算平台上的不同服務之間應該保持一種鬆耦合的關係，也就是應該保持一種相對獨立無依賴的關係；服務請求者（如外部系統）到服務提供者（如庫存服務）的綁定與服務之間也應該是鬆耦合的。這就意味著：服務請求者（如外部系統）不知道提供者實現的技術細節，比如程序設計語言、布署平台，等等。服務請求者往往透過消息調用操作（即請求消息和獲得響應），而不是透過使用 API。

在保持消息模式不變的前提下，這個鬆耦合使得服務軟體可以在不影響另一端的情況下發生改變。比如，服務提供者可以將以前用 C++ 寫的庫存服務用 Java 語言重新編寫，同時又不對服務請求者造成任何影響（只要新代碼支持相同的消息模式即可）。

SOA 中的「鬆耦合」是透過服務總線或其他服務代理完成的（參見圖 3-4 所示）。服務總線對請求者隱藏了盡可能多的技術細節。

2. 有明確定義的對接

服務必須具有明確定義的對接來描述服務請求者如何調用服務提供者的服務。我們使用一種服務描述語言來描述服務，比如，Web 服務描述語言（Web services Description Language，WSDL）是一種廣泛使用的服務描述語言，WSDL 並不包括服務實現的任何技術細節。

3. 無狀態（stateless）的服務

服務不應該依賴於其他服務的上下文和狀態。服務應該是獨立的。比如對一個網上使用者登錄服務和一個使用者訂單查詢服務來說，典型的操作是：

- 外部系統調用中網雲端計算的網上使用者登錄服務來確定該使用者的使

用者名和密碼是否有效。

- 外部系統調用中網雲端計算的使用者定單查詢服務來獲得使用者所下訂單的資訊。

那麼，在第 2 個服務調用時，不能假定：透過第一個服務的調用，中網雲端計算平台已經獲得了使用者的名稱，所以，在第二個服務調用中不包含使用者資訊。如果該假定存在，那麼，就要求服務提供者記住狀態資訊。如果開發人員使用 J2EE 的 EJB 來實現服務的話，那麼應該選用無狀態的會話 bean。

4. 使用粗粒度對接

服務的粒度很重要。太大的話，就很難重用；太小的話，就很難將業務操作同服務對應起來。服務是針對一個特定功能的完整處理。雖然雲端服務並不要求一定使用粗粒度對接，但是被外部調用的服務一般採用粗粒度對接。當然，該外部服務可以由細粒度操作（或服務）組成。比如：網上訂單服務。這是所有合作夥伴在中網雲端計算平台上保存和處理使用者所下的新訂單。這個服務調用了庫存檢查、發貨服務等服務。

5. 位置透明性

位置透明性要求雲端計算平台上的所有服務對於他們的調用者來說都是位置透明的。也就是說：每個服務的調用者只需要知道他們調用的是哪一個服務，但並不需要知道所調用服務的物理位置在哪裡。

6. 協議無關性

我們建議雲端服務可以透過不同的協議來調用。這樣的話，其他設備（如手機）也可以訪問雲端服務。

7. 軟體即服務

傳統軟體是作為一個商品來銷售的。在雲端計算平台上，軟體是作為服務來銷售的。這個巨大的變化在於：軟體服務需要天天維護。比如，Google 必須持續抓取網際網路上的新內容並更新其索引。

透過這些雲端服務所具有的特性，我們可以看到，雲端計算的出現為企業系統架構提供了更加靈活的構建方式。如果企業架構設計師基於雲端計算來構建系統架構，就可以從架構上來保證整個系統的鬆耦合性以及靈活性，這都為未來企業的業務邏輯的擴展打好了基礎。

我們採用 SOA 來設計雲端服務。在 SOA 中，系統的體系結構通常由無狀態、全封裝且自描述的服務組成。在設計雲端服務時，我們要堅持以下一些原則：

- 要構思良好的服務。它給業務帶來了靈活性和敏捷性；它們透過鬆散耦合、封裝和資訊隱藏使重構更加容易。

- 服務之間的依賴性減到最少，並且依賴性是顯式聲明的。

- 服務抽像是內聚、完整和一致的。例如，在設計服務時，我們應該考慮服務對象的建立（Create）、讀取（Read）、更新（Update）、刪除（Delete）和搜索（Search），總結為 CRUDS。

- 服務是無狀態的。

- 服務的命名和描述是面向使用者的，他們無需深奧的專業知識就可以理解。

- 不要被現有的系統所束縛。大多數情況下，業務流程不是單純的自頂向下或自底向上的流程。如果我們考慮太多的現有的 IT 系統，而不是現在和將來的業務需求，那麼，自底向上的方法往往會導致不好的業務服務。

- 應該將重用看作是標識和定義服務最主要的標準之一。如果組件（或服務）不可能重用，就無法將其作為服務進行布署。它可能可以連接到另一個服務，但是不能單獨作為一個服務而存在。服務定義為一組可重用的組件，而這些組件又可以用來構建新的應用程式或集成現有的軟體。比如，一個客戶可以在他現有的系統中調用中網雲端計算的服務。

- 需要充分重視各種服務質量需求（如響應時間），從而避免在系統運行時出現重大問題。一個企業級系統中的服務質量需求往往是十分錯綜複雜的。

- 服務可以是低級（細粒度的）函數，也可以是複雜的高級（粗粒度的）函數。你應該在性能、靈活性、可維護性和可重用性方面作出折衷的選擇。

- 整個系統構架中的集成功能應該由服務提供，而不是由應用程式來完成。

- 應該定義企業命名模式（如 XML 名稱空間、Java 包名、Internet 域名）。一個簡單的方法就是始終用名詞來命名服務，而用動詞來命名操作。

當 SOA 架構師構建雲端計算平台的雲端服務時，兩點需要特別注意的地方為：首先是對於服務粒度的控制，另外就是對於無狀態服務的設計。

1. 服務粒度的控制

SOA 系統中的服務粒度的控制是一項十分重要的設計任務。通常來說，對於要公開在整個系統外部的服務推薦使用粗粒度的對接，而相對較細粒度的服務對接通常用於企業系統架構的內部。從技術上講，粗粒度的服務對接可能是一個特定服務的完整執行，而細粒度的服務對接可能是實現這個粗粒度服務對接的具體的內部操作。舉個例子來說，對於一個基於 SOA 的網上商店來說，粗粒度的服務可能就是公開給外部使用者使用的提交訂單的操作，而系統內部的細粒度的服務可能就是實現這個提交訂單服務的一系列的內部服務，比如說：保存購買記錄，設定發貨資訊，更新庫存等一系列的操作。雖然細粒度的對接能為服務請求者提供了更加細化的服務和更多的靈活性，但同時也意味著引入較難控制的互動模式易變性，也就是說：服務的互動模式可能隨著不同的服務請求者而不同。如果我們公開這些易於變化的服務對接給系統的外部使用者，就可能造成外部服務請求者難於適應不斷變化的服務提供者所公開的細粒度服務對接。而粗粒度服務對接保證了服務請求者將以一致的方式使用系統中所公開出來的服務。雖然面向服務的體系結構並不強制要求使用粗粒度的服務對接，但是，我們建議使用它們作為外部集成的對接。通常架構設計師可以使用 BPEL 來建立由細粒度操作組成的業務流程的粗粒度的服務對接。

選擇正確的抽象級別是服務建模的一個關鍵問題。你常常會聽到「使用粗粒度建模」的建議。這有點過於簡單化了。應該將其改為：在不損失或損害相關性、一致性和完整性的情況下儘可能地使用粗粒度建模。在任何 SOA 中，都有細粒度服務抽象的空間（假定有業務要求的話）。由於 SOA 並不等同於 Web 服務和 SOAP，因此可以使用不同的協議綁定來訪問抽象級別不同的服務。另一種選擇就是將一些相關的服務捆綁成粗粒度的服務定義。

2. 無狀態服務的設計

使用 SOA 所設計的具體雲端服務應該都是獨立的、自包含的請求，在調用這些服務的時候並不需要前一個服務請求的狀態，也就是說服務不應該依賴於其他服務的上下文和狀態，即 SOA 架構中的雲端服務應該是無狀態的服務。當某一個雲端服務需要依賴時，我們最好把它定義成具體的業務流程。在雲端服務的具體實現機制上，我們可以透過使用 EJB 組件來實現粗粒度的服務。我們通常會利用無狀態的會話 Bean 來實現具體的服務。如果基於 Web 服務技術，我們就可以將無狀態的會話 Bean 公開為外部使用者可以調用的 Web 服務。這樣的話，我們就可以向 Web 服務客戶提供粗粒度的服務。

針對一個具體的服務，系統設計人員主要應該關注的是這個服務能夠為外部使用者提供什麼樣的服務，也就是說，系統設計人員關注的是這個服務所提供的功能。而對於 SOA 架構設計帥來說，他們更關心的是：當有一千個使用者同時調用這個服務的時候，會發生什麼？也就是說，架構設計師關注的應該是平台的選擇、服務的質量需求、服務的的對接等。

我們在開始構建一個系統時，就應該儘量減少潛在的技術風險。而技術風險一般指的是一切未知的、未經證明的或未經測試所帶來的風險。這些風險通常與服務質量需求相關，偶爾也會與企業具體的業務需求相關。無論是哪種類型的風險，我們應該在項目初期（設計整體系統架構的過程）中發掘這些風險。如果等到架構實施時再發覺這些風險，那麼很可能會致使大量的開發人員等在那裡，直到這些風險被妥善解決。如果進一步的細化，SOA 架構設計師的主要任務包括了對整個系統架構的構建，需求分析，對體系結構的整體決策，相關組件建模，相關操作建模，系統組件的邏輯和物理佈局設計。

透過使用面向服務的體系結構，我們可以將應用程式功能作為服務提供給客戶端應用程式或其他服務。當我們使用 SOA 構建軟體系統時，除了要考慮這個系統的功能以外，還要關注整個架構的可用性、性能問題、容錯能力、可重用性、安全性、擴展性、可管理維護性、可靠性等各個相關方面。如圖 3-5 所示，雲端服務的組成可以分成功能部分和服務質量部分。

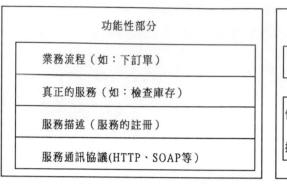

圖 3-5 雲端服務組成部分

功能性方面包括：

- 服務通訊協議：透過通訊協議，傳輸協議用於將來自服務使用者的服務請求傳送給服務提供者，並且將來自服務提供者的響應傳送給服務使用者。通訊協議是基於傳輸協議（如 TCP/IP、UDP 等，未在圖上標出）層。

- 服務描述：用於描述服務是什麼、如何調用服務以及調用服務所需要的數據。服務代理（註冊中心）是一個服務和數據描述的儲存庫，服務提供者可以透過服務註冊中心發佈它們的服務，而服務使用者可以透過服務註冊中心查找可用的服務。

- 實際可供使用的服務。

- 業務流程是一個服務的集合，我們可以按照特定的順序並使用一組特定的規則調用多個服務，以滿足一個業務要求。我們也可以將業務流程本身看作是一個更粗粒度的服務。

- 服務質量方面包括：

- 安全管理是管理服務使用者的身份驗證、授權和訪問控制。

- 為每一個服務定義其相關的服務質量要求：性能、可升級性、可靠性、可用性、可擴展性、可維護性、易管理性以及安全性。我們在設計架構過程中需要平衡所有的這些服務質量需求。例如，如果服務質量需求中最重要的是系統性能，我們很有可能在一定程度上犧牲系統的可維護性及可擴展性，以確保滿足系統性能上的要求。

為了保證雲端服務的服務質量和非功能性的需求，我們必須監視和管理已經布署的雲端服務。

3.2 怎麼描述雲端服務

每個服務的傳入參數不同。比如網上訂單服務，傳入參數是一個新訂單（即下訂單服務），也可能是一個訂單的編號（即訂單查詢服務）。那麼，外部系統是怎麼知道這些服務的對接數據呢？一種方案是服務提供者提供一份服務說明書。外部系統就基於這個服務說明書寫死數據請求的資訊，並期待某種數據返回。另一種方案是，在一個公共的地方（如服務總線）有一塊服務註冊和查詢功能。在外部系統上，具有一塊服務查詢模塊。該模塊查詢服務總線上的服務，服務總線返回服務的名稱、調用的參數等資訊。然後，外部系統使用該資訊來調用相應的服務。後一種方案採用 WSDL（Web Services Description Language, Web 服務描述語言）來描述雲端服務。我們推薦使用 WSDL 作為服務的描述語言，這是因為雲端服務的目標是標準的 Web 服務，而 Web 服務需要使用 WSDL 來描述。

WSDL（Web 服務描述語言）是一種廣泛使用的服務描述語言。它包含了以下的資訊以便服務請求者能夠調用特定服務：

- 服務名稱

- 請求消息格式

- 響應消息格式

- 向何處發送服務請求消息

WSDL 不描述實現細節。服務請求者不知道也不關心服務究竟是由哪一種程序設計語言（如 Java 代碼、C#、.NET 等）編寫的。WSDL 是基於 XML 的，因此 WSDL 文件是計算機可讀的。

很多開發工具能夠根據 WSDL 自動產生調用該服務的請求程序。例如，開發人員可以在一些 Java 開發工具中導入 WSDL 描述，該 Java 工具就自動產生一個 Java 的代理類別（如圖 3-6 所示），該代理類別完成請求的建立和響應消息的解析。不管所提供的服務是否用 Java 編寫，生成的 Java 代理類別都能夠從 WSDL 描述中調用任何的 Web 服務。對於使用微軟平台的系統，開發人員可以使用微軟 .NET 中的 WSDL.exe 來生成代理類別。對於使用 Apache Axis 或 IBM WebSphere 的系統，可以使用 WSDL2Java.exe 來生成 Java 代理類別。在這些代理類別的基礎上，可以進一步開發客戶程序（即服務請求者所使用的系統）。

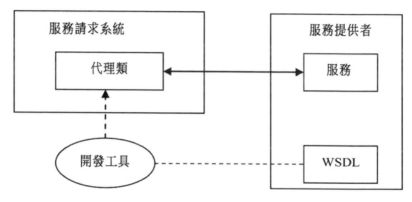

圖 3-6 開發工具生成代理類別

正如上節中提到的，WSDL 是一門基於 XML 的語言，用於描述 Web 服務，其中包括：如何訪問 Web 服務，此服務提供的操作（或方法）等。使用 WSDL 描述的服務資訊可以儲存在 UDDI 註冊表中。下面是一個 WSDL 文件的主要結構：

```
<definitions>
<types>
Web 服務使用的數據類型的定義
</types>
<message>
Web 服務使用的消息的定義（類似於 Java 類別中的屬性定義）
</message>
<portType>
Web 服務執行操作的定義（類似於 Java 類別中的方法定義）
</portType>
<binding>
```

```
Web 服務使用的通訊協議的定義
</binding>
</definitions>
```

以下是上面各個部分的說明：

- WSDL 連接埠（portType）

<portType> 元素是最重要的 WSDL 元素。它描述了一個 Web 服務可被執行的操作，以及相關的輸入輸出數據。讀者可以把 <portType> 元素比作傳統程式語言中的一個函數庫（一個模塊、一個類別）。

- WSDL 消息（message）

<message> 元素定義一個操作的數據元素。每個消息均由一個或多個部件（part）組成。可以把這些部件比作傳統程式語言中一個函數調用的參數。

- WSDL 類型（types）

<types> 元素定義 web 服務所使用的數據類型。為了最大程度的平台中立性，WSDL 使用 XML Schema 語法來定義數據類型。

- WSDL 綁定（bindings）

<binding> 元素為每個埠定義消息格式和協議細節。

WSDL 文件還可包含其它的元素，比如 extension 元素，service 元素（該元素可把若干個 Web Services 的定義組合在一個 WSDL 文件中）。下面是中網雲端計算提供的一個測試服務的 WSDL 文件：

```xml
<?xml version="1.0" encoding="UTF-8" ?>
<definitions name="TestXCAService" targetNamespace="http://webservice.
xinCA/" xmlns="http://schemas.xmlsoap.org/wsdl/" xmlns:xsd="http://www.w3.org/2001/
XMLSchema" xmlns:tns="http://webservice.xinCA/" xmlns:soap="http://schemas.xmlsoap.org/
wsdl/soap/">
<types>
<xsd:schema>
<xsd:import namespace="http://webservice.xinCA/"
schemaLocation="TestXCAService_schema1.xsd" />
</xsd:schema>
</types>
<message name="testResponse">
<part name="parameters" element="tns:testResponse" />
```

```
</message>
<message name="test">
<part name="parameters" element="tns:test" />
</message>
<portType name="TestXCADelegate">
<operation name="test">
<input message="tns:test" />
<output message="tns:testResponse" />
</operation>
</portType>
<binding name="TestXCAPortBinding" type="tns:TestXCADelegate">
<soap:binding style="document"
transport="http://schemas.xmlsoap.org/soap/http" />
<operation name="test">
<soap:operation soapAction="" />
<input>
<soap:body use="literal" />
</input>
<output>
<soap:body use="literal" />
</output>
</operation>
</binding>
<service name="TestXCAService">
<port name="TestXCAPort" binding="tns:TestXCAPortBinding">
<soap:address location="http://localhost:9085/XCAWebService/
TestXCAService"/>
</port>
</service>
</definitions>
```

在上面例子中，主要注意以下要點：

- <portType> 元素把 TestXCADelegate 定義為某個埠的名稱，把 test 定義為某個操作的名稱。

- 操作 test 有一個名為 test 的輸入消息，以及一個名為 testResponse 的輸出消息。

- <message> 元素定義了每個消息的部件，以及相關聯的 XSD 元素。在 XSD 上，這些元素對應到數據類型（如字元串）。

對比傳統的編程，TestXCADelegate 是一個類別，而 test 是帶有輸入參數和返回參數的一個方法。

建立 Web 服務的方法有兩種。一種是自頂向下的方式，一種是自底向上的方法。如果你已經有了實現服務的 Java 類別，那麼，你可以採用自底向上的方法（我們在後面章節中講解這個方法）；如果你要建立一個新的服務，而且沒有任何實現代碼，那麼，你可以採用自頂向下的方式：首先建立 Web 服務的 WSDL 文件。很多開發工具都提供了由 WSDL 生成 Java 類別的功能，從而建立新的 Web 服務。下面我們示範如何在 Rational Application Developer（簡稱 RAD，該開發工具基於 Eclipse）中建立 Web 服務的 WSDL 文件。在 RAD 中，你可以透過嚮導來建立 WSDL 文件，也可以在類別圖中建立 WSDL 文件。圖 3-7 顯示了新增一個 WSDL 文件的嚮導；圖 3-8 顯示了使用該嚮導後需要指定的目標名稱空間等資訊。

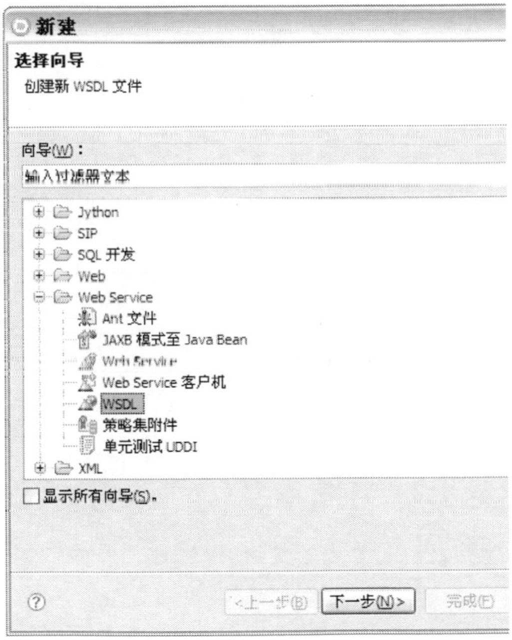

圖 3-7 新增 WSDL

圖 3-8 指定目標名稱空間

下面我們示範如何在類別圖中建立一個描述庫存服務的 WSDL 實例。當一個訂單進來時，該服務提供了一些操作來檢查庫存中是否有足夠的數量。

1. 建立 WSDL 服務（service）和埠（port）

步驟1 在類別圖中，右擊空白處，選擇「添加 WSDL」，並選擇「服務」。

這時彈出一個新視窗（如圖 3-9 所示）。

步驟 2 在新視窗上指定服務名稱為：InventoryService（庫存服務）和埠（端口）名：Inventory（庫存）。然後，單擊「完成」按鈕。這時，一個 WSDL 服務就顯示在類別圖中，如圖 3-10 所示。這個服

圖 3-9 從類別圖上添加 WSDL 服務

務標記有「WSDL 服務」。邊上的小方框是埠（客戶端透過埠來訪問 WSDL 服務）。建立的的埠名叫「Inventory」。一個 WSDL 服務可以包含一個或多個埠。

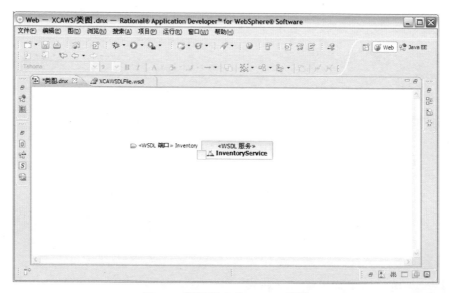

圖 3-10 類別圖上的 WSDL 服務

步驟 3 你還可以右擊服務，選擇「添加 WSDL」，並選擇「埠」，來添加更多的埠到 WSDL 服務，如圖 3-11 所示。

步驟 4 在建立完埠後，右擊那個小方框，並選擇「顯示屬性視圖」。在屏幕的下方，你可以看到屬性視圖。你可以修改地址、協議等資訊，如圖 3-12 所示。

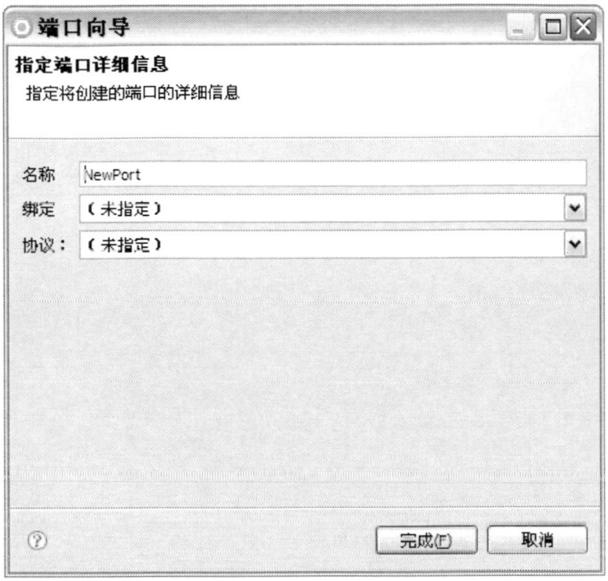

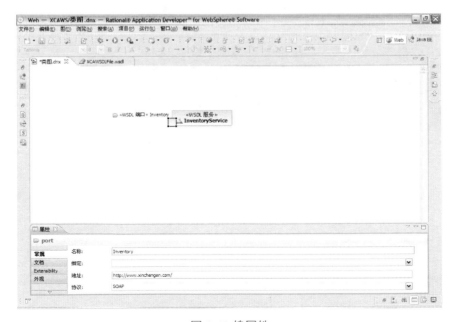

圖 3 11 添加更多埠

圖 3-12 埠屬性

2. 建立 WSDL 埠類型（port type）和操作（operation）

下面來建立埠類型。一個埠類型描述了埠的行為，它定義了一些操作和所涉及的消息。這個操作類似於 Java 的方法，有名稱、輸入參數和輸出參數。有時也可能包含一些出錯資訊。你可以右擊類別圖上的空白處，選擇「添加 WSDL」和「埠類型」來添加一個埠類型，你也可以使用選用板來添加，如圖 3-13 所示。

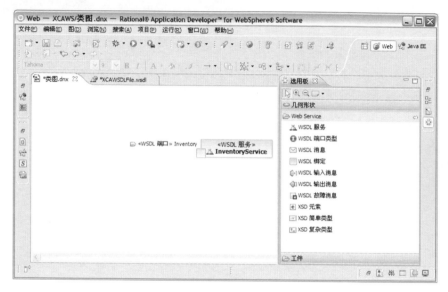

圖 3-13 選用板

我們採用後一種方法來添加，步驟如下。

步驟 1 拖動一個「WSDL 埠類型」到類別圖中。這時，系統提示你輸入埠類型資訊，如圖 3-14 所示。在這個視窗中，給定埠類型名稱（InventoryType）和一個操作名稱（CheckOrderAvailable），並單擊「完成」按鈕。這個操作用來檢查庫存中是否具有要訂購的數量。

圖 3-14 埠類型

步驟 2 這時，埠類型就顯示在類別圖中了，如圖 3-15 所示。右擊埠類型，選擇「添加 WSDL」和「操作」，你可以添加更多的操作。

圖 3-15 在類別圖上的埠類型

3. 建立 WSDL 消息（message）和部件（part）

WSDL 消息是被操作所使用，用於描述操作的輸入和輸出參數。一個消息由一個或多個部件組成，每個部件都有一個類型。部件類似於 Java 方法中的參數。在右邊的選用板中，拖一個 WSDL 消息到類別圖中。這時，就出現「新增 WSDL 消息」視窗，如圖 3-16 所示。在這個視窗中，輸入消息名稱（InventoryOperationRequest）和部件名稱（order），用來指定輸入參數：訂單。

圖 3-16 WSDL 消息

　　單擊「完成」按鈕。在類別圖中，你就看到 WSDL 消息了，如圖 3-17 所示。在類別圖中，一個名叫 InventoryOperation Request 的 WSDL 消息已經被添加上來。上述的 order 部件是屬於輸入參數。使用類似的步驟，我 們 又 加 進一 個 輸 出 參 數（InventoryOperationReply，訂單操作的返回結果）。最後，類別圖如圖 3-18 所示。

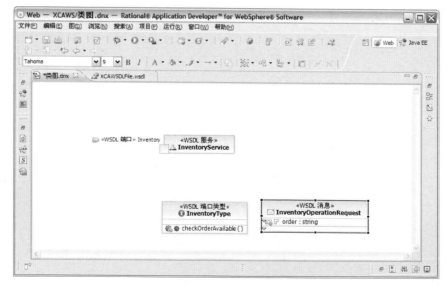

圖 3-17 在類別圖上的 WSDL 消息

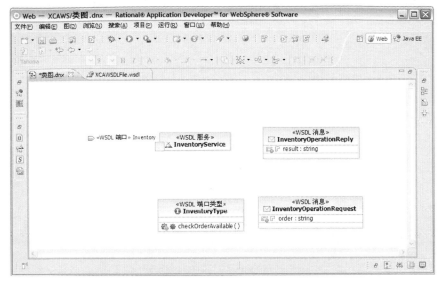

圖 3-18 兩個消息

4. 建立 XSD

WSDL 推薦使用 XSD 來定義
部件的類型。在 XSD 上,WSDL
部件是一個 XSD 元素。我們拖
動一個 XSD 元素到類別圖中。
然後,選擇「新增」。這時出現如
圖 3-19 所示的視窗(如果尚沒有
XSD 文件的話,就需要先建立一個
XSD 文件, 如 XCAXMLSchema.
xsd)。在這個新增 XSD 視窗上,
輸入 XSD 元素名稱為 order,單擊
「保存」按鈕,建立 XSD 後的類別
圖,如圖 3-20 所示。

圖 3-19 新增 XSD 元素

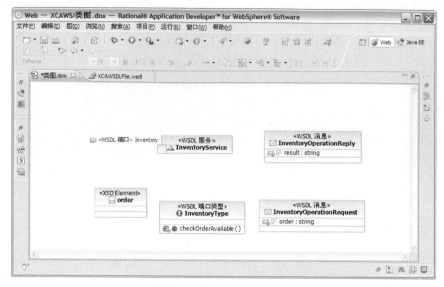

圖 3-20 在類別圖上的 XSD

在如圖 3-20 所示的類別圖上，
XSD 元素顯示出來了。滑鼠右擊剛剛
建立的元素，選擇「設定 XSD 類型」，
出現如圖 3-21 所示的視窗。我們可以
選擇簡單類型，如 int。如果數據類型
是一個複雜類型，那麼就需要先建立
這個複雜類型，方法是：

圖 3-21 設定類型

步驟 1 把「XSD 複雜類型」拖到類別圖中，這時出現一個「新增 XSD 複雜類型」的視窗，如圖 3-22 所示。

圖 3-22 建立複雜類型

步驟 2 仕這個視窗中輸入類型名稱（如 order），單擊「完成」按鈕。

這時，一個複雜類型也出現在類別圖中了，如圖 3-23 所示。

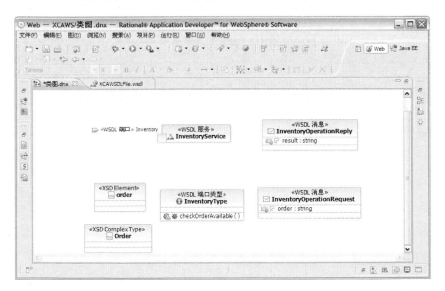

圖 3-23 在類別圖上的複雜類型

在如圖 3-23 所示的類別圖上，滑鼠右擊這個複雜類型，選擇「添加新

XSD 元素」，來添加更多的元素到這個複雜類型中（缺省情況下，系統使用 NewElement 名字。你需要直接修改 XSD 文件來指定你想要的名字）。如圖 3-24 所示，你已經建立一個名叫 Order 的複雜類型，該複雜類型有兩個元素，一個是產品的名稱，另一個是產品的數量。

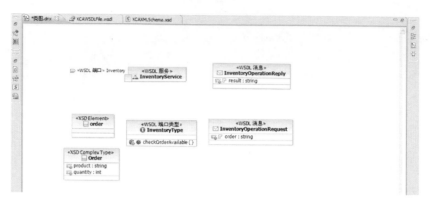

圖 3-24 複雜類型

步驟3 再次右擊 XSD 元素 order，並設定它的數據類型為剛剛建立的 Order 複雜類型，如圖 3-25 所示。

上述的步驟總結為：先建立一個空的元素；然後，建立複雜類型；最後指定這個元素使用這個複雜類型。這個元素要麼關聯一個輸入參數，要麼關聯一個輸出參數。從而，定義了輸入參數的數據類型和輸出參數的數據類型。

我們還建立了一個用於返回結果的複雜類型 Result。在這之後，類別圖如圖 3-26 所示。最後，我們建立了用於返回結果的 XSD 元素 result，如圖 3-27 所示。

圖 3-25 選擇複雜類型

　　從上面的步驟看出，XSD 用於定義消息的數據類型。該類型可以是一個複雜類型，即是一個包含多個元素的類型。在這個例子中，定義了輸入消息使用的類型 order（訂單），它包含了所訂購商品的名稱和數量；定義了輸出消息使用的類型 result（訂單結果），它包含了訂單號和文字資訊。

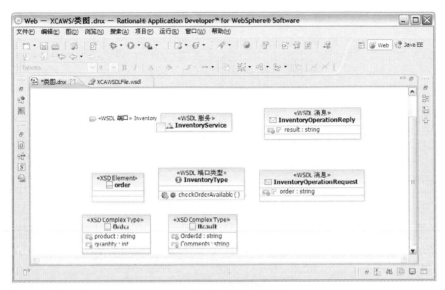

圖 3-26 多個複雜類型

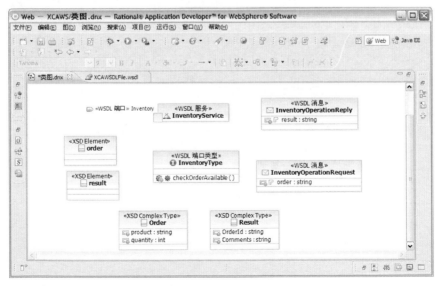

圖 3-27 用於返回結果的 XSD 元素

5. 關聯消息和埠類型

我們在前面講過,一個埠類型描述了埠的行為,它定義了一些操作和所涉及的消息。你在前面已經建立了單獨的埠類型和輸入/輸出消息。在這一步,你關聯消息和埠類型上的某個操作。在選用板中,選擇「WSDL 輸入消息」,單擊 InventoryPortType 埠類型,並拖到 InventoryOperationRequest 消息上,就會出現如圖 3-28 所示的對話框,選擇相應的操作即可。單擊「完成」按鈕。在類別圖上,

圖 3-28 為消息選擇操作

WSDL 埠類型和 WSDL 消息就關聯起來,如圖 3-29 所示。使用類似的方式,把輸出消息添加到埠類型上,如圖 3-30 所示。

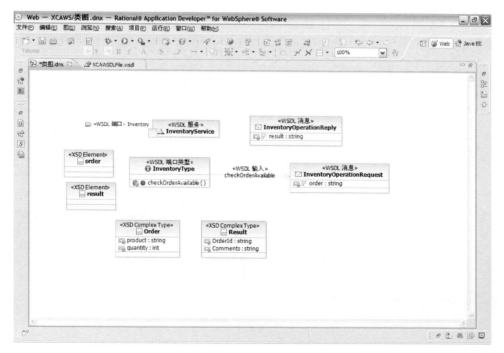

圖 3-29 在類別圖上關聯埠類型和輸入消息

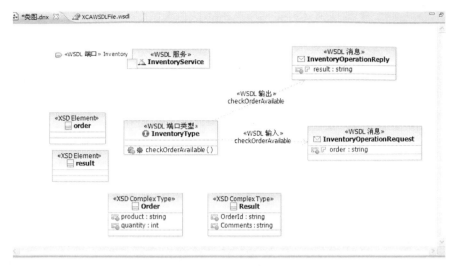

圖 3-30 在類別圖上關聯埠類型和輸出消息

6. 在 WSDL 埠和埠類型之間建立綁定

在選用板中選擇「WSDL 綁定」，單擊埠（服務邊上的小方框），拖動游標到埠類型。這時，類別圖就顯示了一個綁定，如圖 3-31 所示（為了顯示的美觀，我們調整了順序）。

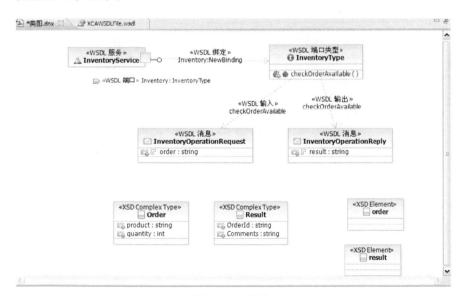

圖 3-31 埠綁定

選擇上面的綁定箭頭，右擊滑鼠，選擇「顯示屬性視圖」，出現如圖 3-32

所示的視窗。在屬性視窗上,單擊「生成綁定內容」按鈕,就出現一個如圖 3-33 所示視窗,單擊「完成」按鈕來生成綁定內容。

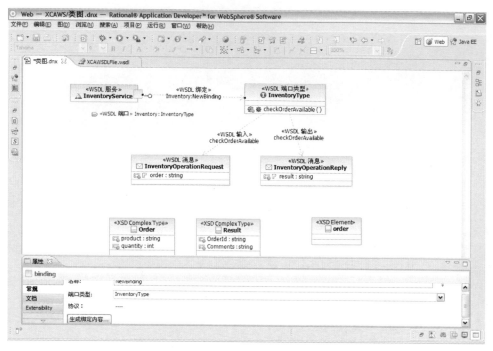

圖 3-32 綁定屬性資訊

圖 3-33 指定綁定資訊

7. 修改消息中的部件類型

在類別圖中（如圖 3-34 所示），選擇消息中的部件（如 order）。右擊滑鼠，並選擇「顯示屬性視圖」。在屬性視圖中，你可以修改 order 的屬性，如圖 3-35 所示。

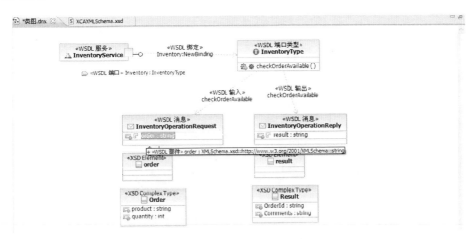

圖 3-34 類別圖上的部件

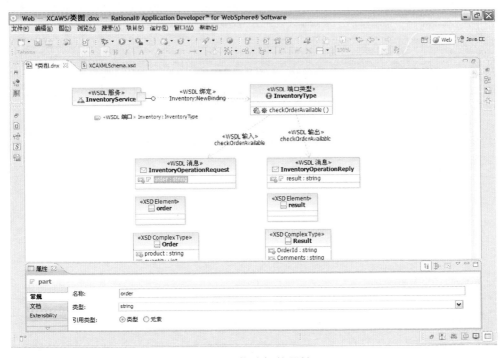

圖 3-35 修改部件屬性

在屬性視圖（如圖 3-35 所示）的引用類型中，選擇「元素」，然後，從類型的下拉列表中選擇「瀏覽」，出現如圖 3-36 所示的視窗，選擇相應的 XSD 元素。

按照同樣的方法，修改 InventoryOperationReply 上的部件類型。最後的結果如圖 3-37 所示。

如圖 3-38 所示，右擊 WSDL 服務，選擇「實施 Web Service」，RAD 開發工具可以幫助你生成服務代碼；選擇「使用 Web Service」，可以生成 Web 服務的客戶機代碼。

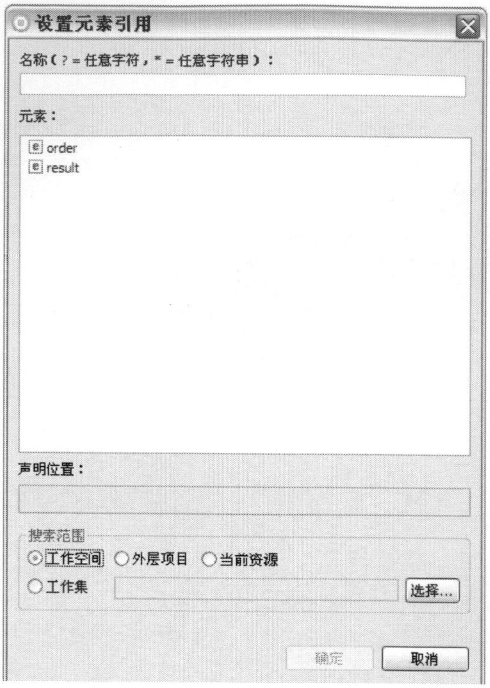

圖 3-36 設定元素引用

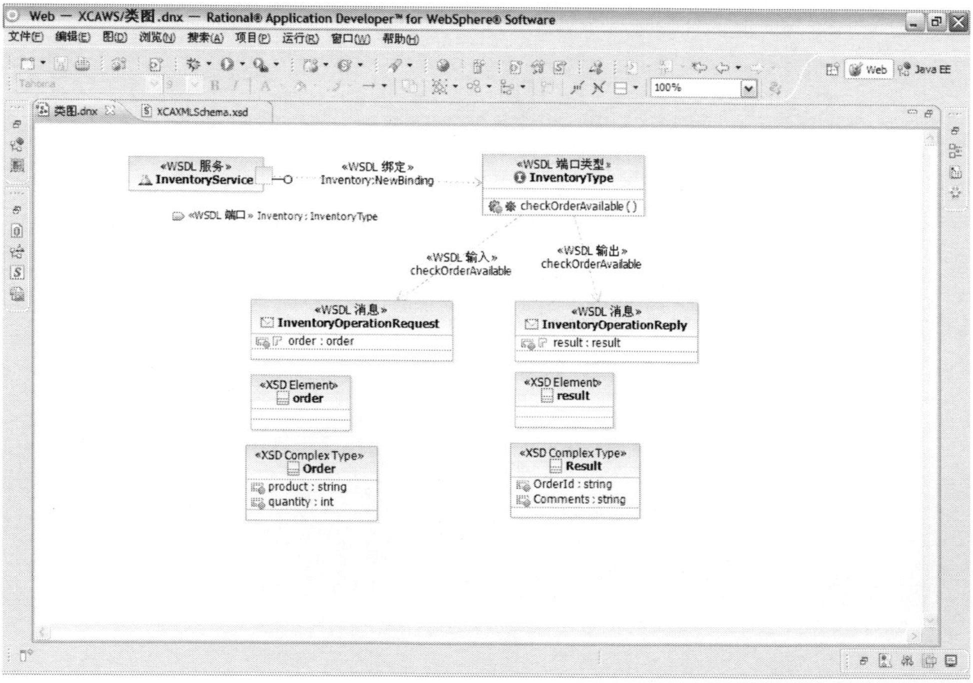

圖 3-37 最後生成的類別圖

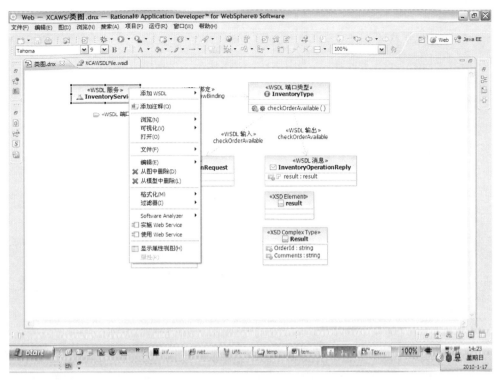

圖 3-38 生成服務代碼

下面是所生成的 WSDL 文件：

```
<?xml version="1.0" encoding="UTF-8"?><wsdl:definitions name="XCAWSDLFile"
targetNamespace="http://www.xinchangan.com/XCAWSDLFile/"
xmlns:tns="http://www.xinchangan.com/XCAWSDLFile/"
xmlns:wsdl="http://schemas.xmlsoap.org/wsdl/"
xmlns:xsd="http://www.w3.org/2001/XMLSchema"
xmlns:soap="http://schemas.xmlsoap.org/wsdl/soap/"
xmlns:soap12="http://schemas.xmlsoap.org/wsdl/soap12/"
xmlns:xsd1="http://www.example.org/XCAXMLSchema">
<wsdl:types>
<xsd:schema xmlns:xsd="http://www.w3.org/2001/XMLSchema">
<xsd:import namespace="http://www.example.org/XCAXMLSchema"
schemaLocation="XCAXMLSchema.xsd">
</xsd:import></xsd:schema></wsdl:types>
<wsdl:message name="InventoryOperationRequest">
<wsdl:part name="order" element="xsd1:order"></wsdl:part>
</wsdl:message>
<wsdl:message name="InventoryOperationReply">
<wsdl:part name="result" element="xsd1:result"></wsdl:part>
```

```
</wsdl:message>
<wsdl:portType name="InventoryType">
<wsdl:operation name="checkOrderAvailable">
<wsdl:input message="tns:InventoryOperationRequest"></wsdl:input>
<wsdl:output message="tns:InventoryOperationReply"></wsdl:output>
</wsdl:operation>
</wsdl:portType>
<wsdl:binding name="NewBinding" type="tns:InventoryType">
<soap12:binding style="document"
transport="http://schemas.xmlsoap.org/soap/http" />
<wsdl:operation name="checkOrderAvailable">
<soap12:operation
soapAction="http://www.xinchangan.com/XCAWSDLFile/checkOrderAvailable" />
<wsdl:input>
<soap12:body use="literal" />
</wsdl:input>
<wsdl:output>
<soap12:body use="literal" />
</wsdl:output>
</wsdl:operation>
</wsdl:binding>
<wsdl:service name="InventoryService">
<wsdl:port name="Inventory" binding="tns:NewBinding">
<soap:address
location="http://www.xinchangan.com/"></soap:address>
</wsdl:port>
</wsdl:service></wsdl:definitions>
```

3.3 為雲端服務建模

　　現在我們開始來設計雲端服務了。在軟體工程領域,這一步叫做建模。在這一步中,我們分析企業業務,最後整理和設計出該企業的服務目錄。這能夠幫助我們更好地理解其業務處理,也可以方便與使用者進行交流。在建模時,要列出現在的業務模型和將來的業務模型。這有助於幫助我們理解哪些方面需要被修改。使用者和各方人員查看現有模型,提出一些意見。這些意見可以反映到將來的業務模型中。

　　如圖 3-39 所示,在面向服務的體系結構中,映射到業務功能的服務(即企業服務)是在分析業務流程的過程中確定的。服務可以是細粒度的,也可以是粗粒度的,這取決於業務流程。每個服務都有定義良好的對接,透過該對接就

可以發現、發佈和調用服務。企業可以選擇將自己的服務向外發佈到業務合作
夥伴，也可以選擇在內部發佈服務。服務還可以由其他服務組合而成。

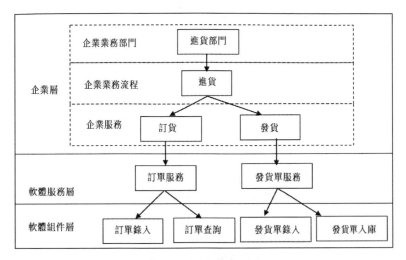

圖 3-39 服務定義層次

　　SOA 就是一個與業務過程結合在一起的服務分層架構。組件實現服務並且
負責提供它們的功能和維持它們的服務質量。透過組合這些公開的服務到應用
程式，就可以支持業務流程。透過使用 ESB 來支持這些服務、組件和流程的路
由、中介和轉化。

　　總之，在設計雲端服務時，主要關注下面兩個方面：

- 處理流程：一般是一個或多個服務的調用，從而完成一個業務處理。

- 服務：一個可重用的功能塊。在服務中，一個獨立的功能被封裝。一個
  服務有明確的對接，這個服務可以被另一個服務或客戶應用程式來調
  用。

　　我們可以只使用辦公軟體（如微軟辦公軟體）來描述雲端計算平台所需要
的服務，也可以使用一些建模工具來完成。如 WebSphere Business Modeler、
Rational Software Modeler、Rational Software Architect 等。建模工具比辦公軟
體提供更多的功能。

　　服務有不同的用法和用途，而且軟體服務可以不同於業務服務。此外，我
們有時需要將小的服務組合成更大的服務。一些工具（如 BPEL 建模模型）可

以用來組合服務。這是辦公軟體很難處理的事情。另外，服務具有語法、語義和質量特徵（如響應時間）。所以，建模工具可以提供更多的幫助。

統一建模語言（Unified Modeling Language, UML）是一種流行的建模語言。上述建模工具都在使用 UML。UML 由三部分組成：

- 元素：元素是系統中結構或行為特徵的抽象。UML 定義了四類元素：

  ❖ 結構元素：描述系統的靜態部分，如類別、對接等。

  ❖ 行為元素：描述系統的動態部分，如消息等。

  ❖ 組織元素：用於組合多個元素為一個有意義的集合，如包。

  ❖ 註釋元素：用於註釋一個模型，如約束等。

- 關係：用於記錄元素之間的語義關係。有如下關係：

  ❖ 依賴關係：在一個元素上的更改能夠影響另一個元素。

  ❖ 關聯關係：一個元素實例同另一個元素實例有關聯。比如：一個客戶在雲端計算平台上可能有多個帳號（具有不同的權限）。那麼，客戶類別中可能包含了帳號類別的引用。在 Java 中，客戶類別包含了一個實例變量來引用帳號對象。

  ❖ 繼承關係：一個元素是另一個元素的具體對象。在 Java 中，使用 extends 關鍵字來描述這個關係。比如：企業類別和服裝企業類別。

  ❖ 實現關係：一個元素實現了另一個元素的定義。在 Java 中，這就是對接和類別，使用 implements 來描述這個關係。

- 圖：可視化描述一個系統的某一個部分（如上述的關係、結構元素、行為元素等）。分為：

  ❖ 靜態圖：描述一個系統的靜態部分。比如：類別圖。

  ❖ 動態圖：描述一個系統的動態部分。記錄了一個應用程式如何響應外部的請求、對象之間的協作和對象內部狀態的變化。比如：時序圖。

  ❖ 功能圖：描述一個系統的功能需求。比如：用例（use case）圖。

UML 2.0 版本還引入了選項組合片段，用於描述分支條件和循環操作。

UML 2.1 版本還提供了引用外部序列圖的功能。有興趣的讀者可以參考 UML 書籍。

很多開發工具都提供了 UML 圖，比如 Rataional Application Deleveloper 提供了以下兩種圖。

1. 類別圖（Class Diagram）

類別圖用來可視化代碼。類別圖描述了應用的靜態結構，不僅描述了類別和對接以及它們之間的關係，而且描述應用程式中的其他元素（如包、WSDL 元素、EJB 等），如圖 3-40 所示。

圖 3-40 類別圖實例 1

在類別圖中，上面部分包含了名稱和類別（如 Java 類別和類別名）。當中部分是屬性資訊，下面部分是操作資訊（Java 中的方法）。框上面的小方塊和圓點是操作條。透過這個操作條，你可以編輯這個類別圖，如：添加屬性和方法。在右邊的箭頭標誌是建模助手，幫助你同其他元素建立關係。指向自己的箭頭表明自己是目標元素。上圖的虛線箭頭表明了 ShoppingCart 和 CartIem 之間的引用關係。

圖 3-41 上帶有三角形的箭頭表示了對接和類別之間的實現關係。圖 3-42

顯示了 WSDL 的 UML 表示。在圖 3-42 上，服務邊上的小方框表示服務的一個埠，埠功能由埠類型來描述。埠類型引用了輸入消息和輸出消息。一個消息本身包含了一個或多個部件。每個部件關聯一個 XSD 元素。

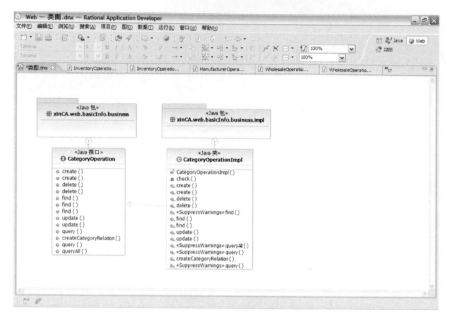

圖 3-41 類別圖實例 2

圖 3-42 WSDL 的 UML 表示

2. 時序圖（Sequence Diagram）

時序圖描述了應用的動態結構。它顯示了一個正在運行的應用中不同對象的互動。對象之間按照某種次序來交換消息，這是應用程式的一個重要部分。在 Java 應用中，消息交換主要是透過方法調用完成的。在需求分析階段，時序圖可以用來描述一個使用案例。在設計階段，時序圖描述了設計類之間的互動。

在時序圖中（如圖 3-43 所示），一個生命線由一個方框和向下的虛線組成。方框代表一個互動的對象，向下的虛線代表了整個互動過程。一個消息描述了兩個生命線之間的互動。一個消息是從源生命線到目標生命線的箭頭，箭頭上面是一個操作的名稱，表明調用一個操作，如調用目標生命線上的某個方法。操作的名稱前面往往有序列號，描述調用的先後順序。實線和實箭頭描述一個同步調用，虛線和實箭頭描述一個返回消息。豎立著的長方形框叫做活動條，表示一個執行的操作。

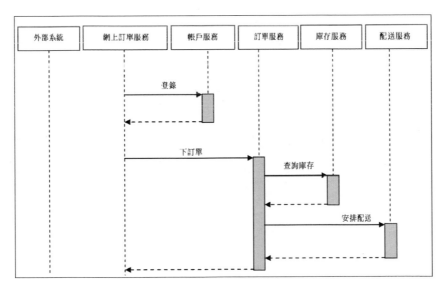

圖 3-43 時序圖

RAD 提供了一個生成靜態方法時序圖的功能。開發人員可以使用這個功能來圖形化一個方法，看看這個方法調用了哪些類別和方法，調用的順序等。在 RAD 中，右擊某個方法，選擇「可視化」、「添加到新的圖文件」和「靜態方法時序圖」，即可生成靜態方法時序圖。圖 3-44 顯示了巨正環保雲端平台的服務框架的時序圖。

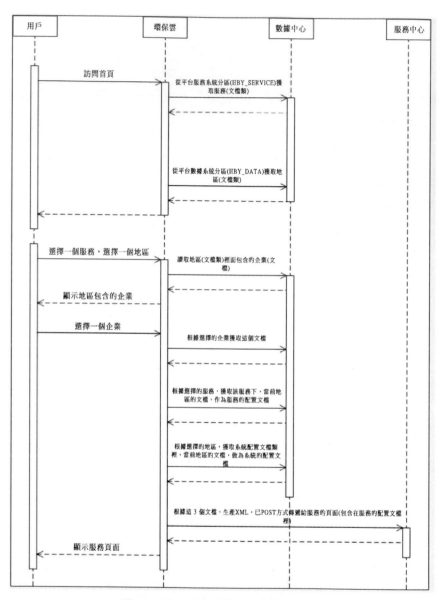

圖 3-44 巨正環保雲端平台的服務框架

值得注意的是，建模工具也有一些缺點。比如，它以面向對象的設計為基礎，因而不太容易與 SOA 設計保持一致。在面向對象的設計中，所設計的對像是類別級粒度，這級粒度往往是太小了。另外，對於需求採取和分析部分，業界也有很多工具，如 Rational RequisitePro。透過該工具，需求分析人員可以管理需求，書寫用例（use case）等。

將企業業務分解成服務不僅僅是一個抽象的過程，它具有現實含義。圖 3-45 描述了總的實施過程，其中第 1 和 2 步驟就屬於建模範疇。

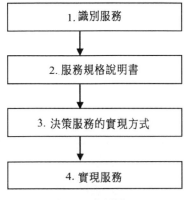

圖 3-45 建模步驟

1. 標識服務

標識服務（service Identionfication）相當於傳統觀念上的需求分析階段。自頂向卜的業務建模技術叫以為建模沽動挺供起點。我們從頂向下分解企業業務為功能區和子系統。然後，進一步分解功能區為處理流程、子流程和業務處理實例（business user case）。一般而言，業務處理實例會成為以後的服務。功能區的劃分，就為以後的 IT 子系統的設計設定了業務邊界。業務流程的建模過程就是將一個過程分解為多個子流程和操作。比如，訂單處理流程分解檢查庫存和配送商品，如圖 3-46 所示。

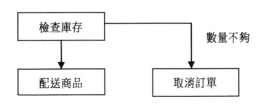

圖 3-46 訂單流程分解

當我們基於 SOA 來建模時，一定要注意對原有系統架構中的模型進行細緻的分析和整理。我們知道，面向服務的體系結構是當前及未來應用程式系統開發的重點。面向服務的體系結構由具有互操作性和位置透明的組件集成而成。

基於 SOA 的企業系統架構通常都是在現有系統架構的基礎上發展起來的，我們並不需要徹底重新開發全部的子系統；SOA 可以透過利用當前系統已有的資源（開發人員、軟體語言、硬體平台、資料庫和應用程式）。

SOA 是一種自適應的、靈活的體系結構類型，基於 SOA 構建的系統架構可以降低企業系統開發的成本和風險。因此，當我們為一個十分複雜的企業系統建模時，首先考慮的應該是如何重用已有的投資而不是替換舊系統，整體系統替換的成本是十分高昂的。針對現有的系統，我們透過自底向上的方法將它們分解成服務。我們可以分析現有系統，看看哪些已經有的功能可以被轉化為服務。比如：中網雲端計算平台已經用 servlet 實現了很多功能，我們可以分析這些 servlet 所實現的功能，看看那些是一些可重用的組件，進而將它們轉化為服務。針對現有的功能，我們有以下選擇：

- 直接將現有的功能打包成服務。這有兩種方式，一種是現有功能的實現方式本身就支持被轉化為標準的服務，另一種是現有的功能不能被直接轉化為服務。對於後一種，可以使用轉換器（如使用消息隊列等）。

- 暫時保留現有功能，同時開發一個新服務。在完成後，新服務替換老功能。

- 開發一個新的服務來調用已經存在的功能。

在標識服務階段，你可以使用一些工具來完成，如 SOMA、Business Transformational Analysis 等。另外，在這一個階段，我們還需要定義業務詞彙集（business glossary）來提供統一的術語。

2. 書寫服務規格說明書

書寫服務規格說明書是傳統觀念上的設計階段。在服務規格說明書中，我們可以：

- 確定哪些服務是公開的服務。

- 確定服務之間的依賴關係。存在著兩種依賴關係：一種是功能上的依賴，如下訂單服務依賴於庫存檢查服務、配送服務等服務。另一種是處理的順序倚賴關係，如庫存檢查服務必須在配送服務之前調用。

- 確定服務的功能、輸入消息和輸出消息。

3. 實現服務

這個步驟首先選擇服務的對接、開發工具和運行平台，然後才開發服務。服務可以由已經使用的軟體完成，也可以新開發。在雲端計算平台上，我們一般使用 Web 服務來集成。除了業務功能，還需要考慮服務的安全、管理和監視。

3.4 服務註冊表

在雲端計算平台上，我們需要一個雲端服務目錄。該目錄提供了服務的名稱和其他描述資訊（一般用 WSDL 描述）。一種解決方案是使用 XML 註冊表。XML 註冊表支持 Web 服務的布署和查找。UDDI 就是 XML 註冊表的其中一個標準。其實，註冊表本身也是一個共享的 Web 服務。在 XML 註冊表內，一個服務屬於 個組織（Orgnization），而且該服務不僅有名稱和描述資訊，而且要有服務綁定資訊（ServiceBinding）。服務綁定資訊包含了訪問該服務的 URI。

在 J2EE 平台上，JAXR（Java API for XML Registries）可以用來訪問基於 XML 的服務註冊表。下面我們簡單闡述使用 JAXR 操作 XML 註冊表的步驟。

服務使用者使用下述步驟訪問 UDDI 註冊表來查詢和綁定服務。

步驟 1 連接到註冊表：服務使用者使用 javax.xml.registry.ConnectionFactory API 和 @Resource 獲得一個連接工廠。然後，建立一個到註冊表的連接。

步驟 2 使用上面的連接來獲得一個 RegistryService 對象。

步驟 3 從上面的 RegistryService 對象上獲得一個 BusinessQueryManager 對接。透過該對接來查詢註冊表。

步驟 4 使用名稱或者分類來查詢服務所在的組織（Orgnization 對象）。

步驟 5 在找到組織後，就可以使用 JAX-WS 來調用服務。比如：首先獲得 Service 對象，然後從 Service 對象上獲得與該服務相關聯的服務綁定

（ServiceBinding）對象。

服務的提供者可以使用下述步驟把新服務添加到 UDDI 註冊表中。

步驟 1 連接到註冊表，獲得一個 RegistryService 對象，從 RegistryService 對象上獲得一個 BusinessLifeCycleManager 對象。

步驟 2 從註冊表獲得授權。

步驟 3 建立組織：使用 BusinessLifeCycleManager 對象的 createOrganization() 方法建立一個 Organization 對象，使用 Classification 對象給組織指定分類資訊。

步驟 4 建立服務：使用 BusinessLifeCycleManager 對象的 createService() 方法建立服務（Service）對象，並使用 BusinessLifeCycleManager 對象的 createServiceBinding() 方法來建立服務綁定（ServiceBinding）對象。使用 ServiceBinding 對象的 setAccessURI() 方法來設定訪問該服務的 URI。最後添加一個或多個 ServiceBinding 對象到 Service 對象，並把 Service 對象添加到 Organization 對象。

步驟 5 添加新組織到 XML 註冊表中：使用 BusinessLifeCycleManager 對象的 saveOrganizations() 方法添加新組織到 XML 註冊表中。saveOrganizations() 方法也可以用來保存修改後的組織資訊。

步驟 6 如果需要刪除組織和服務，可以調用 BusinessLifeCycleManager 對象的 deleteOrganizations() 和 deleteServices() 等方法。

我們使用 WSDL 來描述服務。使用下述步驟將 WSDL 資訊加到服務綁定中。

步驟 1 建立一個 Concept 對象。

步驟 2 建立一個 ExternalLink 對象來保存 WSDL 的 URL 資訊，並加到上述的 Concept 對象上。

步驟 3 給 Concept 對象設定服務分類資訊。

步驟 4 調用 BusinessLifeCycleManager 對象的 saveConcepts 來保存該 Concept 對象。

步驟 5 使用上述的 Concept 對象，就可以建立 SpecificationLink 對象。

步驟 6 把 SpecificationLink 對象添加到服務綁定中。

3.5 雲端服務對接

　　雲端服務的對接是非常重要的。對接和技術的標準化，是保證物聯網互聯互通的前提。比如：政府雲端計算平台與行業雲端計算平台之間透過對接進行資訊的互動與共享。服務對接必須是通用和易於擴展的資訊數據格式和語義描述標準，為資訊的交換、分發和共享提供統一的數據規範。在環保行業，透過定義環保資訊採集、環保資訊交換和環保資訊服務的規範流程，定義環保資訊採集、環保資訊交換和環保資訊服務模塊之間的通用對接標準，為政府雲端計算平台與行業雲端計算平台之間的連接協作提供標準規範的方法。

　　一個雲端計算平台包括了兩類服務，一類服務只為平台內部使用，另一服務可為外部的系統所調用（如訂單查詢）。一個服務表現為一個軟體組件。從服務請求者的角度來看，它看起來就像是一個自包含的函數。雖然請求者將服務看作是一個整體，但是服務的執行可能包括在一個企業內部的不同計算機上或者許多業務合作夥伴的計算機上執行的多個操作。在開始建立服務之前，我們首先需要考慮怎麼樣讓外部和內部的系統訪問這同一個服務。這就是雲端服務對接所涉及的內容。

　　在前幾節所闡述的面向對象和面向服務的設計方法中，都涉及了如何設計對接。透過定義一組公共方法，對接定義了服務的請求者和提供者之間的對接。對接的任何實現都必須提供所有的方法。雲端服務的對接分為：

- 已發佈對接：一種可唯一識別和可訪問的對接，客戶端可以透過註冊中心來發現它並調用之。

- 公共對接：一種可訪問的對接，可供客戶端使用，但是它沒有發佈，因而訪問者需要關於服務的靜態資訊。

　　在面向服務的設計中，服務請求者透過定義的通訊協議調用服務。比如：Web 服務是以 SOAP 消息為基礎。使用 Web 服務的優勢就是能夠與外部的業務夥伴進行通訊。

在前幾節，我們闡述了怎麼描述雲端服務。服務的重用性幫助企業維護和開發少量代碼，從而提高系統可靠性。另外，服務強調互操作性和位置透明性。在本節中，我們介紹服務的對接。我們首先分析調用雲端服務的幾種方式，接著討論幾個對接規範，包括 SOAP、Web 服務、消息傳遞對接、郵件對接，最後介紹 XML。

我們使用 SOA 來設計雲端服務。在 SOA 中，對接是最關鍵的，同時也是調用服務的應用程式所關注的焦點。它定義了必需的參數和結果的類型。對接定義了服務的類型，而不是實現服務的技術。雲端平台的一個責任是實現和管理服務的調用，而不是調用應用程式。所以，我們首先討論服務請求者和服務提供者之間的幾種對接方法。

1. 服務的請求者和服務的提供者

服務請求者（如外部系統）調用服務提供者（如庫存服務）所提供的服務。服務請求者發送請求消息（如檢查商品 A 的庫存數量），服務提供者處理請求，並將響應消息（如具體庫存量）發送給請求者。為了考慮性能和設計的簡單性，雙方的對接是一種粗粒度對接，從而將所需要的通訊次數最小化。

圖 3-47 服務請求者和服務提供者

如圖 3-47 所示，其中兩個主體說明如下。

* 服務請求者：服務請求者是一個應用程式、一個軟體模塊或需要一個服務的另一個服務。它查詢註冊中心中的服務並調用之。服務請求者根據對接來調用服務。

* 服務提供者：服務提供者是一個可透過網路尋址的實體，它接受和執行來自請求（使用）者的請求。它可能將自己的服務和對接資訊發佈到服務註冊中心，以便服務使用者可以發現和訪問該服務。

實際的企業應用經常是比較複雜的，因此實際的應用通常需要多個服務才能滿足要求。如圖 3-48 所示，一些服務提供者同時也是其他服務的請求者：它們彙集其他服務提供者的功能來合成更複雜的服務。如網上下訂單服務（所有合作夥伴在中網雲端計算平台上保存和處理使用者所下的新訂單）。這個服務調用了庫存檢查服務、配送服務等服務。

圖 3-48 多個服務的合成

在大多數情況下，服務請求者不能直接調用服務提供者的服務。另外服務請求者除了調用標準的服務之外，也需要調用已有的一些應用程式，而這些應用程式可能不是基於服務的。怎麼解決這個問題呢？有人在系統中引入了一個服務管理器組件，它的作用是使得外部的服務請求者可以調用模塊中的服務組件，如圖 3-49 所示。

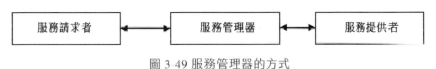

圖 3-49 服務管理器的方式

如圖 3-50 所示，服務請求者或者將請求發給服務總線，由服務總線調用其後面的服務；服務請求者或者將請求發給一個請求消息隊列（如 JMS）：

圖 3-50 服務總線或消息對列

我們推薦使用 ESB 的模式來管理和調用雲端服務。比如：中網雲端計算版本 2.1 使用 ESB 模式。圖 3-51 顯示了中網雲端計算平台的使用者登錄服務、訂單查詢服務和下訂單服務。

2. 點對點模式

一個服務可能被多種系統調用，比如：從外部系統來的請求，從中網內部系統來的請求，從基於桌面系統來的請求，等等。這些發出請求的應用系統可能採用不同的標準。當然還包括未來系統的一些請求。所以，服務請求和服務提供之間的對接是重要的。點對點模式是一個傳統的模式。比如中網雲端計算老版本 1.0 使用了如圖 3-52 所示的架構。

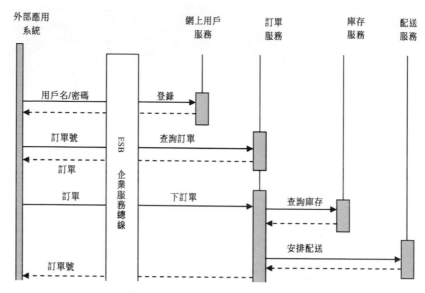

圖 3-51 中網雲端計算平台的服務總線機制

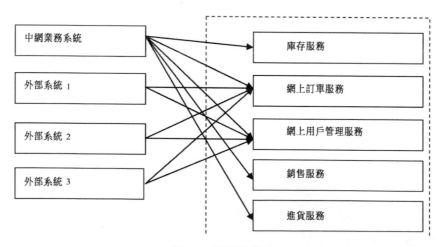

圖 3-52 點對點模式

如圖 3-52 所示，中網業務平台和外部系統直接以點對點方式調用中網平台的服務。中網服務部門給外部系統提供了一些對接文件，這些文件描述了怎麼訪問中網的服務。這些文件中包含了寫死的服務的 URL、輸入數據格式等，即請求者使用什麼 URL 和數據來調用服務。顯然，這個模式存在著很多缺點，比如：

- 中網的服務提供部門不能修改服務的位置資訊、名稱等資訊。否則，外部系統無法訪問了。

- 中網的服務提供部門很難跟蹤服務的使用情況。每個服務都需要有一些代碼來實現跟蹤功能。

- 服務請求者的驗證，也是一個問題。這需要各個服務來完成驗證功能。

3. ESB 模式

中網平台提供了幾百個服務。為了改正上面所描述的問題，改為使用一個 ESB（企業服務總線，Enterprise Service Bus）。所有的服務調用者透過 ESB 來調用服務。如圖 3-53 所示，所有的外部系統從服務總線上請求服務，而不是直接調用後面的服務，其優點是：

- 中網服務部門可以在不需要通知外部系統的情況下更改服務。另外，可以隨時添加一些新的服務。服務還可以有不同的版本，只要在服務總線上作適當修改即可。

- 直接訪問模式限制了服務請求的方式。這使得一些應用系統無法訪問或者很難訪問。服務總線可以具有轉換器的功能（ESB 本身提供，或者調用外部轉換工具），可以在服務請求者和服務提供者之間做適當轉換，從而使得雙方可以相互通訊。

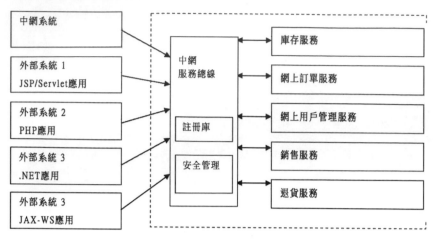

圖 3-53 企業服務總線模式

從大的方面講，雲端計算可以支持全球性服務協作。參與這些協作是多個企業完成直接業務往來的基本要求。服務請求者只要開發一個與 ESB 的對接即可，而不是與特定的服務的對接。在工業界，有很多產品實現了 ESB 的功能，如 IBM WebSphere ESB、Open-ESB 等，其中 Open ESB 是開放原始碼。

ESB 一般有服務註冊功能（如 IBM WebSphere Service Registry and Repository）。雲端計算平台可以使用 ESB 的註冊功能來註冊上千個內部服務。另外，ESB 在功能上也可以註冊外部服務（如另一個公司提供的財務管理服務）。雲端計算平台在註冊庫中表明哪些服務可以被調用。ESB 也提供了安全管理：只有合法的使用者才可以調用相應的服務。另外，提供者所返回的結果有時也需要 ESB 來確認正確性，然後才返回給調用者。有些 ESB 產品還提供其他功能：

- 監控服務的調用量和響應速度。ESB 的服務庫中除了保存服務的定義外，可能還保存著「服務當前是否可用」等其他資訊。

- 防止其他的惡意訪問。

- 動態路由的功能。如果某一個服務提供者響應太慢，可以路由到第 2 個服務提供者。

4. 雲端服務代理和 UDDI

　　ESB 實現了動態服務查找和部分的位置透明性。有時，服務使用者並不知道所要的雲端服務在哪裡，這時，服務使用者需要訪問某個代理來查找這些服務。在業界，這種特定服務被叫做服務代理。服務代理是服務提供者和服務請求者之間的中介。

　　服務提供者發佈自己的服務到服務代理，因此服務的使用者能夠獲得這些服務的資訊並調用之。圖 3-54 描述了理論上最理想的模式，面向服務的體系結構中的協作遵循「查找、綁定和調用」3 個步驟。其中，服務使用者執行動態服務定位，方法是查詢服務註冊中心來查找與其需求匹配的服務。如果服務存在，註冊中心就給使用者提供對接和服務的端點地址。

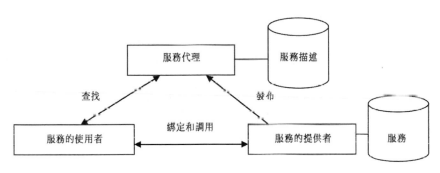

圖 3-54 服務代理

　　服務代理（也叫服務註冊中心）包含一個可用服務的資料庫，並提供了註冊服務和查詢服務的機制，從而服務提供者可以註冊服務，感興趣的服務使用者查找服務。服務代理可能是網際網路上的公開代理，或者是面向企業的私有代理。面向服務的體系結構中的每個實體都是服務提供者、使用者和註冊中心這三種角色中的某一個（或多個）。面向服務的體系結構中的操作包括：

- 發佈：為了讓服務使用者可以調用服務，服務提供者需要發佈服務描述以使服務使用者可以發現和調用它。

- 查找：服務請求者定位服務，即查詢服務註冊中心來找到滿足其需求的服務。

- 綁定和調用：在查詢完服務描述之後，服務使用者根據服務描述中的資訊綁定到服務提供者，並調用服務。這個綁定操作通常是靜態綁定。

UDDI 是支持服務查找和發佈的最常用的一個標準對接。UDDI 定義了一個基於 SOAP 消息的標準對接。透過 UDDI，服務請求者可以找到所需要的已有服務。SOA 並不需要一定要使用 UDDI，但是 UDDI 的使用可以進一步保證服務的位置透明性。例如，應用程式中可能會緩存所需服務的位置。如果服務重新布署到不同的伺服器當中，服務請求者能夠使用 UDDI 發現新的位置並將它緩存以備將來使用。

雲端服務的整體理念就是使得應用軟體在網際網路上的相互交流並不依賴於平台和語言。主要是回答關於服務對接的兩個問題：應用軟體的傳輸數據的格式是什麼？傳輸協議是什麼？圖 3-55 列出了基於 ESB 的一些方案：使用 XML/SOAP、XML/JMS、XML/HTTP 等。

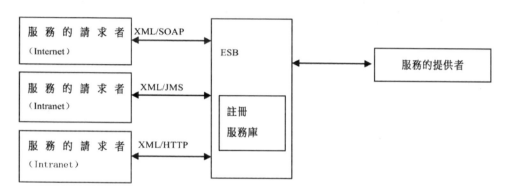

圖 3-55 傳輸協議和數據格式

在服務的請求者和服務的提供者之間，到底採用什麼對接規範，直接影響到服務的調用方式。在討論具體的對接規範之前，我們首先回顧兩種對接調用方式：靜態調用方式和動態調用方式。

1. 靜態調用方式

靜態調用方式是一種類型安全的方式，也是在服務使用者編程中最為常見的方式。所謂類型安全指的就是在編譯的時候就做類型的檢查，而不是等到運行的時候發現類型錯誤問題。下面是一個 Java 示例程序：

```
ServiceManager serviceManager = new ServiceManager();
OrderInterface service = (OrderInterface)
serviceManager.locateService("OrderInterfacePartner");
```

```
String resp = service.retrieveOrder(orderNumber);
```

在上述的 Java 程序中，靜態方式就是直接拿到實際實現的 Java 對接類型（OrderInterface）。

2. 動態調用方式

與靜態調用方式相對，動態調用方式是一種非安全的方式。它的優點是調用非常靈活，但同時帶來的不利之處是部分問題在編譯的時候是發現不了的，只有等到運行的時候才能發現。下面是一個 Java 示例程序：

```
ServiceManager serviceManager = new ServiceManager();
Service service = (Service) serviceManager.locateService("Order");
Ojbect orderNumber = ...
Object resp = (Object) service.invoke("retrieveOrder", OrderNumber);
```

像上面例子所示，在動態調用方式中，客戶端透過 invoke 方法的字元串參數的方式來指定具體要調用的方法名稱。很顯然，在這種方式下，如果方法名有誤是不能在編譯時發現的。另外要注意的一點是，動態調用方式的所有參數傳遞都是透過 Object 的方式。哪怕實際參數只是一個字元串，也需要包裝成一個 Object 的方式（對於雲端服務，這個 Objcet 就是一個 XML 數據）。

3. SOAP

SOAP 是英文 Simple Object Access Protocol（簡單對象訪問協議）的頭一個字母的組合。SOAP 是一個基於 XML 的傳輸協議，發送數據方將要傳輸的數據按照 SOAP 打包，並透過 HTTP 等協議發送到接收方。除了 HTTP 之外，還可以是 SMTP、HTTPS 等等。SOAP 是目前業界廣泛使用的一種對接規範（當對接規範是 SOAP 時，那麼服務請求者的調用方式只能是動態調用方式）。Web 服務就是採用 SOAP。SOAP 規定了在服務請求者和服務提供者之間使用 XML 格式的消息進行通信。如圖 3-56 所示，服務代理類將應用程式請求放入 SOAP 信封中（ XML 數據 ）並發送給服務提供者；服務提供者發回的響應也由服務代理類處理，並將響應數據返回給客戶應用程式。

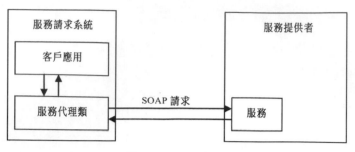

圖 3-56 SOAP 請求

因為 SOAP 是與平台無關和與廠商無關的標準,所以 SOAP 滿足了合作夥伴之間的鬆耦合服務調用的要求。使用 SOAP 並不等同於使用 Web 服務。在 J2EE 平台上,開發人員可以使用 SAAJ(SOAP with Attachments API for Java)直接編寫 SOAP 消息傳遞應用(也就是說,不使用 JAX-WS)。業界提供了一些 SOAP 引擎的產品,如 IBM WebSphere SOAP、Apache Axis 或 Apache SOAP 2.3 等。

SOAP 本身有一定的開銷,所以,雲端計算平台並不一定需要編寫 SOAP 封裝代碼。這起決於系統運行的實際環境。如圖 3-57 所示,一些外部系統直接調用中網雲端計算平台的 servlet,並將請求資訊放在一個 XML 文件中。中網雲端計算平台上的 servlet 依據這個 XML 文件執行相應操作,並將結果放在 XML 數據中返回。

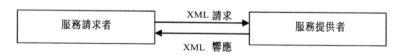

圖 3-57 中網雲端計算平台使用的一種調用模式

還有,在軟體系統內部的服務調用,也可以考慮使用 SOAP 之外的服務調用方法。這些方法可以不構建和解析 XML 內容。這就會有更好的性能。

4. Web 服務

在雲端計算平台上,我們推薦使用 Web 服務作為雲端服務的標準。Web 服務是包括 XML、SOAP、WSDL 和 UDDI 在內的技術的集合。Web 服務的提供者在 UDDI Web 服務註冊表中註冊服務,並提供相應的服務描述資訊

（WSDL）；Web 服務的調用者透過查詢 UDDI 服務註冊表來獲得服務定義，並透過 SOAP 調用 Web 服務。J2EE 平台提供了 XML API 和工具來幫助開發人員快速開發、測試和布署 Web 服務。Web 服務與平台無關。基於 Java 的平台和非 Java 的平台都可以調用 Web 服務。你可以使用 XML Web 服務的 JAX-WS 來建立 Web 服務。

5. Java 對接

Java 對接包括 servlet 和無狀態會話 bean 等。如果服務提供的對接類型為 Java 類型時，那麼服務調用者的調用方式總是靜態調用方式（也可以是動態調用方式，但是沒有必要）。比如，你使用 EJB 實現了訂單查詢服務。服務調用者是內部的一個 JSP 程序。你可以使用 JNDI 來定位 EJB 對象（也可以使用 annotation）：

```
InitialContext ic = new InitialContext();
order = (Order) ic.lookup(Order.class.getName());
```

對於外部服務，一般採用 Web 服務的方式。對於內部服務，也可以使用 scrvlet 來寫一個服務管理器。比如中網雲端計算平台曾經使用了如下的調用方式，如圖 3-58 所示。

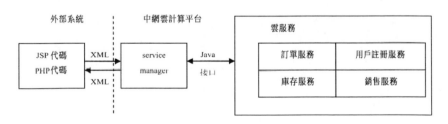

圖 3-58 servlet 方式

在早期的版本 1.0 平台上，XCAService 用於進行 XML 消息處理，如圖 3-59 所示。它用於在服務層之前統一協調所有基於 XML 消息的服務調用，扮演了 Web 服務代理的角色，在消息抵達服務端點之前完成大量消息處理的任務。換句話說，截獲進入服務的消息，在消息到達服務之前對其進行處理，從而服務本身可以識別。

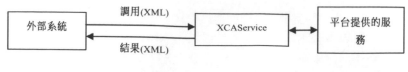

圖 3-59 servlet 方式

在上述結構中，中網雲端計算平台是透過一個 Servlet 來完成 XCASerivce。XCAService 類似於網關的作用，它處理 Internet 和 Intranet 環境之間的服務調用，使得內部服務可以在企業範圍之外可用。另外，它也可以幫助內部系統調用外部服務。這種網關模式最主要的優點之一是，它允許中網雲端服務以未經標準的協議（如 SOAP、Web 服務）來提供。並且，如果同一個服務有好幾種不同的實現，那麼可以在 XCAService 網關中為每個傳入的請求選擇最合適的目標服務。這種模式對於在調用操作前進行參數驗證是最有效的。應用程式特定參數的驗證包括驗證 XML 模式、業務數據的相關方面及其特性（如數據類型、字元串或整型、格式、長度、範圍），以及檢查字元集、區域、上下文和可用值（尤其是對空值的處理）。

6. 郵件對接

在多個系統之間，尤其是遠程系統之間，有時也可以使用郵件來作為對接。一方將資訊發到另一方的電子郵件地址。另一方處理後，可能回覆一個電子郵件。我舉一個保險公司的例子。傳真件在美國是一個有法律效力的文件。一個被保人可以直接給保險公司發一份索賠申請。傳真過去的簽名是有效的。我看到很多保險公司使用郵件作為兩個系統（傳真機和索賠系統）之間的對接。在接到傳真後，傳真機立即將該傳真透過電子郵件發到一個固定郵件地址（傳真內容是郵件中的附件）。然後，索賠系統那裡有自動歸檔電子郵件的程序，該程序立即抓取所有的新郵件，把附件剝離出來，送到保險公司的索賠流程上來處理。與此同時，客戶收到一個電子郵件來確認該索賠已經被收到。前後的時間也就幾分鐘而已。

在 J2EE 平台上，郵件會話是一種資源。在 Web 應用伺服器上，可以定義郵件伺服器的位置資訊和一個郵件地址和密碼。然後，在程序中使用 JNDI 來訪問這個資源，並使用 javax.mail.Transport.send() 方法來發送郵件。

3.6 消息傳遞對接

在雲端計算平台上，服務請求者和服務提供者之間一般採用同步通信，即在處理之前請求者等待響應。同步通訊一般用於預期完成時間相對較短（幾秒或幾分鐘）的服務。

雲端計算平台上也可以有異步服務。在異步服務模式下，服務請求者將請求排隊放入某個埠（如 WSDL 文件中指定的埠），但是服務請求者不等待響應，而是做其他的工作。在服務提供者準備發送響應時，它使用某個地址（如 SOAP 中的 reply-to 地址）發送響應。這種方式適合於長時間運行的事務。例如：一個企業想要為其員工定製一批工作服，所以該企業調用了中網雲端計算平台的團購服裝服務。團購服務包括與許多會員廠商的互操作，這可能要花幾天來完成。使用異步通訊能夠避免使用者長時間等待。

一個服務發送消息（message）到某個地方，接收方可以從那個地方獲得消息。這就是消息傳遞機制。它實現了異步通信。消息傳遞支持松耦合的分佈式對接，發送方和接收方只需確定消息的格式即可（一般都是 XML 數據）。消息傳遞也經常被用做雲端服務之間的對接。

我們以 JMS（Java Message Service）來探討消息傳遞機制和實現方法。JMS 同具體的消息伺服器無關，就如同 JDBC 同資料庫的關係一樣。透過 JMS API，開發人員可以建立消息（如 javax.jms.TextMessage）、發送消息、接收消息和閱讀消息。JMS API 確保了某個消息傳遞而且只傳遞一次，所以非常可靠。JMS 非常適合於不同平台之間的服務對接。比如：使用 JMS 來實現平台和客戶 IT 系統之間的對接。一些大廠商有自己的 IT 系統，當一個訂單發貨後，廠商的 IT 系統就給中網雲端計算平台發一個 JMS 消息。平台接收發貨資訊，並更新平台上的數據。從而該訂單的客戶就獲得了自己訂單的最新狀態。

JMS 提供了兩種消息傳遞機制：隊列方式和發佈 - 訂閱方式。

隊列方式也叫做點對點方式，在概念上類似於一個郵箱。相應的 API 為 javax.jms.Queue。這個方式需要一個隊列。如圖 3-60 所示，發送方發送消息到一個隊列，接收方從該隊列上接收消息。發送和接收不需要同步，而且每個消息只有一個使用者。

圖 3-60 隊列方式

這個方式有點像公告欄，相應的 API 為 javax.jms.Topic。如圖 3-61 所示，發送者按照主題來發送消息，系統按照主題將同一類主題的多個消息分發到訂閱該主題的多個接收者。

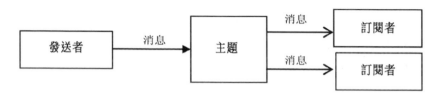

圖 3-61 發佈 - 訂閱方式

無論使用哪一種方式，JMS 的發送和接收的代碼是相同的。對於接收方，有兩種方式來接收：

- 使用 receive 方法。如果消息還沒有到，就等；如果超過指定時間，就報一個超時錯誤。

- 使用消息監聽器（message listener）的 onMessage 方法。到消息到達時，JMS 伺服器透過該方法來傳遞消息。

另外，消息的處理程序可以是一個消息驅動 EJB、Java 應用程式或者其他語言的程序。消息驅動 EJB 可以監聽消息並處理它們（如調用其他的 EJB）。同會話 Bean 和 JPA 實體不同，消息驅動 Bean 不需要有客戶端程序。調用這個消息驅動 Bean 的方法是發送一個消息到消息伺服器上。

一般而言，Web 應用伺服器都提供了一個或多個缺省的 JMS 伺服器（JMS provider）。它提供了消息管理和傳遞系統。在這個基礎上，我們可以在 Web 應用伺服器上定義：

- 連接工廠（connection factories）：包括隊列連接工廠（Queue Connection factories）和主題連接工廠（Topic connection factories）。連接工廠就是

一個到 JMS 伺服器的連接。它有 JNDI 名稱、總線名稱等設定。你可以把它想像成為一個資料庫連接。

- 隊列（Queues）或者主題（Topics）：它有 JNDI 名稱等設定。如果你定義主題，你還需要定義主題空間（Topic space）。在 JMS API 中，隊列和主題都被統稱為目的地（Destination）。你可以把它想像成為一個存放數據的表。

發送程序為：

1. 使用 annotation 注入連接工廠和目的地；
2. 透過連接工廠，建立一個連接到 JMS 伺服器；
3. 基於連接，建立一個會話（session）。會話被用來建立和使用消息；
4. 基於會話，建立消息生成器（message producer）；
5. 基於會話，建立一個消息；
6. 使用消息生成器來發送消息到目的地；
7. 關閉消息生成器、會話和連接。

同步接收程序為：

1. 使用 annotation 注入連接工廠和目的地；
2. 透過連接工廠，建立一個連接到 JMS 伺服器；
3. 基於連接，建立一個會話（session）。會話被用來建立和讀取消息；
4. 基於會話，建立消息使用器（message Consumer）；
5. 啟動連接；
6. 基於消息使用器，來接收消息（消息可能有多個）；
7. 關閉消息使用器、會話和連接。

異步接收程序為兩個類別。首先建立一個單獨的消息監聽器（message listener）類別，該類別實現了消息監聽器（MessageListener）對接。在該類別中實現 onMessage 方法。這個方法定義了消息接收後的操作。然後建立接收程序（另一個類別）為：

1. 使用 annotation 注入連接工廠和目的地；
2. 透過連接工廠，建立一個連接到 JMS 伺服器；

3. 基於連接，建立一個會話（session）。會話被用來建立和讀取消息；

4. 基於會話，建立消息使用器（message Consumer）；

5. 建立一個消息監聽器（message listener）對象（就是一開始建立的那個類別的對象）。把該監聽器對象同消息使用器關聯；

6. 啟動連接；

7. 監聽消息，直到使用者中止該程序。在中止之前，需要關閉消息使用器、會話和連接；

8. 消息到達時，系統會自動調用上面建立的監聽器的 onMessage 方法。

另外，JMS 提供了 QueueBrowser 類別來查看隊列中的每個消息。

中網雲端計算平台使用了 JMS 消息服務，為零售店、批發商和廠商提供了消息服務。一個零售店給批發商所發的訂單中往往包含多個廠商的產品。在傳統的方式下，該批發商挨個給廠商打電話，詢問該廠商有多少現貨。中網的訂單服務就提供了一個自動化服務，幫助零售店立即獲得訂單確認資訊。圖 3-62 說明一個零售店發送一個訂單資訊給一個批發商。批發商收到訂單（虛線），檢查自己庫存。如果自己庫存不夠，那麼，批發商系統自動發送訂單到多個廠商。各個廠商收到該訂單，檢查自己庫存。如果自己庫存沒有足夠的商品，就返回一個當前庫存中的數量值；如果有足夠的，就返回一個要求的數量值。所有這些資訊都發送到批發商確認隊列。批發商監聽該隊列（粗線），並根據得到的結果返回資訊到零售商確認隊列。零售店收到自己訂單的結果。零售店的一個訂單處理，跨越了多個系統，並在很短的時間內就獲得了結果。

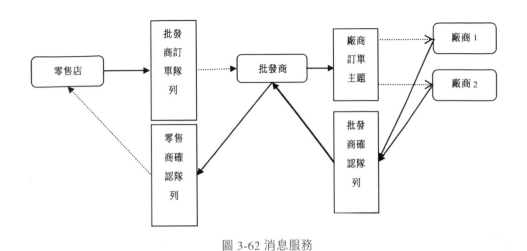

圖 3-62 消息服務

▌3.7 對接選型考慮

　　XML 是可擴展標記語言（Extensible Markup Language）。XML 被設計為具有自我描述性。透過 XML 的使用，開發者能夠給任何數據片段附加上意義和上下文，再傳輸給對方。XML 不僅被用於以標準化的方式來表達數據，其語言自身還被用於描述一系列規範。XML Schema 定義語言（XSD）與 XSL 轉換語言（XSLT）都以 XML 表達。用於描述 Web 服務的也是基於 XML 的 WSDL。

　　在服務之間採用 XML 來作為對接數據的規範，這是目前大多數人的共識。Web 服務就是基於 XML 標準。各種不兼容的應用程式往往採用不同的數據格式來存放數據，而 XML 正可以解決這個問題。使用 XML 所表示的數據看上去像一個文本文件，各個數據都被標籤所包含，所以，接收方可以理解這些數據。另外，XML 數據可以跨平台，而且容易擴展，不同的應用程式都可以讀取 XML 數據。

　　XML 提供了重要的優點，但這些優點是以性能和吞吐量為代價的。首先，使用 XML 編碼方式的消息比二進制編碼的消息平均要大 6~8 倍。其次，與透過 RMI/IIOP 傳遞的數據或對象相比，以 XML 為基礎的消息交換涉及到更多的 XML 編碼。例如：在中網雲端計算平台內部，代碼直接調用相關服務，而不是傳送一個 XML 文件給另一個服務，然後做進一步處理。如果這樣的話，調用方就需要更多的 XML 編程來解析 XML 數據。還有，伺服器可能無法處理 Web 服務所要求的吞吐量。其代價就是服務請求可能被丟失。大容量系統的吞吐量問題尤為棘手。平台的內部系統應該消耗更少的帶寬、儘量使用那些需要更少內存的基於二進制的消息來解決 XML 編碼的問題。

當然，因為 XML 非常適合在異構系統中的消息傳遞，所以，我們有時需要透過增加容量的方法來確保 XML 系統的高吞吐量。有兩種不同的增加容量的方法。一種方法是由服務提供者增加可使用的物理資源。升級伺服器（例如，使用功能更強大的、支持更多 CPU 或者更快的芯片的硬體）或者添加額外的伺服器（例如，水平擴展或者使用伺服器集群）是最流行的做法。另一種方法是使用垂直伸縮技術（如 WebSphere Application Server Network Deployment）來擴展可用的應用程式伺服器節點的數目。

Chapter 4
物聯網

從本章節你可以學習到：

❖ 採集規則

❖ 數據源（設備）驅動器

❖ 收集伺服器

物聯網就是物物相連的網路。被連接的物，要具有感知的特性。比如，一個汙染水監測設備就可以感知汙染水中的各個成分的變化。另外，我們要求物聯網中的一些物具有被反控的特性，比如關閉這個設備。在本章中，我們不討論設備本身，而是討論雲端計算平台和設備之間的軟體層，這就是數據源管理器（也可以認為是設備控製器）。

▌4.1 採集規則

在數據源管理器上，你可以定義採集規則、數據源驅動器和各個操作、採集伺服器等。系統根據這些規則自動採集源數據，放入處理流程，最終歸檔到雲端平台上。比如：你可以建立設備採集規則。採集器就可以根據這些規則從設備上自動採集監測數據，並放到相應的業務流程上處理。採集器還可以修改或刪除數據源，比如：如果你是採集文件系統的一個目錄下的所有文件，那麼採集器可以把已經採集的文件名做上標誌，或者移動到另一個地方。採集中心還可以從資料庫、Excel、電子郵件伺服器等數據源上自動採集數據。

資料庫規則就是自動從資料庫上採集數據。比如：從一個已有的環保系統上採集數據。

我們以巨正環保雲端計算平台為例。如圖 4-1 所示，在資料庫規則部分，指定採集的工作目錄，批處理的數量和收集哪個時間範圍之內的數據；在運行時間部分，設定採集的時間，如圖 4-2 所示。

圖 4-1 資料庫規則

圖 4-2 採集的時間安排

　　在源資料庫資訊部分（如圖 4-3 所示），設定要收集的源資料庫的資訊，比如：資料庫伺服器名稱、埠號、資料庫名稱、訪問資料庫的使用者名和密碼、源資料庫類型（MS SQL Server、IBM DB2、ORACLE、MySQL 等）等。在收集資訊部分，可以指定收集的 SQL 語句。另外，我們也支持從 Excel 上獲得數據。

一本書搞懂雲端計算、物聯網、大數據

圖 4-3 源資料庫資訊

　　在修改設定部分（如圖 4-4 所示），設定是否標識已經收集的數據和標識的方法；在屬性映射部分，設定不同名稱之間的映射（如圖 4-5 所示）。把資料庫上的屬性映射到雲端平台的數據模型上。

圖 4-4 在源數據處的修改設定

圖 4-5 屬性映射

從一個設備上採集數據（如圖 4-6 所示）。在環保行業，我們需要採集實時數據、分鐘數據、設備狀態數據等。

圖 4-6 設備規則

在設備收集資訊（如圖 4-7 所示）部分，指定採集的主機、埠號、類型、訪問使用者名和密碼等資訊。如果需要過濾採集數據包上的資訊，可以設定過濾。

圖 4-7 設備收集資訊

　　在屬性映射（如圖 4-8 所示）部分，設定設備數據包同數據模型之間的映射。

圖 4-8 設備數據包同數據模型之間的映射

除了上面兩類規則，你還可以定義：

• 文件規則：從一個或多個文件夾下採集文件，並可以修改文件擴展名等；

• 報表規則：指定報表數據的來源，並根據規則生成報表；

• 電子郵件規則：從一個郵件伺服器（如 Exchange）上採集郵件（包括附

件）。

4.2 數據源（設備）驅動器

數據源驅動器的作用是從某個數據源（如資料庫）讀數據，或者向某個數據源（如設備）寫數據。透過對設備寫數據，完成對設備本身的反控。透過從設備讀數據，完成對設備的聯接。數據源驅動器是對各類數據源的抽象。至於各個設備的特殊處理，都包含在驅動器所對應的類別上。一類別設備，只需要一個設備驅動器。

在巨正環保雲端平台上，管理員可以定義各類數據源驅動器（如圖 4-9 所示）。一個新類型的數據源（設備）出來，開發人員就需要編寫一個驅動程序，從而能夠從該類數據源（或設備）上採集數據。圖 4-9 顯示了訪問已有環保系統的資料庫的數據源驅動器的設定。

如圖 4-9 所示，你需要指定驅動器的類別名、驅動器類型、日誌的級別和位置等。另外，我們還區分是源數據驅動器，還是保存到平台的目標驅動器。一個數據源驅動器上可以有多個操作。在單項處理上，你可以定義一個驅動器的各個處理。

圖 4-9 數據源驅動器

如圖 4-10 所示，指定單項處理的方法名，並指定是否是收集數據的方法。這個單項處理可以是一個對設備的反控操作，也可以是一個從採集到的數據裡提取數據的處理。一個從設備來的數據，可能經過採集、提取、映射（到平台數據模型）、處理（可能是一個包含多個處理步驟的工作流）等過程。我們分開源數據本身的處理和同平台相關的處理。一般而言，源數據處理（如某類設備上來的數據處理）只同設備相關，比如：根據數據的編碼來提取數據。對於已經有處理 API 的設備，如果它的 API 不是 Java API，平台集成人員可以開發一個 Java 包裝程序，在這個包裝程序中調用設備的 API（比如 C API）。

圖 4-10 一個數據源上的各類操作

　　從介面上看，無論是資料庫數據源驅動器，還是監測設備驅動器，都是類似的配置。唯一的區別在於所提供的類別和各個操作。當然，與之相關的採集規則（控制規則）也是不同的。還有一點，在巨正環保雲端平台上，把平台的數據中心算為一個數據源，從而，管理員可以配置針對平台的數據操作（比如，保存數據到雲數據中心上）。圖 4-11 顯示了一個在雲端平台上存放數據的操作。

圖 4-11 平台數據源操作

4.3 收集伺服器

收集伺服器就是一個可以執行的伺服器（如圖 4-12 所示），它集成了收集規則、源數據驅動器和目標數據驅動器。按照收集規則，透過源數據驅動器的收集操作獲得源數據，然後，透過目標數據驅動器的目標操作，把數據保存到平台或者中間位置。在平台連接屬性頁上，管理員可以設定連接到平台的使用者名和密碼。

對於那些需要複雜處理的數據，管理員可以定義處理流程，然後自動把數據放到處理流程上處理。「停止檢查間隔」是指每隔多少秒檢查是否要停止伺服器。

單擊「啟動」按鈕就可以啟動這個收集伺服器。在啟動後，「啟動」按鈕就變為「停止」按鈕。單擊「停止」按鈕就可以停止這個收集伺服器。

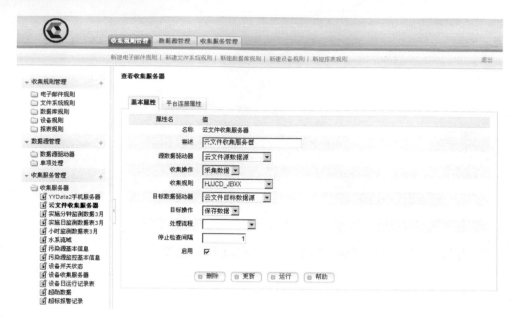

圖 4-12 收集伺服器

Chapter 5
雲端計算平台

從本章節你可以學習到：

❖ 雲端平台提供商

❖ 搭建自己的雲端平台

雲端計算的特點是：

- 數據在雲端：使用者數據儲存在雲數據中心，直接透過使用者端設備編輯修改，不怕丟失，不必備份；

- 軟體在雲端：應用軟體安裝在雲端平台，不必下載，自動升級；

- 無所不在的計算：在任何時間、任意地點、任何設備（包括手機）透過 Web 登錄後就可以進行計算服務；

- 無限強大的計算：利用各級伺服器進行運算，可以假定無限空間和無限速度；

- 使用簡單：透過網際網路、通訊網，採用 Web 瀏覽器；

- 功能強大：彈性服務，種類多樣，按需定製；

- 使用者多元：政府、企事業單位、個人均可使用；

- 資源共享：每個使用者都可以是服務使用者和提供者。

透過雲端計算，使用者方便地訪問雲上的可配置計算資源共享池（如網路、伺服器、儲存、應用程式和服務等等）。它的商業模式是按需計費，強調需求驅動，使用者主導，按需服務，即用即付，用完即散，不對使用者集中控制，使用者不關心服務者在什麼地方。它的訪問模式是使用網際網路。使用者依託網際網路，讓強大的資訊資源、包括儲存資源、計算資源、軟體資源、數據資源，管理資源為我所用。它的技術模式是可擴展、彈性和共享。這個模式具有規模經濟性，高效率和動態共享的特性。數據越多，使用者越多；需求越多，服務越多；滾動增長。

現在已經有一些公司提供了雲端計算平台，如微軟公司的 Azure、Google 公司的 AppEngine、Amazon 的 EC2。如果你不喜歡現有的雲端平台，你也可以搭建你自己的平台。市場上有很多開源軟體，有些是 Web 伺服器的，有些是應用伺服器的，有些是資料庫的，等等。搭建一個基於開源軟體的雲端計算平台是非常可行的。軟體開發公司可以不用購買任何商業軟體，不使用商務平台的私有 API，就可以開發雲端服務。營運這個平台的公司向客戶收取一定的服務費用來支付其成本開銷並盈利。

5.1 雲端平台提供商

很多 IT 公司都在快速地布署雲端計算，比如 IBM 的 SmartCloud 平台。在這一節，我們看看幾個主要雲端平台提供商的模式。

從雲端平台的三層體系結構（硬體平台、雲端平台和雲端服務）上來看，亞馬遜的 EC2 更接近於硬體平台，給客戶提供了硬體虛擬機。客戶感覺像在使用一個硬體設備，並且客戶幾乎可以控制整個軟體層。EC2 的外部 API 也主要用於請求和配置這些虛擬設備。有人把 EC2 稱為託管式的雲端計算平台，因為使用者可以透過遠端的操作介面直接使用。

從體系結構上來說，亞馬遜的雲端計算平台是建立在公司內部的大規模集群計算的平台之上，使用者可以透過網路介面去操作在雲端計算平台上運行的各個實例（Instance），而付費方式則由使用者的使用量決定，即使用者僅需要為自己所使用的雲端計算平台實例付費，運行結束後計費也隨之結束。

早在 2006 年，亞馬遜就發佈了簡單儲存服務（Simple Storage Service，S3），這種儲存服務按照每個月租金的形式進行服務付費，同時使用者還需要為相應的網路流量進行付費。亞馬遜網路服務平台使用 REST（Representational State Transfer）和簡單對象訪問協議（SOAP）等標準對接，使用者可以透過這些對接訪問到相應的儲存服務。在這之後，亞馬遜公司在此基礎上開發了 EC2 系統。EC2 使用者的客戶端透過 HTTPS 之上的 SOAP 協議來實現與亞馬遜內部的實例進行互動。使用 HTTPS 協議的原因是為了保證遠端連接的安全性，避免使用者數據在傳輸的過程中造成泄露。而 EC2 中的實例是一些真正在運行中的虛擬機伺服器，每一個實例代表一個運行中的虛擬機。對於提供給某一個使用者的虛擬機，該使用者具有完整的訪問權限，包括針對此虛擬機的管理員使用者權限。由於使用者在布署網路程序的時候，一般會使用超過一個運行實例，需要多個實例共同工作。所以，EC2 的內部也架設了實例之間的內部網路，使得使用者的應用程式在不同的實例之間可以通信。在 EC2 中的每一個計算實例都具有一個內部的 IP 地址，使用者程序可以使用內部 IP 地址進行數據通信，以獲得數據通信的最好性能。每一個實例也具有外部的地址，使得建立在 EC2 上的服務系統能夠為外部提供服務。

亞馬遜的 EC2 減少了軟體開發人員對於集群系統的維護。在使用者使用模式上，EC2 要求使用者建立亞馬遜伺服器映像（ Amazon Machine Image，AMI）。理論上，AMI 能夠提供使用者想要的任何一種操作系統、應用程式、配置、登錄和安全機制，但是亞馬遜目前只支持 Linux 內核。透過建立自己的 AMI，或者使用亞馬遜預先為使用者提供的 AMI，使用者就可以將 AMI 上傳到 EC2，然後調用亞馬遜的應用編程對接（API），對 AMI 進行使用與管理。AMI 實際上就是虛擬機的映像，使用者可以使用它們來完成任何工作，例如運行資料庫伺服器，提供外部搜索服務等。使用者所擁有的多個 AMI 可以透過通訊而彼此合作。

從亞馬遜的 EC2 上看出，雲硬體平台一般採用虛擬技術。當前的虛擬技術能夠非常好地共享 CPU 和內存，在 I/O 共享上略為遜色。最近有人發現閃存（flash memory）可以解決硬碟 I/O 共享的問題。

Google 搜索引擎是建立在分佈於 200 多個地點、超過 100 萬臺伺服器之上，這些設施的數量正在迅猛增長。Google 地圖、Gmail、Google Docs 等也同樣使用了這些基礎設施。採用 Google Docs 之類的應用，使用者數據會保存在網際網路上的某個位置，可以透過網際網路十分便利地訪問這些數據。Google 公司的 AppEngine 為傳統的網上應用程式提供一個平台。簡單地說，它提供了一個自己的資料庫系統（MegaStore），該資料庫系統包含了儲存設備。它也提供了一個 Python 應用伺服器集群。從而，客戶可以在 AppEngine 上開發和發佈自己的網上應用系統。2009 年 12 月 12 日，Rentokil Initial 公司宣布採用 Google 的雲端計算服務，該公司的 3.5 萬名員工使用 Google 的雲端計算服務辦公。AppEngine 平台所提供的對接也大多是經典的「請求 - 響應」模式。Google 的雲端計算平台主要由以下部分組成：

- 建立在集群之上的文件系統 Google File System（GFS）

- Map/Reduce 編程模式

- 大規模分佈式資料庫 BigTable

1. Google File System 文件系統

Google 文件系統（Google File System，GFS）與傳統的分佈式文件系統擁有許多相同的目標，如性能、可伸縮性、可靠性以及可用性等。GFS 也有它自己的一些特色：

- 集群中的節點失效是一種常態，而不是一種異常。由於參與運算與處理的節點數目非常龐大，通常會使用上千個節點進行共同計算，因此，每時每刻總會有節點處在失效狀態。需要透過軟體程序模塊，監視系統的動態運行狀況，偵測錯誤，並且將容錯以及自動恢復集成在系統中。

- GFS 中的文件大小通常以 GB 計算。另外文件系統中的文件含義與通常文件不同，一個大文件可能包含大量數目的通常意義上的小文件。

- GFS 中的文件讀寫模式和傳統的文件系統不同。在 Google 應用（如搜索）中對大部分文件的修改，不是覆蓋原有數據，而是在文件尾追加新數據。對文件的隨機寫是幾乎不存在的。

- GFS 中的某些具體操作不再透明，而且需要應用程式的協助完成，應用程式和文件系統 API 的協同設計提高了整個系統的靈活性。引入了原子性的追加操作：當多個客戶端同時進行追加的時候，就不需要額外的同步操作。

總之，GFS 是為 Google 應用程式本身而設計的。據稱，Google 已經布署了許多 GFS 集群。有的集群擁有超過 1000 個儲存節點，超過 300T 的硬碟空間，被不同機器上的數百個客戶端連續不斷地頻繁訪問著。

2 .MapReduce 分佈式編程環境

為了將應用程式建立在大規模的集群基礎之上，Google 設計並實現了一套大規模數據處理的編程規範：Map/Reduce 系統。這樣，程序開發人員在為大規模的集群編寫應用程式時就不用去顧慮集群的可靠性、可擴展性等問題。應用程式開發人員只需要將精力放在應用程式本身，而關於集群的處理問題則交由平台來處理。

Map/Reduce 透過「Map（映射）」和「Reduce（簡化）」這樣兩個簡單的概念來參加運算，使用者只需要提供自己的 Map 函數以及 Reduce 函數就可以在集群上進行大規模的分佈式數據處理。據稱，在 Google 內部，每天有上千個 Map Reduce 的應用程式在運行。

3. 分佈式大規模資料庫管理系統 BigTable

Google 將資料庫系統擴展到分佈式平台上的 BigTable 系統。為了處理 Google 內部大量的格式化以及半格式化數據，Google 構建了弱一致性要求的大規模資料庫系統 BigTable。據稱，現在有很多 Google 的應用程式建立在 BigTable 之上，例如：Search History、Maps 和 RSS 閱讀器等。BigTable 的內容按照行來劃分，將多個行組成一個小表，保存到某一個伺服器節點中，這個小表就被稱為 Tablet。

以上是 Google 內部雲端計算基礎平台的三個主要部分。除了這三個部分之外，Google 還建立了分佈式程序的調度器，分佈式的鎖服務等一系列相關的雲端計算服務平台。

4. Google 的雲應用

Google 還在其雲端計算平台上提供了很多雲端服務。大多數雲端服務都採用了 Web 2.0 技術，都具有強大的多使用者互動能力。其中典型的 Google 雲端服務就是 Google Docs。它是一個基於 Web 的工具，它有跟 Microsoft Office 相近的編輯介面，有一套簡單易用的文件權限管理，而且它還記錄下所有使用者對文件所做的修改。當前，Google Docs 已經推出了文件編輯、電子錶格、幻燈片示範、日程管理等多個功能的編輯模塊，能夠替代 Microsoft Office 相應的一部分功能。值得注意的是，這些雲端計算平台上的應用程式非常適合於多個使用者進行共享以及協同編輯，為一個小組人員進行共同創作帶來很大的方便性。

微軟公司的 Azure 平台有點介於上述兩個平台之間。主要由兩部分組成：Windows Azure 和 Microsoft SQL Azure。前者是一個操作系統，後者是一個關係資料庫軟體。客戶使用 .NET 庫編寫應用程式，然後該程序被編譯成 CLR（Common Language Runtime）。CLR 是一個與具體的程式語言無關的運行環境。

Windows Azure 提供了一個基於 Windows 的虛擬計算環境和儲存。簡單地說，我們可以把 Windows Azure 理解為雲端的操作系統。它的底層是數量龐大的 64 位 Windows 伺服器。Windows Azure 透過底層的結構控製器

（FabricController），有效地將這些伺服器組織起來，給前端的應用提供計算和儲存能力，並保證其可靠性。

Salesforce 所提供的 Force.com 平台，主要是針對 Salesforce.com 資料庫的商業應用。Salesforce 主要還是一個 CRM 的雲端服務提供商。

IBM 的 SmartCloud 平台是建立在 IBM 大規模計算的專業技術基礎上，它集成了 Tivoli、DB2、WebSphere 與 IBM 硬體產品，並包括了 Xen 和 PowerVM 虛擬化、Linux 操作系統映像以及 Hadoop 文件系統等開源軟體。SmartCloud 由 IBM Tivoli 軟體來管理底層的伺服器群，並進行多伺服器間的實時資源分配。IBM 矽谷實驗室的一個朋友給我示範了 Tivoli 布署管理軟體（Tivoli Provisioning Manager）的強大功能：只要輸入一些基本資訊，按幾下按鈕，該軟體就自動在幾個伺服器上安裝操作系統了。另外，該軟體還能自動檢測哪個伺服器出了問題，並能做一些自動修復工作。

1. 虛擬化

在雲端計算中可以在兩個級別上實現虛擬化。一個級別是在硬體級別上實現虛擬化。比如：IBM p 系列的伺服器透過硬體的邏輯分區 LPAR 來實現了硬體級別的虛擬化。P 系列系統的邏輯分區最小粒度是 1/10 顆中央處埋器（CPU）。虛擬化的另外一個級別是透過軟體來實現。比如：在 IBM 雲端計算平台上使用了 Xen 虛擬化軟體。Xen 也是一個開源的虛擬化軟體，能夠在現有的 Linux 基礎之上運行另外一個操作系統，並透過虛擬機的方式靈活地進行軟體布署和操作。

2. 雲端儲存結構

IBM 的雲端計算平台使用開源的 Hadoop HDFS （Hadoop Distributed File System）和 SAN 系統。SAN 系統是在儲存端構建儲存的網路，將多個儲存設備構成一個儲存區域網路。前端的主機可以透過網路的方式訪問後端的儲存設備。而且，由於提供了塊設備的訪問方式，與前端操作系統無關。在 SAN 連接方式上，可以有多種選擇。一種選擇是使用光纖網路，能夠操作快速的光纖磁碟，適合於對性能與可靠性要求比較高的場所。另外一種選擇是使用以太網，採取 iSCSI 協議，能夠運行在普通的局域網環境下，從而降低了成本。由於儲存區域網路中的磁碟設備並沒有與某一臺主機綁定在一起，而是採用了非常靈活的結構，因此對於主機來說可以訪問多個磁碟設備，從而能夠獲得性能的提升。在儲存區域網路中，使用虛擬化的引擎來進行邏輯設備到物理設備的映射，管理前端主機到後端數據的讀寫。因此虛擬化引擎是儲存區域網路中非常重要的管理模塊。我們將在第 6 章詳細解釋 Hadoop。

不同的雲端計算提供商的收費有所不同。Google 公司的 AppEngine 根據雲端服務（程序）的資源需求，動態分配平台資源給雲端服務。Google 按照 cycles 來收費。亞馬遜（Amazon）使用另一種收費方式。他們按照你所占用 instance 的小時數來收費。

亞馬遜的收費方式相對簡單明瞭，使用者使用多少資源，只需要為這一部分資源付費即可。亞馬遜收費的服務項目包括儲存伺服器、帶寬、CPU 資源以及月租費。儲存伺服器和帶寬按容量收費，CPU 根據時長（小時）運算量收費。另外，亞馬遜給使用者分配虛擬伺服器，所以收費也是根據虛擬機的能力進行計算的。在 EC2 中，提供了三種不同能力的虛擬機實例，具有不同的收費價格。例如，其中默認的運行實例是 1.7GB 的內存，1 個 EC2 的計算單元，160GB 的虛擬機儲存容量，是一個 32 位的計算平台，收費標準為每個小時 10 美分。亞馬遜公司對網路上的服務流量計費，計費規則也按照內部傳輸以及外部傳輸進行分開。

5.2 搭建自己的雲端平台

上述的商業平台大都是他們自己的私有產品（如 Google 的 MegaStore、Salesforce.com 資料庫等），大多數都不是流行的軟體產品（需要重新學習），也不基於開源軟體（如 MySQL、JBoss 等）。在當前階段，我們也可以選擇搭建自己的雲端平台，來使用業界成熟的、流行的產品（或免費的開源軟體）。J2EE 為我們提供了一系列強大的 API，從而減少了開發時間，降低了系統複雜性，並且提高了系統性能。在這下面幾節，我們以 J2EE 為主來講述如何搭建自己的雲端平台。不過，要提醒讀者的是，在決定自己搭建之前，要充分考慮搭建雲端計算平台的開發和維護成本。有關雲端儲存部分的內容，我們將在下一章講述。

如圖 5-1 所示，一個雲端平台要包括 Web 層（包括 HTTP 伺服器、應用伺服器）、業務層（即企業的業務服務層）和資料庫層。另外，雲端服務客戶透過瀏覽器來訪問這些雲端服務。在瀏覽器上，可以基於 JavaScript 等技術提供動態的網頁。

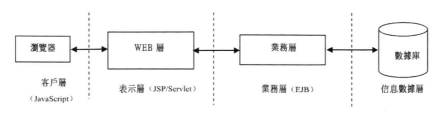

圖 5-1 雲端服務的多層結構

圖 5-2 展示了加入服務後的各層。

- 資料庫訪問層：也叫資訊集成層。用於屏蔽所有的資料庫操作。該層完成對像在資料庫伺服器上的保存、更新、查詢和刪除操作。我們可以透過 Java 持久化 API 等技術實現這個層次。

- 對象層：提供了一套 API，在細粒度上描述各個對象。一般而言，一個對象對應著一個資料庫的表。服務層只是調用對象層的對象來進行相關操作。

- 服務對接 / 實現層：提供了服務的對接和具體實現。我們可以使用 EJB 來實現。

- Web 層（公共服務代理層和門戶層）：使用者透過門戶層訪問雲端服務。我們可以使用 JSP/Servlet 和 portal 來實現門戶層。

- 客戶層：使用 Web 2.0 技術提供動態互動功能。

下面我們闡述各層使用的平台和在各層上的開發工具。

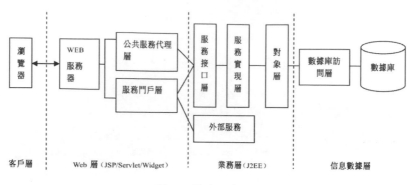

圖 5-2 服務層次圖

Web 伺服器包含 HTTP 伺服器和應用伺服器。市場上有收費的伺服器軟體和開源的伺服器軟體。收費的應用伺服器有：IBM WebSphere 、 Oracle Weblogic 、 Sun Java System Application Server 等等。收費的 HTTP 伺服器有 Microsoft IIS 等。下面我們介紹開源 Web 伺服器。至於商業的應用伺服器軟體，讀者可以訪問各個公司的網址來獲得。

1.Apache HTTP 伺服器

Apache 起初由 Illinois 大學 Urbana-Champaign 分校開發。此後，Apache 被開放原始碼團體的成員不斷的發展和加強。超過半數的網際網路站在使用 Apache HTTP 伺服器。其中包含了很多熱門和訪問量很大的網站。Apache HTTP 伺服器的穩定性和可靠性不比商業產品差。

Apache 支持 PHP 、 Python、Perl 等。值得提出的是，Linux、Apache、MySQL 和 PHP 的結合，使得客戶可以在開放原始碼上實施完整的企業軟體項目。

2.Tomcat

Tomcat 伺服器是一個免費的開放原始碼的 Web 應用伺服器。它是 Apache 軟體組織的 Jakarta 項目中的一個核心項目，由 Apache、Sun 和其它一些公司及個人共同開發而成。由於有了 Sun 的參與和支持，Tomcat 總能支持最新的 Servlet 和 JSP 標準。因為 Tomcat 是一個小型的輕量級應用伺服器，所以，我們推薦中小型系統（即並發訪問使用者不是很多）使用 Tomcat。Tomcat 也是開發和調試 JSP 程序的首選。

3.JBoss

JBoss 是一個運行 EJB 的 J2EE 應用伺服器。它也是開放原始碼的項目，遵循最新的 J2EE 規範。JBoss 核心服務不包括支持 JSP/Servlet 的 WEB 容器，一般與 Tomcat 一起使用。JBoss 本身採用面向服務的架構。JBoss 是目前非常流行的 J2EE 應用伺服器，能夠支持企業的關鍵業務。

4.Apache Axis

SOAP 是基於 XML 的通信協議和編碼格式，它用於應用程式之間的通信。SOAP 由 W3C 的 XML 協議工作組管理。SOAP 是跨平台、跨語言的 Web 服務的核心。

Apache Axis 是使用 Java 實現的 SOAP Engine，可以用來構造 SOAP 處理器（如客戶端、伺服器端等）。除了提供 SOAP Engine 的功能外，它支持 WSDL，並能根據 WSDL 生成 Java 類別。Apache Axis 可以同 Tomcat 一起使用。

很多商業 Web 應用伺服器的 Web 服務引擎是基於 Apache Axis 的。比如：IBM WebSphere 的 Web 服務引擎是基於 Apache Axis 2。

同 Web 伺服器一樣，市場上有收費的資料庫軟體和開源的資料庫軟體。收費的資料庫軟體有：IBM DB2、Oracle、Microsoft SQL Server、Sybase 等等。開源的免費資料庫軟體有 MySQL、Apache Derby 等。

1.MySQL

MySQL 是一個開放原始碼的關係型資料庫管理系統，它可以處理擁有上千萬條記錄的大型資料庫。由於其體積小、速度快、總體擁有成本低，尤其是開放源碼這一特點，許多中小型網站選擇了 MySQL 作為網站資料庫。MySQL 支持 AIX、HP-UX、Linux、Solaris、Windows 等多種操作系統。支持的程式語言包括 C、C++、Eiffel、Java、Perl、PHP、Python、Ruby 和 Tcl 等。MySQL 提供多語言支持，常見的編碼如中文的 GB2312、BIG5 等都可以用作表名和列名。MySQL 提供 ODBC 和 JDBC 等多種資料庫連接途徑。MySQL 還提供用於管理和優化資料庫操作的管理工具（如資料庫備份）。

目前 Internet 上流行的網站構架方式是 LAMP（Linux + Apache + MySQL

+ PHP），即使用 Linux 作為操作系統，Apache 作為 Web 伺服器，MySQL 作為資料庫，PHP 作為伺服器端腳本解釋器。由於這四個軟體都是遵循 GPL 的開放源碼軟體，因此使用這種方式不用花一分錢就可以建立起一個穩定、免費的網站系統。下面是用 PHP 編寫的一個訪問 MySQL 資料庫中的零售店表的例子程序。讀者可以體會 PHP+MySQL 的簡單和快速：

```
<html>
<body>
<?php
$db = mysql_connect("localhost", "root");
mysql_select_db("mydb", $db);
$result = mysql_query("SELECT * FROM retailers", $db);
if ($myrow = mysql_fetch_array($result)) {
do {
printf("<a href=\"%s?id=%s\">%s %s</a><br>\n",
$PATH_INFO, $myrow["id"], $myrow["name"], $myrow["address"]);
} while ($myrow = mysql_fetch_array($result));
} else {
echo " 對不起，沒有找到記錄！ ";
}
?>
</body>
</html>
```

2. 商業資料庫伺服器

開源資料庫軟體尚不能完全提供商業資料庫產品的功能。比如：許多商業資料庫產品都允許使用者自定義數據類型，但 MySQL 目前還不支持這種做法；MySQL 還不能很好地處理 XML 數據；MySQL 從 5.0 版本開始支持儲存過程和觸發器，但它的這些功能還不成熟（尤其是在觸發器方面）等等。

市場上有很多商業資料庫產品，如 IBMDB2、Oracle、微軟 SQL Server、Sybase 等等。選擇資料庫產品和應用規模、客戶對象、運行環境等息息相關。比如：如果你選擇 UNIX 伺服器，那麼你就不能選擇 SQL Server，因為它只能運行在 Windows 平台上。簡單地說，你可以從以下方面來考慮：

- 資料庫大小限制、支持的數據類型、支持的 SQL 標準；比如，能否存放 2T 數據？能否支持 XML 數據類型？支持 SQL99 標準？支持 SQL2006 標準？

- 資料庫產品的價格；

- 資料庫連接和並發；比如，能否支持 JCC 連接？能否支持大量使用者的並發訪問？

- 管理和維護的的簡便性；比如，是否有技術團隊來管理和維護？資料庫備份和恢復是否簡便？

J2EE 平台是當前主流的平台之一，它具有以下優勢：

1. 支持異構環境：J2EE 能夠開發布署在異構環境中的可移植程序。基於 J2EE 的應用程式不依賴任何特定操作系統、中間件、硬體。因此，基於 J2EE 的程序只需開發一次就可布署到各種平台。這對於異構的雲端計算平台是十分關鍵的。

2. 可伸縮性：雲端計算平台需要很好的可伸縮性去滿足那些在他們平台上進行商業運作的大批新客戶。基於 J2EE 平台的應用程式可被布署到各種操作系統上。例如可被布署到高端 UNIX 與大型機系統，這種系統單機可支持 64 至 256 個處理器。J2EE 具有負載平衡策略，能消除系統中的瓶頸，允許多臺伺服器集成布署，這種布署可達數千個處理器，實現可高度伸縮的系統，滿足未來商業應用的需要。這都是雲端計算平台所必須具有的。

3.J2EE 使用多層的分佈式服務模型。我們按功能劃分為多類服務，各個服務根據他們所在的層分佈在不同的機器上。個多層化的結構能夠為不同種服務提供一個獨立的層，以下是 J2EE 典型的四層結構：

- 運行在客戶端機器上的客戶層

- 運行在 J2EE 伺服器上的 Web 層（主要是門戶服務）

- 運行在 J2EE 伺服器上的業務邏輯層（企業服務）

- 運行在資料庫伺服器上的資訊層

J2EE 體系結構包含了四個容器（container）：

- EJB 容器：EJB 通常被用來完成企業業務邏輯。EJB 容器就是 EJB 的運行環境。EJB 容器運行在應用伺服器上。

- Web 容器：這個容器是 JSP 和 Servlet 的運行環境。JSP 和 Servlet 響應

HTTP 請求。Web 容器也運行在應用伺服器上。

- 應用客戶端容器：這個容器是標準 Java 應用程式的運行環境。Java 應用程式可以訪問在 EJB 容器中的 EJB 組件。應用客戶端容器運行在客戶機器上。

- Applet 容器：這個容器是 Applet 的運行環境。這個容器運行在客戶機器的 Web 瀏覽器中。

圖 5-3 描述了這些容器之間的調用關係（我們加入了資料庫來描述整個過程）：

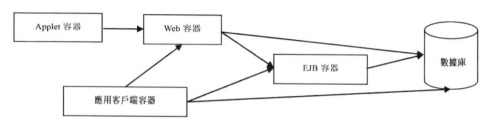

圖 5-3 容器之間的關係

當然，一個系統未必要使用所有的容器。在一些老的 Web 應用系統上，它們只使用了 Web 容器，所有的業務邏輯和資料庫操作都在 Web 容器中完成。在中網雲端計算平台上，主要使用了 Web 容器和 EJB 容器，前一個容器完成介面，後一個容器完成業務邏輯和數據操作。

另外，J2EE 以容器的形式為各層提供了基礎服務（如 JNDI、資料庫連接池等），從而開發人員可以集中於服務（包括企業業務和門戶服務）的開發。如圖 5-4 所示，JSP 和 Servlet 運行在 Web 容器內，而 EJB 運行在 EJB 容器內。

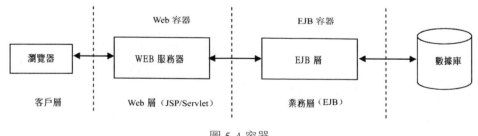

圖 5-4 容器

EJB 實現了業務邏輯，Web 層和客戶層集中於介面的呈現。Web 層不必關心如何訪問資料庫，如何實現業務規則等。EJB 是可移植的組件。開發人員可以根據現有的 EJB 來建立新的應用系統。

開發 J2EE 的工具很多，有開源的開發工具，如 Eclipse。這些工具一般都提供了嚮導（wizard）、上下文幫助、可視化工具、代碼自動生成功能等，從而幫助開發人員快速、準確地開發應用程式。現在的 J2EE 工具不僅僅幫助開發人員開發應用程式，而且都集成了測試環境。

在本書中，我們使用 IBM Rational Application Developer（簡稱 RAD）開發工具。RAD 基於 Eclipse 平台，其介面和使用風格同 Eclipse 非常類似。RAD 不僅支持 IBM WebSphere，而且還支持 Apache Tomcat、JBoss、WebLogic、JOnAS 等。在資料庫上，RAD 除了支持 IBM DB2，還支持 Apache Derby、MS SQL Server、Oracle、Sybase、SAP MaxDB、MySQL 等。在 RAD 上安裝補丁也非常容易，只要運行 Installation Manager 即可。該軟體自動到網際網路上檢測新的補丁並讓使用者選擇安裝。

J2EE 平台上的主要開發語言當然是 Java 語言，它是一個面向對象的語言，其語法格式同 C++ 類似。同 C++ 不同，Java 程序並不直接編譯為一個可執行的二進制代碼程序，而是一個中間的代碼（.class）。然後，這些代碼被運行在 Java 虛擬機上。正是因為這個機制，Java 能夠非常容易地在不同操作系統上運行。

如果你不想安裝和配置 Web 應用伺服器，那麼，你可以使用 PHP 作為 Web 伺服器開發工具（PHP 運行在 Web HTTP 伺服器上，而不是 Web 應用伺服器上）。如果你打算使用 Web 應用伺服器，那麼你可以使用 ASP、JSP、Servlet 等。

1.PHP

PHP 是一種易於學習和使用的 Web 伺服器端腳本語言。PHP 是開源軟體，並能運行在不同的 HTTP 伺服器（如 Apache、IIS 等）上，也可以運行在大多數的 Unix 平台、Linux 平台和微軟 Windows 平台上。開發人員使用 PHP、MySQL 和 Apache HTTP 伺服器就可以建立一個複雜的網上系統，如網上購物商店。中網雲端計算平台曾經使用如圖 5-5 所示的 PHP 和 HTML 為客戶提供了一個網上商店的功能。

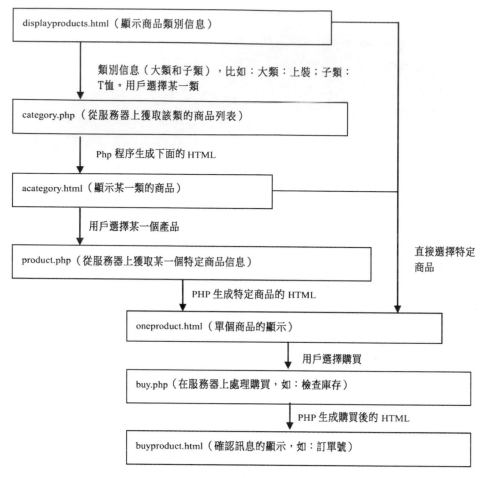

圖 5-5 網上商店示意圖

　　PHP 本身的代碼格式同 C/C++ 類似。熟悉 Java 的開發人員可能更願意使用 JSP/Servlet 來進行伺服器端的編程。PHP 消耗的資源較少，本身也不需要 Web 應用伺服器，這使得很多著名的網站（如新浪）都在使用 PHP。

2.Servlet

　　Servlet 和 JSP 是 Web 伺服器上的編程腳本。它們都屬於 Web 應用程式（或 Web 組件）的組成部分。每個 Servlet 本身是一個擴展了 javax.servlet.http. HttpServlet 的 Java 類別，在 Web 容器（有時也稱為 Servlet 容器或 Servlet 引擎）中運行。在 Servlet 中，開發人員需要重載 doPost (HttpServletRequest request，HttpServletResponse response) 和 doGet (HttpServletRequest request，HttpServletResponse response) 方法來處理不同類型的 HTTP 請求。Servlet 通常從 HTTP 請求中獲得數據，在後臺執行某些處理（如調用 EJB、查詢資料庫），並將結果透過一個 HTTP 響應（或 JSP）返回給客戶端。

如圖 5-6 所示，在 J2EE 平台上，所有 Web 組件其實都基於 Servlet。JSP 和其他技術都是為了方便 Web 應用的開發和維護而產生的。

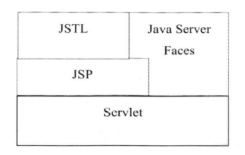

圖 5-6 Web 組件

在 Web 應用的架構中，Web Server 位於抽象級別的最底層，直接處理 Http 請求和響應；Servlet 在 Web Server 之上，具有會話管理、生命週期管理、基本的錯誤處理等功能；在 Servlet 之上，就是 JSP 了，得益於它的可擴展的模板機制，JSP 在抽象層次上比 Servlet 更上了一層樓；再往上是 JSF。JSF 包含使用者介面組件、事件模式以及前臺介面和後臺業務邏輯的集成等。

下面是 Web 應用程式中的幾個重要類別：

- HttpServlet(extends Servlet)：這是處理 Web 請求的入口。這個類別上的 doGet() 和 doPost() 調用相應的業務邏輯，並返回結果到客戶端。

- HttpRequest(extends Request)：提供了 API 來處理請求中的數據。

- HttpResponse(extends Response)：提供了 API 來建立一個響應。

- HttpSession：在會話期間需要保存的數據。

- RequestDispatcher：調用另一個 Servlet。

讀者可以參考 Servlet 書籍來學習怎麼開發 Servlet。Servlet 的監聽器

（listener）、Servlet 過濾器（filter）、Servlet 的上下文（context）等都是 Servlet 的幾個重要的對象，讀者需要特別注意。

3.JSP、JSPX 和 JSTL

很多企業都在使用 JSP。如圖 5-7 所示，美國銀行的網上系統就是基於 JSP。

簡單地說，JSP 是一個伺服器端的腳本編程技術，是在網頁（HTML、XML、WML）內嵌入 Java 代碼（這些代碼放在 JSP 元素之內，JSP 元素可以是腳本或標籤，如在 <% 和 %> 之間放上 Java 代碼）。HTML/XML 是構造靜態頁面，而 JSP 腳本是構造動態數據。當 JSP 頁面被執行時，其中的 Java 代碼生成了動態的數據。另外，JSP 在第一次運行時（也可以在布署時）被編譯為 Servlet 後才運行。JSP、Servlet 和服務層可以很好地實現 MVC 模型：

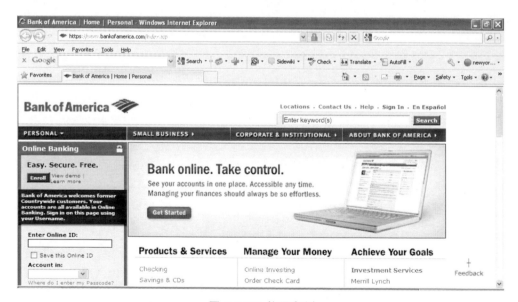

圖 5-7 JSP 使用實例

- M（Module，模型）：在這裡代表服務層，實現了業務操作（如訂貨服務）。

- V（View，視圖）：就是顯示數據和接收數據的介面（也叫表示層）。JSP 就是完成 V 的功能。JSP 顯示業務數據，或者將輸入的新數據透過下面的 C（控制器）傳遞給 M（即服務層）。

- C（Controller，控製器）：一般是一個 Servlet。當使用者在 JSP 頁面上輸入新數據並單擊保存按鈕時，JSP 調用充當控製器的 Servlet。該 Servlet 調用服務，最後選擇另一個 JSP 來顯示調用後的頁面（透過 RequestDispatcher 完成）。將 C 和 V 分開的重要好處是使得表示層的開發人員只完成介面的顯示，而將流程控制交給 C 來處理。

將表示層和業務層分開的另一個好處是適應當前不同的顯示設備。如電腦和手機。針對不同的設備，可以提供不同的顯示介面，但是後面的業務層是相同的。

對於 JSP 的開發，我們現在要求避免在 HTML 上嵌入大量的 Java 代碼。其中一個解決方案是使用 JSP 標籤庫，如 JSTL。

最近幾年來，越來越多的開發人員使用 JSF 來完成介面開發。我們在下面介紹 JSF。

4.JSF

當我們開發 Java 的桌面應用程式時，我們通常編寫一些事件處理代碼，即當某一個介面（UI）事件發生時，相關的事件處理代碼就會被觸發。很多開發人員都非常熟悉這種開發模式。對於在瀏覽器上的 Web 應用程式，使用者介面是透過 HTML 提供的，HTML 本身的請求 - 響應模式並不提供事件驅動功能。JSF 就是幫助我們實現從請求模式到事件驅動模式的轉換。

JSF（JavaServer Faces）是 Java Web 應用的使用者介面框架，它提供了一種以組件為中心的使用者介面（UI）構建方法，從而簡化了 Java Web 應用程式的開發和維護。JSF 引入了基於組件和事件驅動的開發模式，使開發人員可以使用類似於處理傳統介面的方式來開發 Web 應用程式。JSF 不用特別的腳本語言或者標記語言來連接 UI 組件和 Web 層。JSF API 是在 Servlet API 的頂端。

JSF 包括 UI 組件、事件驅動和 Managed Bean 等等。JSF 對 Web 應用開發的簡化，可以概括為四個方面：

- JSF 提供了一組伺服器端的使用者介面組件，這些組件是可重用的，程序員可以利用這些組件方便地構建 Web 應用的使用者介面。比如，在構建一個網頁時，開發人員只需簡單地從面板中拖放一個個使用者介面組

件到網頁上;

- 利用 JSF,在使用者介面組件和業務邏輯之間傳遞數據將變得非常簡單。JSF 允許 UI 組件直接綁定到數據模型;

- JSF 可以維持使用者組件的狀態,並且可以將狀態從一個請求傳遞到另一個請求;

- JSF 允許程序員非常容易地開發自定義的使用者介面組件,而且這些自定義使用者介面組件同樣可以被重用。

UI 組件是 JSF 最具特色的組成部分。與桌面程序的 UI 組件不同的是,JSF 的 UI 組件是伺服器端的。但是,在 JSF 框架的支撐下,這些伺服器端的 UI 組件,在程序員看來和桌面程序的 UI 組件沒什麼不同。開發人員可以拖動一個 UI 組件到頁面上。另外,還可以把組件的值和後臺 Javabean 的屬性進行簡單的綁定,就得到了所有需要的程序行為。透過使用 JSF,頁面顯示和後臺數據的同步、使用者輸入的轉換、數據的有效性驗證、錯誤資訊的提示以及 UI 組件狀態的保存和恢復,所有這一切不需要寫任何代碼了。

JSF 的另一個特色是它的數據組件。數據組件實際上包括兩個組件,一個是 UIData,一個是 UIColumn。JSF 將數據表看成是由若干個列組成的一個表格,而行的數目取決於數據源中數據的條數。數據組件不是直接從資料庫中取得數據,而是透過一個 Javabean 以 resultSet 的形式傳遞給數據組件。在 JSP 中,開發人員需要寫上若干行腳本程序實現這個,而在 JSF 中,這和生成一個文本輸入框一樣容易。JSF 數據組件的用途並不限於顯示資料庫表的內容,實際上,所有實現了 List 對接的對象都可以成為數據組件的數據源,這給 Java 的 Web 編程帶來了極大的便利。

在面向對象(OO)中的事件,是對象通信的一種機制,對象透過響應彼此的事件相互協調一致。JSP 沒有事件,所以 JSP 的代碼需要程序員自己去協調,什麼時候執行什麼代碼,往往讓程序員大費周章。JSF 把代碼片段交給 JSF 去管理,程序員就可以集中精力編寫業務邏輯了。在 JSF 裡,有四類事件:

- 值改變事件:當使用者在輸入框中輸入數據後發生;

- 動作事件:當使用者提交 Form 時發生;

- 數據模型事件：當數據表的某行被選中時發生；

- 生命週期事件：當生命週期從一個階段進入另一個階段時發生。

除了生命週期事件，其他事件都是桌面程序中大家所熟知的，而生命週期事件可以想像成視窗事件，例如視窗的生成、關閉、激活等等。

我們建議 JSP 的開發人員把重心放在 JSF 上。JSF 的開發人員只要弄懂各個 UI 組件的功能和屬性，各類事件的含義以及應該如何響應這些事件，以及 JSF 可配置的頁面導航機制，就掌握了 JSF 的核心技術。JSF 開發人員透過在一個頁面中裝配一些可重複使用 UI 組件，並把這些組件與應用程式的數據源連接起來，可把客戶端產生的事件與服務端事件處理者連接起來，就可以開發一個 JSF 程序。我們在後面章節詳細講解 JSF。

5.JavaBean

從開發人員的角度看，JavaBean 就是滿足一定規則的 Juvu 類別。這些規則是：

- JavaBean 類別必須有一個沒有參數的構造函數；

- JavaBean 類別所有的屬性最好定義為私有的；

- JavaBean 類別中定義函數 setXxx() 和 getXxx() 來對屬性進行操作。其中 Xxx 是首字母大寫的私有變量名稱。

JavaBean 經常與 JSP 一起使用來實現業務邏輯和前臺程序的分離。JSP 實現前臺程序部分，而 JavaBean 實現業務邏輯。這比單獨用 JSP 來實現整個系統具有更好的健壯性和靈活性。舉一個經典的購物籃程序。為了實現購物籃中添加一件商品的功能，開發人員就可以寫一個購物籃 JavaBean，裡面有一個 public 的 addItem 方法，用於添加使用者所選擇的商品。前臺 JSP 程序直接調用這個方法來實現。之後假定需求發生更改，在添加商品的時候需要判斷庫存是否有足夠的貨物，如果沒有足夠的貨物就不得購買。在這個時候，開發人員可以直接修改 JavaBean 的 addItem 方法，加入處理語句來實現。前臺的 JSP 程序就完全不用修改。

讀者要注意的是，在這裡討論的 JavaBean 與 EJB（ Enterprise JavaBean

，企業級 JavaBean）完全不同。EJB 是 J2EE 的核心。

在瀏覽器上，除了 HTML 之外，開發人員可以使用 JavaScript 提供動態的網頁。另外，市場上出現了很多基於 JavaScript 的開發工具（包），如 Ajax 等等。JavaScript 最大的麻煩是不同的瀏覽器使用不同的 JavaScript 方法和類別。有時，同一個瀏覽器的不同版本都不一樣。在程序中，經常有針對不同瀏覽器的不同代碼調用。

Ajax 是英文 Asynchronous JavaScript and XML（異步 JavaScript 和 XML）的縮寫。它的作用在於幫助 Web 程序在不刷新整個頁面的情況下以異步方式從伺服器上獲取數據。用過 Google 搜索的讀者可能會注意到，當你輸入一部分文字時（比如 java 的前兩個字元），Google 馬上出現一個下拉列表，其中包含了與這些字元可能匹配的項目（如 java、java download、jack in the box 等）。這就是 Ajax 的技術。當使用者輸入字元時，觸發了 Web 頁面上的 javaScript 程序，該程序發送一個 Ajax 請求（XMLHTTPRequest）到伺服器，伺服器處理請求並返回結果，最後 JavaScript 程序將結果顯示在網頁上。我們來看一個例子。

在 HTML 中，文本輸入框的 onkeyup 事件處理程序調用 getData() 函數：

<input id="name" type="text" size="32" onkeyup="getData(this，event)" />

其中對應的 JavaScript 函數 getData() 調用了 ajaxSendRequest() 來發送請求給伺服器：

```
function getData(inputControl, evt) {
……
ajaxSendRequest("GET", "getdata.php?input=" +
encodeURIComponent(inputControl.value), handleRequest);
……
}
```

在上述 ajaxSendRequest() 中，有一個使用者自定義的 handleRequest 函數，來處理 Ajax 請求所返回的結果。在 Ajax 中，把這類函數叫做回調（callback）函數。

從上述例子中，我們看到 JavaScript 程序獲取頁面上的數據，以 XML 文本的方式發送 Ajax 請求（XMLHttpRequest）對象到伺服器，伺服器端程序（如 PHP、Servlet 等）響應並以 XML 文本方式將結果返回給 JavaScript 程序。

JavaScript 程序處理由伺服器返回的結果數據，或者動態修改 HTML 元素，或者動態修改 CSS（比如高亮無效數據）。圖 5-8 顯示了瀏覽器和伺服器之間的 Ajax 互動機制。

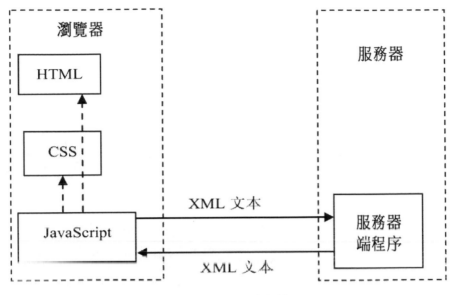

圖 5-8 Ajax 互動機制

Ajax 是 JavaScript 和 XML 的結合，是幾項技術的合成。以下是 Ajax 的特徵：

- 運用 XHTML 和 CSS 實現基於各種標準的顯示。

- 運用文件對象模型（Document Object Model）實現動態顯示和互動。

- 運用 XML 和 XSLT 實現數據交換和操作。

- 運用 XMLHttpRequest 實現異步數據檢索。

- JavaScript 將所有這些綁定到一起。

Ajax 也是 Web 2.0 程序的一個關鍵組件，例如：Flickr、Gmail 等都在使用 Ajax。Google 地圖使用 Ajax 對接。中網雲端計算平台大量使用了 Ajax 技術，比如：當使用者輸入使用者名時，中網的 Ajax 代碼訪問伺服器並檢查該使用者名是否已經存在。巨正環保雲端平台也大量使用了 Ajax。

1.Dojo

Dojo 是一個強大的面向對象 JavaScript 框架。主要由三大模塊組成：Core、Dijit、DojoX。Core 提 供 Ajax、events、packaging、CSS-based querying、animations、JSON 等相關操作 API。Dijit 是一個基於模板的 Web UI 控件庫。DojoX 包括了一些新穎的代碼和控件：DateGrid、charts、離線應用、跨瀏覽器矢量繪圖等。巨正環保雲端平台和中網雲端計算平台都使用了 Dojo 來提供靜態和動態的圖表功能。

2.Applet（小應用程式）

Applet 是在瀏覽器中的 Java 虛擬機中運行。Applet 不允許訪問運行機器的文件系統，而且只允許連接回它所在的伺服器。

企業業務就是雲端服務。我們建議在 J2EE 平台上使用 EJB 來實現企業業務，如圖 5-9 所示。透過 EJB，我們可以用 Java 實現基於組件的分佈式應用系統。客戶透過瀏覽器訪問網頁，其中的 JSP/Servlet 調用 EJB 來完成真正的業務處理。EJB 本身接收外部數據，處理數據並保存數據到資料庫上（透過使用 Java Persistence API 的實體類別完成）。EJB 也透過 Java Persistence API 的實體類別從資料庫中查詢數據並返回給前端程序（如 JSP/Servlet）。在 EJB 3.0 中，分為兩類 EJB：會話 EJB 和消息驅動 EJB。

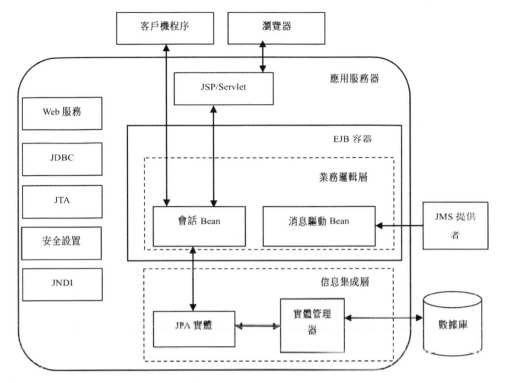

圖 5-9 EJB 3.0 體系結構

J2EE 提供了 annotation（註釋）來聲明資源引用。如果 Web 組件中使用數據源（Datasource）、Web 服務等對象，那麼，你可以使用 annotation 來將這些資源引用到你的 Web 組件中（需要注意的是，JSP 或 JavaBeans 不能使用 annotation，但是你可以在 servlet 中使用）。從開發的角度看，EJB 3.0 代碼就是普通的 Java 代碼加上註釋，如：

- @Stateful：指定一個有狀態會話 bean。一般是跨越多個客戶請求的服務。如：購物籃。

- @Stateless：指定一個無狀態會話 bean。一般是針對一個客戶請求的服務。如：登錄服務。

- @MessageDriven：指定一個消息驅動 bean。

在版本 3.0 之前的 EJB 有更多的系統開銷，並且開發非常複雜。在 EJB 3.0 中，實體 EJB 被 JPA 實體替代，而且 JPA 實體類別就像常規的 Java，不需要從前的 home 對接了。中網雲端計算平台 1.0 版本並沒有使用 EJB，而是自己開發服務對接和實現服務，如圖 5-10 所示。中網雲端計算平台 2.0 版本就採用了 EJB 方式。

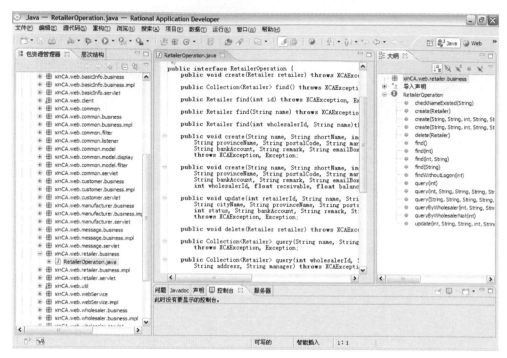

圖 5-10 中網雲端計算平台版本 1.0 服務類別實例

我們在後面章節詳細講解 Java Persistence API 和 EJB。

正如我們在前面幾章中闡述的，ESB 提供了服務請求者和服務提供者之間的連接，如圖 5-11 所示。

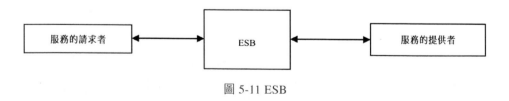

圖 5-11 ESB

ESB 提供了在請求者和提供者之間的鬆散互動。請求者只需要獲得提供者非常少的資訊（如服務名稱），ESB 來處理剩餘的操作（如將請求轉化成提供者所要求的數據格式）。從而，請求者和提供者無需考慮太多的對接問題。

市場上有一些商業 ESB 產品，如 IBM WebSphere ESB；也有一些開源 ESB 產品，如 Open ESB。微軟公司的 .NET 服務也實現了 Internet 服務總線的一些功能，可以提供給雲端計算平台使用。微軟的 .NET Services 由訪問控制、服務總線和工作流三個模塊組成。

我們在這裡介紹 Open ESB，讓讀者瞭解 ESB 的基本原理。Open ESB 是一個免費軟體，它提供了面向服務體系（SOA）的方法來構建應用程式。Open ESB SDK 的核心是 Java 商業集成（JBI）技術。Open ESB 不僅遵循全球性服務協作所需要的標準，並且在架構上將易變的部分（policy）和不易變的部分（business logic）分開，讓系統實施人員只是關注自己的相關內容。Open ESB 包含了一組可插拔的組件容器，這些容器用於集成不同類型的 IT 資產（asset）。容器之間透過內存中的消息總線連接起來，該消息總線叫做「規範化消息路由器」（Normalized Message Router，NMR），也叫做 JBI（Java Business Integration）總線。Open ESB 使用基於抽象 WSDL 的標準化消息交換模式（Message Exchange Patterns，MEP）進行 XML 消息交換。在與外部系統交換資訊時，Open ESB 使用 NMR 把消息透過綁定的組件容器傳遞給客戶程序。如果通信完全在 JBI 環境內，就不需要協議轉換、消息序列化和消息規範化，因為所有的消息已經被規範化，符合標準的 WSDL 格式。

除了 Open ESB 之外，還有其他一些 ESB 產品，如 JBoss ESB、WSO2 ESB 等。

如果你是使用 J2EE 平台開發的雲端服務，那麼，你最終要將所有的 JSP、Servlet、EJB、HTML、布署資訊等組合成一個 EAR（Enterprise Archive）文件。EAR 是一個以 .ear 為後綴的 JAR（Java Archive）文件。該 EAR 文件可以被布署到任何與 J2EE 平台兼容的系統上。透過 EAR 文件，我們可以將一個雲端服務集合組合成不同的子集，來為客戶提供不同的雲端服務。圖 5-12 描述了一個 EAR 文件可以包含 0 到多個的下述組件：

- Web 組件：以 .war 為後綴的 WAR 文件。包含了 HTML、CSS、JSP、Servlet、圖、portlets（如果是一個 portal 應用的話）和 Java 類別等文件。每個 Web 組件都定義了一個上下文根。另外，Web 組件中包含了布署描述文件 web.xml。

- EJB 組件：以 .jar 為後綴的 EJB JAR 文件，包含了 EJB 組件的對接和實現類別、使用 JPA 實現的實體、布署文件（ejb-jar.xml）等。在 ejb-jar.xml 文件中的 EJB 布署資訊也可以使用註釋（annotation）在 Java 類別中指定。

- 應用程式客戶機組件：包含了應用程式客戶機（非 Web）代碼，這些代碼可以訪問應用伺服器上的資源（如透過 JNDI 訪問 EJB）。它是一個以 .jar 為後綴的應用客戶機 JAR 文件。

- 資源適配器組件：以 .rar 為後綴的資源適配器歸檔文件。透過資源適配器，程序可以訪問後臺的資源。

- 工具（utility）庫：以 .jar 為後綴的 JAR 文件。EJB 和 Servlet 使用這些工具。比如：中網雲端計算平台使用 log4j 來提供日誌服務。這裡的 log4j 是一個工具庫。

從圖 5-12 看出，WAR 有自己的布署描述，EAR 有自己的布署描述。從 J2EE 5 開始，你也可以使用註釋（annotation）來替代布署描述。

一個 WAR 文件指定了一個 URL 根（即上下文根），所有 WAR 文件內的內容都布署到這個根下。當 Web 應用伺服器接到一個 URL 請求，它就查看 URL 和資源的映射表，有些是靜態的（如 HMTL），另一些是動態的（如 JSP 和 Servlet）。JSP 或者 Servlet 往往調用其他組件（如 EJB）來完成業務邏輯處理。

如果有多個 WAR 文件的話，那麼，每個 WAR 具有一個不同的 URL 根。Web 應用伺服器接到一個 URL 請求後，根據 URL 的資訊來確定調用哪個 WAR，並檢查 WAR 的內容來確定調用哪個資源。WAR 包含了如下文件：

- /WEB-INF/web.xml：布署描述符。它不僅包含 URL 和 Servlet/JSP 的映射資訊，而且還包含了安全設定、監聽器、過濾器等資訊。

- /WEB-INF/classes/*：Web 應用模塊所用到的類別。

- /WEB-INF/lib/*：Web 應用模塊所用到的庫文件。

- /*.html、/*.css 等：所有可以直接訪問的資源，如 HTML、CSS、JSP、圖片文件等。

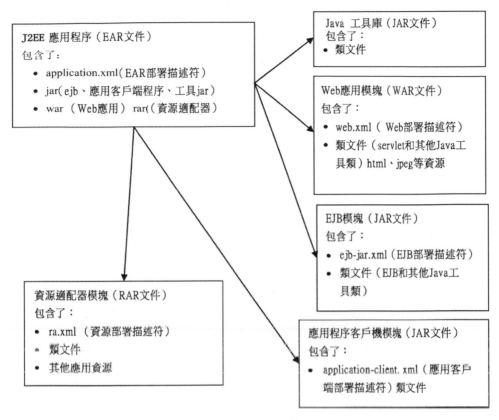

圖 5-12 EAR 文件

我們以 RAD 工具為例，講述生成 EAR 文件的步驟。我們假定中網的雲端計算平台運行在 IBM WebSphere 上。在 RAD 開發工具中，有一些 XML 文件來描述如何布署雲端服務。我們需要確保 Web 布署描述符資訊是正確的：Servlet/JSP 同 URL 的映射，偵聽器和過濾器的設定等等（如圖 5-13 所示）。然後，右擊 xinCAEAR，選擇「導出」→「EAR 文件」（如圖 5-14 所示）。在完成導出後，目標目錄下就會出現一個後綴為 ear 文件。

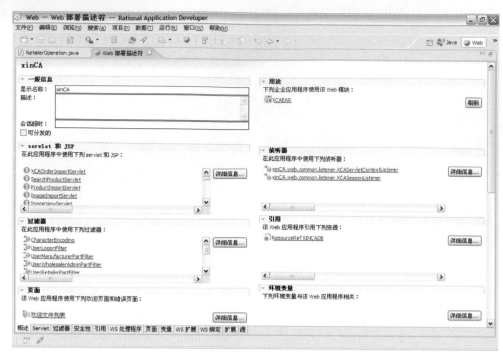

圖 5-13 URL 映射

圖 5-14 導出 EAR

在生成 EAR 文件之後，你就可以在 Web 應用伺服器上布署雲端服務了。

Chapter 6
雲端儲存

從本章節你可以學習到：

❖ Apache Hadoop

❖ 虛擬儲存管理器

❖ 硬體虛擬化

雲端計算是指基於網際網路的超級計算模式,將計算任務分佈在由大規模的數據中心或大量的計算機集群構成的資源池上。有時,雲端計算採用虛擬化技術將一臺伺服器當做 N 臺伺服器來使用,以提高設備利用率。雲端計算使得各種應用系統能夠根據需要獲取計算力、儲存空間和各種軟體服務,並透過網際網路將計算資源以按需租用方式提供給使用者。資源一般由第三方提供商提供和運作,提供商往往擁有數個基礎牢固的數據處理中心(如環保行業,前期主要以各級環境資訊中心伺服器為主要物理資源),雲端計算的使用者按需購買計算能力。

以環保行業為例。數據中心儲存、管理和維護整個環保數據,基於統一的數據模型提供數據存取、數據查詢和報表影印等服務。數據中心包括空間資料庫、社會經濟資料庫、環境監測資料庫、環境管理資料庫、生態環境保護資料庫、城市建設與汙染源等多個資料庫。數據中心的實時數據大部分來自於監測設備上的實時獲取數據(如影片監控數據),為固定汙染源在線監測系統服務提供基本的數據支持。目前環保行業的待處理數據量很大,是一個海量數據,大量數據的儲存和快速訪問是一個大的問題。本章將闡述雲端計算的儲存,即雲端儲存。

6.1 Apache Hadoop

Apache Hadoop 是根據 Google 公司公開的資料開發出來的類似於 Google File System 的 Hadoop File System 以及相應的 Map/Reduce 編程規範。Apache Hadoop 也正在進一步開發類似於 Google 的 Chubby 系統以及相應的分佈式資料庫管理系統 BigTable 的功能。Hadoop 是開放源代碼,開發人員可以使用它來開發雲端計算應用,尤其是雲硬體平台。

Hadoop 實現了一個分佈式文件系統(Hadoop Distributed File System),簡稱 HDFS。HDFS 有著高容錯性的特點,並且用來設計布署在低廉的硬體上。它提供高吞吐量來訪問數據,適合那些有著大量數據的應用程式。HDFS 可以以流的形式訪問文件系統中的數據。

Hadoop 還實現了 MapReduce 分佈式計算模型。MapReduce 將應用程式的工作分解成很多小的工作塊。HDFS 為了做到可靠性，建立了多份數據塊的複製（Replicas），並將它們放置在伺服器群的計算節點中，MapReduce 就可以在它們所在的節點上處理這些數據。

Hadoop 原來是 Apache Lucene 下的一個子項目，它最初是從 Nutch 項目中分離出來的專門負責分佈式儲存以及分佈式運算的項目。簡單地說，Hadoop 是一個處理大規模數據的軟體平台，首先來看看 Hadoop 的整個歷史。

2004 年，最初的 Hadoop 版本（現在稱為 HDFS 和 MapReduce）是由 Doug Cutting 和 Mike Cafarella 開始實施的。2005 年 12 月，Nutch 移植到新的框架，Hadoop 在 20 個節點上穩定運行。2006 年 1 月，Doug Cutting 加入雅虎公司。2006 年 2 月，雅虎的網格計算團隊採用 Hadoop，並在同年 5 月建立了一個 300 個節點的 Hadoop 研究集群。2006 年 11 月，研究集群增加到 600 個節點。2007 年 1 月，研究集群達到 900 個節點。

2006 年 2 月，Apache Hadoop 項目正式啟動以支持 MapReduce 和 HDFS 的獨立發展。2006 年 4 月，標準排序（每個節點 10 GB）在 188 個節點上運行 47.9 個小時。2006 年 5 月，標準排序在 500 個節點上運行 42 個小時（硬體配置比 4 月的更好）。2006 年 12 月，標準排序在 20 個節點上運行 1.8 個小時、100 個節點 3.3 小時、500 個節點 5.2 小時、900 個節點 7.8 個小時。

2007 年 4 月，研究集群達到兩個 1000 個節點的集群。2008 年 4 月，Hadoop 贏得世界最快，1 TB 數據排序在 900 個節點上用時 209 秒。2008 年 10 月，研究集群每天裝載 10 TB 的數據。2009 年 3 月，17 個集群總共 24000 臺機器。2009 年 4 月，Hadoop 實現 59 秒內排序 500 GB（在 1400 個節點上）和 173 分鐘內排序 100 TB 數據（在 3400 個節點上）。

下面列舉 Hadoop 主要的一些特點：

- 擴展性強：能可靠地儲存和處理千兆字節（GB）數據。

- 成本低：可以透過普通機器組成的伺服器群來分發以及處理數據，這些伺服器群總計可達數千個節點。

- 高效率：透過分發數據，Hadoop 可以在數據所在的節點上並行地處理它們，非常的快速。

- 可靠性好：Hadoop 能自動地維護數據的多份複製，並且在任務失敗後能自動地重新布署計算任務。

淘寶、百度、騰訊和網易等網際網路公司都在使用 Hadoop。Hadoop 也被主流 IT 公司用作其雲端計算環境中的重要基礎軟體，如雅虎除了資助 Hadoop 開發團隊外，還在開發基於 Hadoop 的開源項目 Pig，這是一個專注於海量數據分析的分佈式計算程序。Amazon 公司基於 Hadoop 推出了 Amazon S3（Amazon Simple Storage Service），提供可靠、快速、可擴展的網路儲存服務，以及一個商用的雲端計算平台 Amazon EC2（Amazon Elastic Compute Cloud）。在 IBM 公司的雲端計算項目中，Hadoop 也是其中重要的基礎軟體。IBM 在加州的矽谷實驗室研發了以 Hadoop 為基礎的 Big Data 產品（http：//www.ibm.com/software/data/infosphere/hadoop/），很多資料庫廠商也在做 SQL Hadoop。

Hadoop 是由 HDFS、MapReduce、HBase、Hive 和 ZooKeeper 等組成，如圖 6-1 所示。其中，HDFS 和 MapReduce 是兩個最基礎、最重要的成員，其他子項目提供配套服務。

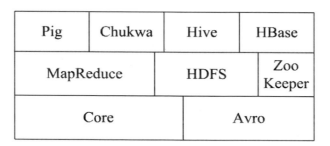

圖 6-1 Hadoop 的組成

表 6-1 描述了各個組件的功能。

HDFS 是 Google GFS 的開源版本，是一個高度容錯的分佈式文件系統，它能夠提供高吞吐量的數據訪問，適合儲存 PB 級的大文件，其原理如圖 6-2 所示。HDFS 採用 Master/Slave 結構；NameNode 維護集群內的元數據，對外提供建立、打開、刪除和重命名文件或目錄的功能；DataNode 儲存數據，併負責處理數據的讀寫請求。DataNode 定期向 NameNode 上報心跳，NameNode 透過響應心跳來控制 DataNode。

表 6-1 組件的功能

組件	功能
Core	提供了一系列分布式文件系統和通用I/O的組件和接口（序列化、Java RPC和持久化數據結構）
Avro	一種提供高效、跨語言RPC的數據序列系統，持久化數據儲存
MapReduce	分布式數據處理模式和執行環境
HDFS	分佈式文件系統
Pig	一種數據流語言和運行環境，用以檢索非常大的數據集。 Pig 運行 Map Reduce 和 HDFS的集群上
Hbase	一個分布式的、列儲存數據庫。HBase使用HDFS作為底層存儲，同時支持Map Reduce 的批量式計算和點查詢（隨機讀取）
ZooKeeper	一個分布式的、高可用性的協調服務。ZooKeeper提供分布式鎖等用於構建分布式應用
Hive	分布式數據倉庫。 Hive管理HDFS中存儲的數據，並提供基於SQL的查詢語言（在運行時引擎轉換成Map Reduce作業）用以查詢數據
Chukwa	分布式數據收集和分析系統，它使用Map Reduce來生成報告

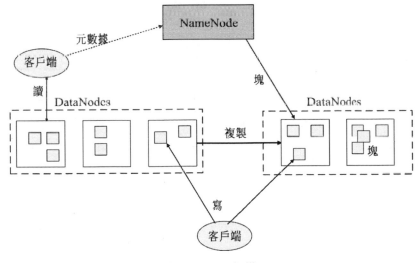

圖 6-2 HDFS 架構

如圖 6-3 所示，Map 負責將數據打散，Reduce 負責對數據進行聚集，使用者只需要實現 map 和 reduce 兩個對接，即可完成 TB 級數據的計算，常見的應用包括日誌分析和數據挖掘等。Hadoop MapReduce 的實現也採用了 Master/Slave 結構。Master 叫做 JobTracker，而 Slave 叫做 TaskTracker 。使用者提交的計算叫做 Job ，每一個 Job 會被劃分成若干個 Tasks 。JobTracker 負責 Job 和

Tasks 的調度，而 TaskTracker 負責執行 Tasks。

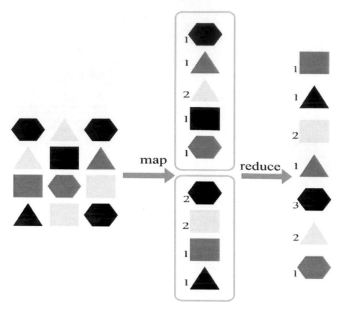

圖 6-3 map 和 reduce

Hadoop Map/Reduce 是一個軟體框架，基於它寫出來的應用程式能夠運行在由上千個機器組成的大型集群上，並以一種可靠容錯的方式並行處理上 T 級別的數據集。一個 Map/Reduce 作業（job）通常會把輸入的數據集切分為若干獨立的數據塊，由 map 任務（task）以完全並行的方式處理它們。框架會對 map 的輸出先進行排序，然後把結果輸入給 reduce 任務。通常，作業的輸入和輸出都會被儲存在文件系統中。整個框架負責任務的調度和監控，以及重新執行已經失敗的任務。

Map/Reduce 框架和分佈式文件系統通常是運行在一組相同的節點上的，也就是說，計算節點和儲存節點通常在一起。這種配置允許框架在數據節點上高效地調度任務，可以非常高效地利用整個集群的網路帶寬。Map/Reduce 框架由一個單獨的主（master）JobTracker 和每個集群節點一個次（slave）TaskTracker 共同組成。master 負責調度構成一個作業的所有任務，這些任務分佈在不同的 slave 上，master 監控它們的執行，重新執行已經失敗的任務；而 slave 僅負責執行由 master 指派的任務。

應用程式至少應該指明輸入 / 輸出的位置（路徑），並透過實現合適的對接或抽象類提供 map 和 reduce 函數，再加上其他作業的參數，就構成了作業配置（job configuration）。然後，Hadoop 的 job client 提交作業（jar 包 / 可執行程序等）和配置資訊給 JobTracker，後者負責分發這些軟體和配置資訊給 slave，調度任務並監控它們的執行，同時提供狀態和診斷資訊給 job client。還有一點要說明的是，Hadoop 框架是用 Java 實現的，但 Map/Reduce 應用程式則不一定要用 Java 來寫。

Hadoop Streaming 是一種運行作業的實用工具，它允許使用者建立和運行任何可執行程序（如 Shell 工具）來做為 mapper 和 reducer。HadoopPipes 是一個 C++ API，它也可用於實現 Map/Reduce 應用程式。

MapReduce 框架的核心步驟主要分成兩個部分：Map 和 Reduce。當你向 MapReduce 框架提交一個計算作業時，它會首先把計算作業拆分成若干個 Map 任務，然後分配到不同的節點上去執行。每一個 Map 任務處理輸入數據中的一部分，當 Map 任務完成後，它會生成一些中間文件，這些中間文件將會作為 Reduce 任務的輸入數據。Reduce 任務的主要目標就是把前面若干個 Map 的輸出彙總到一起並輸出。從高層抽象來看，MapReduce 的數據流如圖 6-4 所示。

Shuffle 是指從 Map 產生輸出開始，包括系統執行排序以及傳送 Map 輸出到 Reducer 作為輸入的過程。我們首先從 Map 端開始分析。當 Map 開始產生輸出時，它並不是簡單地把數據寫入磁碟，因為頻繁的磁碟操作會導致性能嚴重下降。它的處理過程更複雜，數據首先是寫入內存中的一個緩衝區，然後做了一些預排序，以提升效率。

MapReduce 的工作過程分為兩個階段：map 階段和 reduce 階段。每個階段都有鍵 / 值對作為輸入和輸出，並且它們的類型可由程序員選擇。程序員還具體定義了兩個函數：map 函數和 reduce 函數。圖 6-5 說明了利用 MapReduce 來處理大數據集的過程，將大數據集分解為成百上千個小數據集，每個（或若干個）數據集分別由集群中的一個結點（一般就是一臺普通的計算機）進行處理並生成中間結果，這些中間結果又由大量的結點進行合併，形成最終結果。

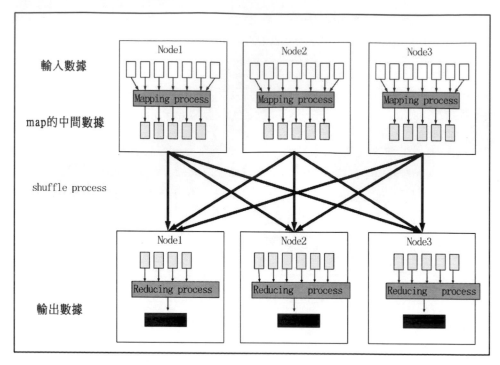

圖 6-4 MapReduce 高層數據流圖

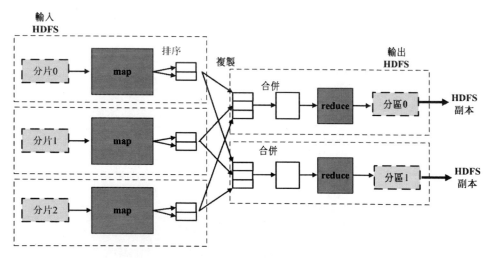

圖 6-5 多個 reduce 任務的 MapReduce 數據流

　　計算模型的核心是 Map 和 Reduce 兩個函數，這兩個函數由程序員負責實現，功能是按一定的映射規則將輸入的 <key，value> 對轉換成另一個或一批 <key, value> 對輸出，如表 6-2 所示。

表 6-2 Map 和 Reduce 函數

函數	輸入	輸出	說明
Map	<k1, v1>	List(<k2,v2>)	首先將小數據集進一步解析成一批<<key,value>對,輸入 Map 函數中進行處理。然後,每一個輸入的<k 1,v 1>會輸出一批<k2,v2>。 <k2,v2>是計算的中間結果
Reduce	<k2,List(v2)>	<k3,v3>	輸入的中間結果<k2,List(v2)>中的List(v2)表示是一批屬於同一個k2的值

以一個計算文本文件中每個單詞出現的次數的程序為例,<k1,v1> 可以是 <行在文件中的偏移位置,文件中的一行>,經 Map 函數映射之後,形成一批中間結果<單詞,出現次數>,而 Reduce 函數則可以對中間結果進行處理,將相同單詞的出現次數進行累加,得到每個單詞的總的出現次數。

基於 MapReduce 計算模型編寫分佈式並行程序並不難,程序員的主要編碼工作就是實現 Map 和 Reduce 函數,其它的並行編程中的種種複雜問題,如分佈式儲存、工作調度、負載平衡、容錯處理和網路通信等,均由 MapReduce 框架(如 Hadoop)負責處理,程序員完全不用操心。

Hive 是基於 Hadoop 構建的一套數據倉庫分析系統,它提供了豐富的 SQL 查詢方式來分析儲存在 Hadoop 分佈式文件系統中的數據。Hive 將數據儲存在數據倉庫中,透過自己的 SQL 去查詢分析數據內容,這套 SQL 簡稱 Hive SQL。它與關係型資料庫的 SQL 略有不同,但支持了絕大多數的語句,如 DDL、DML 以及常見的聚合函數、連接查詢、條件查詢。

如圖 6-6 所示,Hive 在 Hadoop 的架構體系中承擔了一個 SQL 解析的過程,它提供了對外的入口來獲取使用者的指令然後對指令進行分析,解析出一個 MapReduce 程序組成可執行計劃,並按照該計劃生成對應的 MapReduce 任務提交給 Hadoop 集群處理,獲取最終的結果。

以 xml 格式所生成的 Plan 計劃保存在 HDFS 文件系統中,共有兩份,一份保存在 HDFS 中(不刪除),一份保存在 HDFS 緩存區內,執行結束後會刪除。任務計劃由根任務與子任務構成,整個任務計劃可能會包含多個 MapReduce 任務和非 MapReduce 任務,一個 MapReduce 任務中的執行計劃也會包括多個子任務。當該 MapReduce 任務做為一個 Job 提交的時候,會根據執行計劃裡的任務流程進行 MapReduce 處理,然後彙總進行下一步操作。在整個任務的執行中，HiveSql 任務經歷了「語法解析→生成執行 Task 樹→生成執行計劃→分發任務→ MapReduce 任務執行任務計劃」的這樣一個過程。

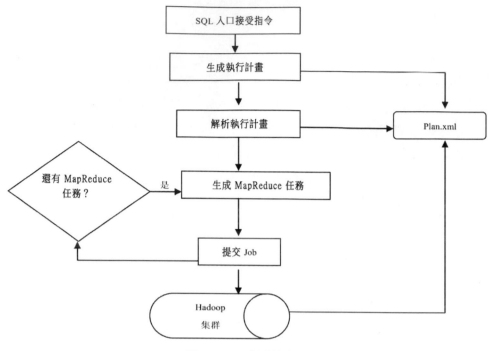

圖 6-6 Hive 任務流程圖

網際網路每時每刻都在產生數據，經過長期的積累，這些數據總量非常龐大。儲存這些數據需要投入巨大的硬體資源，但是如果能把已有空閒磁碟集群利用起來，就減少了硬體成本。分佈式儲存這種方案解決了這個問題。

HDFS 是一個開源的在 Apache 上的分佈式文件系統框架，它提供了命令行模式和 api 模式來操作。HDFS 文件系統布署在多節點上後，可以上傳任意的文件到 HDFS 中，無需關心文件究竟儲存在哪個節點上，只要透過 api 訪問文件即可（流操作）。

如圖 6-7 所示，我們可以在每臺數據節點上都布署上 Apache 伺服器，並發佈同樣的 Web 程序。當一個請求的數據發現在某個節點上時，我們只需要將 URL 重定向到節點所在的機器域名，就可以使得當前這個節點的 Apache 伺服器同瀏覽器建立連接，並直接發送數據。

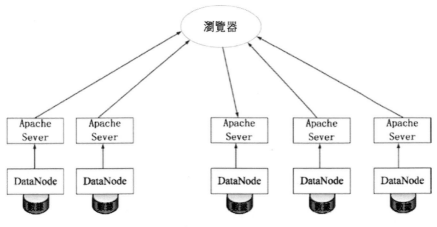

圖 6-7 HDFS

假設我們擁有 100 臺機器，每臺機器都布署了 DataNode 節點和 Apache Web 伺服器，對外提供一個固定的域名伺服器，客戶透過瀏覽器直接訪問的是該伺服器，在該伺服器上的程序接受來自瀏覽器的請求，透過調用 HDFS 的對接來判斷請求的文件所存放的節點是否為當前節點，如果不是，則根據得到的節點地址去重定向請求到儲存該文件的節點的 Apache 伺服器上。由於 HDFS 中默認切割塊為 64M，通常圖片文件大小不過幾 M，文件的存放就在一個 Block 中，如果 Block 數大於 1，因為瀏覽器不支持分段獲取數據，那麼需要直接從遠程將數據拉到一個對外伺服器上合併成完整的流，然後推送到瀏覽器中。整個流程如圖 6-8 所示。

NameNode 和 DataNode 被設計成可以在普通的機器上運行，這些機器一般運行著 Linux 操作系統。HDFS 採用 Java 語言開發，因此任何支持 Java 的機器都可以布署 NameNode 或 DataNode。由於採用了可移植性極強的 Java 語言，使得 HDFS 可以布署到多種類型的機器上。一個典型的布署場景是一臺機器上只運行一個 NameNode 實例，而集群中的其它機器分別運行一個 DataNode 實例。這種架構並不排斥在一臺機器上運行多個 DataNode，只不過這樣的情況比較少見。集群中單一 NameNode 的結構大大簡化了系統的架構。NameNode 是所有 HDFS 元數據的仲裁者和管理者，使用者數據不會流過 NameNode。

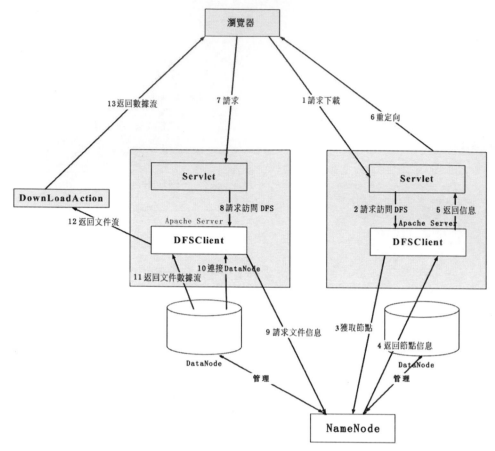

圖 6-8 讀數據流程

圖 6-9 描 述 了 客 戶 端 如 何 從 HDFS 中 讀 取 數 據。客 戶 端 透 過 調 用 DistributedFileSystem 對象的 open() 來打開文件（步驟 1）。

對於 HDFS 來說，這個對像是分佈式文件系統的一個實例。分佈式文件系統（DistributedFileSystem）透過使用 RPC 來調用名稱節點，以確定文件開頭部分的塊的位置（步驟 2）。對於每一個塊，名稱節點返回具有該塊的數據節點地址。此外，這些數據節點根據它們與客戶端的距離來排序（根據網路集群的拓撲）。如果該客戶端本身就是一個數據節點（比如在一個 MapReduce 任務中），便從本地數據節點中讀取。分佈式文件系統返回一個 FSDataInputStream 對象（一個支持文件定位的輸入流）給客戶端讀取數據。FSDataInputStream 轉而包裝了一個 DFSInputStream 對象。

接著，客戶端對這個輸入流調用 read() 操作（步驟 3）。儲存著文件開頭部分的塊的數據節點地址的 DFSInputStream 隨即與這些塊最近的數據節點相連接。透過在數據流中重複調用 read()，數據會從數據節點返回客戶端（步驟 4）。到達塊的末端時，DFSInputStream 會關閉與數據節點間的聯繫，然後為下一個塊找到最佳的數據節點（步驟 5）。客戶端只需要讀取一個連續的流，這些對於客戶端來説都是透明的。客戶端從流中讀取數據時，塊是按照 DFSInputStream 打開與數據節點的新連接的順序讀取的。它也會調用名稱節點來檢索下一組需要的塊的數據節點的位置。一旦客戶端完成讀取，就對文件系統數據輸入流調用 close() 操作（步驟 6）。

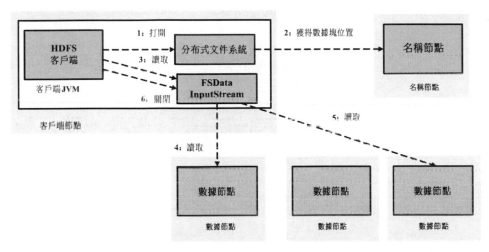

圖 6-9 客戶端從 HDFS 中讀取數據

圖 6-10 描述了客戶端對 HDFS 寫入數據。客戶端透過在分佈式文件系統（DistributedFileSystem）中調用 create() 來建立文件（步驟 1）。分佈式文件系統透過一個 RPC 去調用名稱節點，在文件系統的命名空間中建立一個新的文件（步驟 2），這時沒有塊與之相聯繫。名稱節點執行各種不同的檢查以確保這個文件不存在，並且客戶端有可以建立文件的適當的許可。如果這些檢查透過，名稱節點就會生成一個新文件的記錄；否則，文件建立失敗並向客戶端拋出一個 IOException 異常。分佈式文件系統返回一個文件系統數據輸出流，讓客戶端開始寫入數據。就像讀取一樣，文件系統數據輸出流控制一個 DFSOutputStream，負責處理數據節點和名稱節點之間的通信。在客戶端寫入數據時（步驟 3），DFSOutputStream 將它分成一個個的包，寫入內部的隊列，

稱為數據隊列。數據隊列隨數據流流動，數據流的責任是根據適合的數據節點的列表來要求這些節點為副本分配新的塊。這個數據節點的列表形成一個管線。我們假設這個副本數是 3，那麼有 3 個節點在管線中。數據流將包分流給管線中第一個的數據節點，這個節點會儲存包並且發送給管線中的第二個數據節點。同樣地，第二個數據節點儲存包並且傳給管線中第三個（也是最後一個）數據節點（步驟 4）。DFSOutputStream 也有一個內部的包隊列來等待數據節點確認，稱為確認隊列。一個包只有在被管線中所有節點確認後才會被移出確認隊列（步驟 5）。

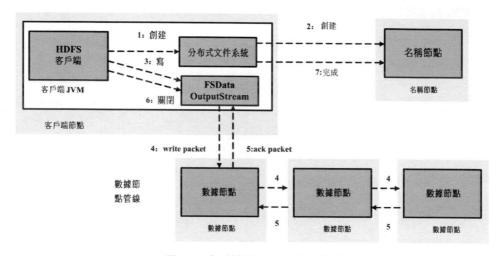

圖 6-10 客戶端對 HDFS 寫入數據

在一個塊被寫入期間，多個數據節點發生故障的可能性雖然有但很少見。只要 dfs.replication.min 的副本（默認為 1）被寫入，寫操作就是成功的，並且這個塊會在集群中被異步複製，直到滿足其目標副本數（dfs.replication 的默認設定為 3）。

客戶端完成數據的寫入後，就會在流中調用 close() 操作（步驟 6）。在向名稱節點發送完資訊之前，此方法會將餘下的所有包放入數據節點管線並等待確認（步驟 7）。名稱節點已經知道文件由哪些塊組成，所以它只需在返回成功前等待塊進行最小量的複製。

6.2 虛擬儲存管理器

在上一章中講述了 Hadoop，其中的 HDFS 對於雲端計算平台尤其重要。簡單地說，一是儲存快，二是讀寫快。Hadoop 處理海量數據和擴展性都特別好，再就是節省成本，可以用很低檔的機器達到好機器的作用。到現在為止，我們看到了兩類文件系統，一類是 HDFS，一類是操作系統提供的文件系統。未來可能還有其他的文件系統（如 GFS）。為了與不同的文件系統對接，在這些文件系統之上，雲端計算平台需要一個自己的儲存設備管理。

在巨正環保雲端平台上，管理員可以自定義一個或多個虛擬的設備來包含不同的文件系統和不同的儲存介質，並指定某些數據模型存放到某些虛擬設備上。系統自動在同一虛擬設備的不同物理設備之間切換。當一個文件系統用完時，系統自動切換到下一個可用的文件系統。當需要維護一個物理介質或文件系統時，可以暫停該文件系統或物理介質的使用。系統會自動使用虛擬設備中的其他可用文件系統或介質。根據不同的用途，可以定義歸檔設備、常規設備、複製設備等。在巨正環保雲端平台上，管理員可以建立、更新、刪除儲存容器（如圖 6-11 所示），設定容器的位置、狀態（如正常使用、禁用、只讀等）。容器是一個虛擬的設備，可以映射到一個文件系統的一個目錄下。

查看存儲容器

基本屬性

屬性名	值
名稱	TempContainer
描述	系统定义的临时容器
文件系統路徑	c:\temp　... *
狀態	正常
最大可用空間(MB)	953674
已经使用空間(MB)	0　获取最新使用量

删除　更新　帮助

圖 6-11 容器管理

管理員可以建立、更新、刪除儲存設備。一個設備包含一個或多個容器，可以設定設備的用途，如常規（保存文件）、歸檔（保存歸檔後的文件）、複製（保存另一份拷貝的設備）等。在使用者刪除一個文件後，該文件被放在刪除設備上。使用者可以設定刪除的規則，比如，保留 7 天後刪除。

6.3 硬體虛擬化

Hadoop 的 HDFS 是將一堆低檔的機器組合為一個虛擬的大型機器。有時，企業購買幾個大型機器來構築雲端計算平台；這時就需要硬體虛擬化的功能，在一個大型機器上裝上不同的系統。圖 6-12 顯示了使用 VMWare 實現硬體虛擬化。大約 20 個系統透過 VMware 共享一個 PC 伺服器。這些系統並不使用同一個操作系統，有些使用 Windows 2003 操作系統，另外一些在使用 Windows 2008 操作系統。因為硬體設施大多數時間可能處於空閒狀態，透過虛擬化可以提高硬體的使用效率。對於測試部門來説，可能需要在不同的環境下測試不同版本的產品，使用虛擬化就可以在少量的機器上完成多個環境的測試。

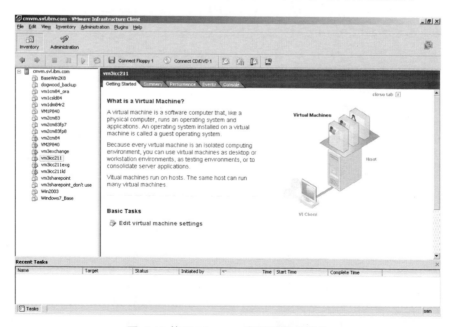

圖 6-12 使用 VMware 實現硬體虛擬化

透過虛擬機的方式提供硬體設施具有很多好處。由於虛擬機是一類特殊的軟體，能夠完全模擬硬體的執行，因此能夠在它上面運行操作系統，進而能夠保留一整套運行環境語義。這樣，可以將整個執行環境透過打包的方式傳輸到其他物理節點上，從而使得執行環境與物理環境隔離，方便整個應用程式模塊的布署。從總體上來說，透過將虛擬化的技術應用到雲端計算的硬體平台，可以獲得如下好處：

- 雲端計算的管理平台能夠動態地將計算平台定位到所需要的物理平台上，而無需停止運行在虛擬機平台上的應用程式。

- 能夠更加有效地使用機器資源，將多個負載不是很重的虛擬機計算節點合併到同一個物理節點上，從而關閉空閒的物理節點，達到節約電能的目的。

- 透過虛擬機在不同物理節點上的動態遷移，能夠獲得與應用無關的負載平衡性能。由於虛擬機包含了整個虛擬化的操作系統以及應用程式環境，因此在進行遷移的時候帶著整個運行環境，達到了與應用無關的目的。

- 在布署上也更加靈活，可以將虛擬機直接布署到物理計算平台當中。

總而言之，透過虛擬化的方式，雲端計算平台能夠極其靈活地滿足各類需求，而不使用虛擬化的硬體平台則會有很多的侷限。當然，硬體平台未必是一個或多個大型機器，也可以是一些小型機器的網路，各個小型機器分別完成部分功能。

Chapter 7
雲數據中心

從本章節你可以學習到：

❖ 數據模型管理器

❖ 資料庫訪問

❖ 雲數據的事務管理

由於數據源（如文件系統、關係資料庫、監聽埠等）的多樣性，企業應用程式常常涉及多個數據源間的數據存取。為了減少業務層的複雜性，便出現了資訊集成層。資訊集成層為業務層提供抽象對接。這一層的主要作用是，業務層無須知道底層具體的數據源，所有針對某個數據源的具體數據存取都在資訊集成層封裝並實現。業務對象並不需要知道在某一業務過程中，如何從數據源上存取數據。透過資訊集成層存取數據有很多好處，比如，可以實現數據的緩存、統一處理事務和存取異常處理等。資訊集成層解決了數據訪問問題，增強了系統靈活性和可維護性。

　　在業界，資訊集成層也叫內容管理層（或內容管理器，英文為 Content Manager），把各類數據統稱為「內容」。當一個企業或單位使用 ERP，CRM，SCM 系統管理業務流程的結構化數據時，卻逐漸陷入巨量增加的非結構化數據海洋中。原始文件（合約、證明、單據、報告、申請材料、統計報表、稅務報表、發票、專利文件）、圖像、電子郵件、網頁、影像、聲音、掃描文件、工程圖、記錄資料、示範文稿等，這些非結構化數據正在以每年 200% 的速度快速增加，而這些數據占據了企業或單位全部數據資訊的 80% 以上。企業應用程式往往只是抽取原始文件的數據並存放在資料庫中，而並不以原始文件為中心來管理，這樣的軟體越來越不能滿足當今企業或單位的需要。因此，內容管理的概念就提出來了。在內容管理器上，結構數據存放在資料庫中，而原始文件存放在文件系統中。內容管理伺服器以一個標準對接來同時管理結構化數據和非結構化數據。

　　資料庫和文件系統是雲端計算平台數據中心的主要數據源，雲端服務最終要訪問資料庫和文件系統上的數據。在資料庫上存放結構化數據（如屬性資訊），在文件系統上存放非結構化數據。如圖 7-1 所示，資訊集成層的作用在於為應用程式提供對企業中全部數據的一致訪問，它不受數據的格式、來源或位置的限制。在實現時，往往是數據的虛擬化和對象化，這可能包括數據總線（Data Bus）和實體管理器的開發和使用，企業中的所有應用程式都透過標準服務或對接從數據總線或實體管理器中請求數據，並以對象形式返回。應用程式不知道管理數據的操作系統，數據的位置也是透明的。由於數據管理是由共同的服務提供的，所以是由訪問的服務而不是由應用程式來負責查詢數據（無論是本地的還是遠程的），然後按照請求的格式提供數據。

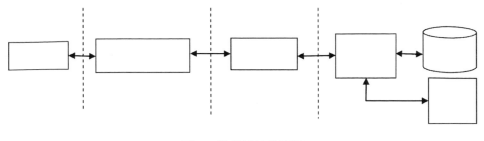

圖 7-1 雲端計算分層圖

7.1 數據模型管理器

　　雲端計算的數據中心存放海量數據，數據類型多樣且易變。因此，在數據中心上，必須要有數據模型的管理。

　　在數據模型管理介面下，管理員根據需求動態定義各類數據模型。比如，某汽車保險公司定義了一個保險單數據模型，有 15 個基本描述屬性，任意個的投保車輛記錄，任意個的被保駕駛人記錄，任意個保險單據資料（文件）等。投保車輛記錄和被保駕駛人記錄有各自的多個屬性。這是一個樹型結構。當一個新保險單進來時，輸入基本資訊、指定投保車輛和被保駕駛人、導入原始保險單據。每年更新保險時，更新屬性記錄（如保額），導入新的保險單據。

　　管理員可以動態修改數據模型。比如，在使用一段時間後，根據業務需要添加多個新屬性（如車型），或者增加屬性的長度（如保險單號從 7 位增加到 9 位），或者增加子節點（如任意個駕駛員違規駕駛記錄），或者將某個屬性改為可空屬性（如電話號碼）等。

　　數據模型管理器的一些基本功能為：

　　1. 建立、更新、刪除屬性。管理員設定屬性的數據類型、長度、最大最小值（整數屬性）、字元串的內容（如規定只包含數字和字元）等。

　　2. 建立、更新、刪除數據模型。如圖 7-2 和 7-3 所示，可以設定數據模型的名稱、訪問控製表、儲存設備、版本控制、是否自動放到某個文件處理流程和其流程名稱、歸檔設定、監控設定、文件的類型、是否自動放入文件夾（一個或多個）和文件夾名稱、引用設定、屬性和子節點。針對在數據模型中的屬性，可以設定是否強制（非空）、是否唯一、是否只讀、是否可查詢、是否有缺省值和其缺省值。子節點是屬性和次子節點的集合。根據屬性和子節點，使用樹型結構來描述該數據模型。比如，某保險公司的保險單數據模型的樹型屬性 / 子節點定義如下：

a. 保險單號　　　　　←屬性

b. 保險公司名稱　　　←屬性

c. 被保險人　　　　　←子節點（可能有多個被保險人）

   i. 姓名　　　　　←子節點屬性

   ii. 駕駛證號碼　　←子節點屬性

d. 被保險的車輛　　　←子節點（可能有多個被保險車輛）

   i. 車牌照號碼　　←子節點屬性

   ii. 生產年份　　　←子節點屬性

   iii. 發動機號碼　←子節點屬性

   iv. 製造商　　　←子節點屬性

   v. 里程數　　　　←子節點屬性

從上面看出，數據模型不是一張關係表，而是一個樹型結構。

圖 7-2 定義數據模型的基本設定

圖 7-3 數據模型的屬性設定

　　一個數據往往可以歸到多個類別下。比如，一個汙染物的監測數據可以分別歸在所在的地區、所屬的汙染物類別、所排放的汙染物的企業類型等。數據模型管理器需要提供自動分類的功能。比如，動態定義各個文件夾並關聯數據模型到各個文件夾，透過各個文件夾來訪問相關的文件。比如，定義省、市、企業的地區文件夾，透過一個監測數據進入其所屬的文件夾；定義汙染水、放射物等各個汙染物類型，透過一個汙染水的檢測數據進入汙染水文件夾等。

　　自動歸類到一個文件夾的功能，還能夠集中相關數據到一個地方。比如，定義一個索賠文件夾。在這個文件夾中（如圖 7-4 所示），可以訪問各個索賠的全部材料（如索賠單、該索賠的事故記錄、該索賠的理賠報告等）。為了方便雲端計算平台上的數據挖掘，雲端計算數據中心必須要實現一次輸入，多維歸類。當一個數據進入系統時，系統根據關聯的文件夾自動歸類。比如，當索賠單進入系統時，系統自動將它放到索賠文件夾中。

圖 7-4 自動歸類

下面是一些功能實例：

1. 建立、更新、刪除文件夾鏈接

比如，索賠單、理賠報告與索賠文件夾的鏈接，如圖 7-5、圖 7-6 所示。

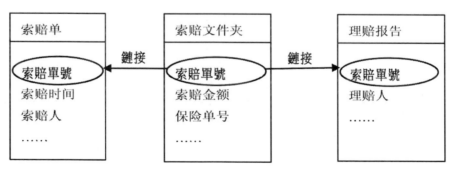

圖 7-5 索賠單、理賠報告與索賠文件夾的鏈接

圖 7-6 自動歸類

當系統導入索賠單或理賠報告後，索賠文件夾自動獲得這些文件（透過鏈接完成）。

2. 雲端服務提供了多類顯示風格

比如，類似 windows 資源管理器的介面，以文件夾為中心顯示數據。使用者可以手工添加數據到文件夾、新增文件夾等。

索賠文件夾

[-] 浙江省　　　　←選擇「新增文件夾」來建立新的文件夾

　　[-] 杭州市　　←選擇「添加到文件夾」來手工添加數據到該文件夾

　　　　-- 保險單 1 的屬性資訊　←選擇「修改」按鈕來修改屬性值

　　　　-- 保險單 2 的屬性資訊　←選擇「查看」按鈕來查看原始保險單

　　[+] 寧波市

　　[+] 湖州市

[+] 北京市

要說明的是，雲端服務上提供手工歸類某些數據到某些文件夾的功能。圖 7-7 顯示了針對稅務數據模型的文件夾操作。

在數據模型上，管理員可以設定每類數據的版本控制。比如說，設定同一個保險單最多可以有 10 個版本。每當工作人員在同一個保險單上修改時（包括屬性修改和新保險單的導入），系統自動存放當前版本為舊版本。你可以查看舊版本，在某個舊版本上修改並產生一個最新版本，也可以限制使用者只能在最新版本上工作。圖 7-8 顯示了某個文件的兩個版本資訊。

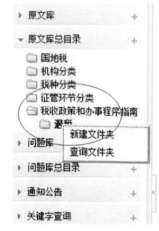

原文库
原文库总目录
国地税
机构分类
税种分类
征管环节分类
税收政策和办事程序指南
新建文件夹
查询文件夹
问题库
问题库总目录
通知公告
关键字查询
圖 7-7 新增文件夾

系統自動保存舊版本、自動維持版本數量。如果設定總版本數為 10 個，那麼，在第 11 次修改時，第一個版本從系統上刪除。在服務中心，選擇「查看舊版本」來查看該文件的所有舊版本。

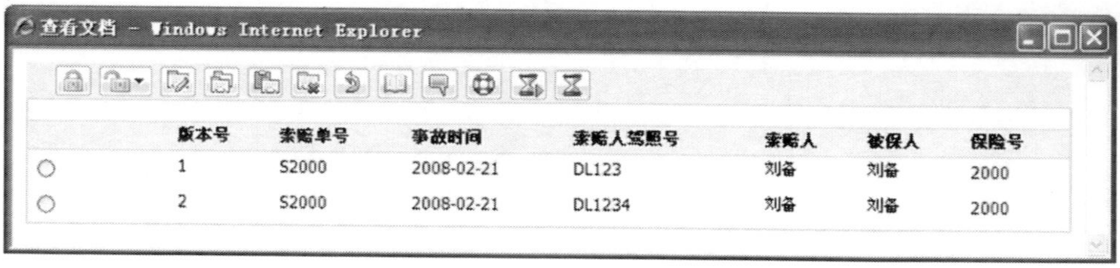

查看文档 - Windows Internet Explorer
版本号
索赔单号
事故时间
索赔人驾照号
索赔人
被保人
保险号
1
S2000
2008-02-21
DL123
刘备
刘备
2000
2
S2000
2008-02-21
DL1234
刘备
刘备
2000
圖 7-8 版本顯示

不同的人員可以處理同一個或同一批數據。需要修改數據的人員在修改前暫時鎖住該數據（如圖 7-9 上面部分所示），修改後解鎖。需要瀏覽該數據的人員可以瀏覽修改前的數據，直到新的數據被保存。在同一批數據上工作的人員可以知道誰在修改數據。授權人員（比如部門經理）可以分配同一批數據中的不同數據給不同的工作人員（如圖 7-9 下面部分所示）。授權人員可以強制解鎖數據。

圖 7-9 加鎖和授權

在如圖 7-9 所示的服務中心，使用者可以單擊「鎖定數據」圖標來保證只有該使用者可以修改該數據；單擊「取消鎖定」圖標來解鎖該數據。高一級使用者可以單擊「取消鎖定」圖標來強行解鎖該數據。單擊「查看鎖定資訊」圖標來查看是誰鎖定該數據。

管理員可以在不同的數據模型上設定不同的歸檔時間來讓系統自動歸檔數據到不同的歸檔設備上。比如說，歸檔所有 1 年或更久的索賠單到一個慢的設備、磁帶（光盤）上。透過在數據模型上設定不同監控級別，系統可以記錄整個數據的生命週期：一個數據在什麼時候由誰輸入、在不同的部門流轉和處理、各次修改、最終的歸檔或刪除。當使用者單擊「查看文件生命週期」圖標時，就可以逐行、按照時間顯示文件上的操作，如圖 7-10 所示。

圖 7-10 數據的生命週期

管理員可以在原始數據上設定不可更改，從而使所有授權使用者只能瀏覽原始數據。為了讓不同的工作人員在數據上標識註解，可以指定該數據模型擁有一個附加的註解文件。這個註解文件保留在原始數據上的註解。工作人員只能在後面附加註解，不能更改已經保存的註解或原始數據，如圖 7-11 所示。

所有文件在本系統中以內部名稱保存，以避免惡意使用者透過文件名來查找文件。對於機密文件，系統提供了對外加密和解密的對接。加密和解密的程序可以由使用者自己提供。

圖 7-11 在數據上的註解資訊

系統允許建立、更新、刪除使用者（組），提供預定義權限和角色。系統允許建立、更新、刪除安全角色。一個安全角色是一系列權限的組合，透過定義各個角色或使用系統預定義的角色，管理員可以將不同使用者分配不同角色來管理使用者的數據訪問和操作權限。

系統允許建立、更新、刪除訪問控製表。訪問控製表由一系列的使用者（組）和安全角色組成。訪問控製表可以指定哪些使用者（組）在哪些類型的數據上具有哪些權限。在不同的數據模型上，管理員可以關聯不同的訪問控製表。比如，理賠員可以輸入、更新、查閱和刪除理賠報告，各級保險代理只可以輸入索賠單文件，客服中心只能查看理賠文件。系統允許管理員建立、更新、刪除自己的權限。

在雲端平台上，系統應該預裝權限。比如，在保險行業的雲端計算平台上預裝了大約 50 個權限，表 7-1 顯示了部分權限。

雲端平台應該預裝安全角色。比如，「只讀使用者」角色。該角色包含了查詢數據、查閱物理文件內容、查閱數據屬性、查閱在數據上的註解、查閱在處理流程中待處理的數據等權限。該角色被授予那些不能修改和流轉數據的使用者。又如，在巨正環保雲端平台上，建立了如表 7-2 所示的訪問控製表來控製在九江數據上的訪問。

表 7-1 保險行業在雲端計算平台上預裝的部分權限

作用對象	權限	說明/例子
數據（包括屬性值和物理文件；文件夾是特殊的數據；在數據模型上設置訪問控制表來實現權限設置）	導入數據	保險代理導入索賠申請單
	查詢數據	保險代理查詢理賠報告
	更新數據	保險代理更新保險單（如新地址）
	刪除數據	保險代理刪除退保人的保險單
	更新屬性	只能更新屬性，不包括更新物理文件
	更新物理文件	只能更新物理文件，不包括更新屬性
	在數據上附加註解	理賠人在索賠文件夾上添加註解
	查閱舊版本的數據	系統總是顯示最新的數據
	查閱物理文件內容	打開並查看原始文檔
	查閱數據屬性	只能查閱屬性，不包括查看原始文檔
	查閱在數據上的註解	查看但不能修改
	修改在數據上的註解	可以修改以前的歷史註解
	添加數據到文件夾	也可以添加文件夾到另一個文件夾
	從文件夾中刪除數據	也可以刪除一個子文件夾
	鎖定或解鎖數據	鎖定數據保證了只有一人可以修改
	強制解鎖數據	有時工作人員忘了解鎖某數據，而另一個工作人員需要在該數據上修改
處理流程	把數據放到流程上	可以讓系統自動將某數據模型上的所有新數據放到流程上，也可以手工將數據放到流程上
	將數據撤出流程	這並不刪除該數據本身，只是將該數據從流程中撤出
工作部門（點）	將數據轉到下一個部門	根據不同的選項，可以轉到不同部門
	修改在數據上的處理屬性（如指定不同工作人員）	有時部門主管需要分配不同的數據（文檔）給不同的人員來處理
	查閱該工作部門（點）中待處理的數據	該權限限制用戶或組可以訪問哪些工作部門（點）
工作區	查閱該工作區中待處理數據	工作人員通過工作區來訪問不同的工作點。該權限限制用戶或組可以訪問哪些工作區
系統管理控制台	登錄系統管理控制台	只有該權限的用戶可以登錄系統管理控制台。
	管理員	擁有所有權限
	查看數據模型	只能查看，不能創建、更新或刪除
	管理數據模型	查看、創建、更新或刪除數據模型

（續表）

作用對象	權限	說明/例子
系統管理控制台	查看用戶和用戶組	只能查看用戶或用戶組，不能更改或刪除
	管理用戶和用戶組	查看、創建、更新或刪除用戶（組）
	查看權限和安全角色	只能查看權限和安全角色
	管理權限和安全角色	查看、創建、更新、刪除權限或安全角色。添加權限到角色，從角色中刪除權限
	查看存儲設備	只能查看容器和儲存設備
	管理存儲設備	查看、創建、更新、刪除容器或儲存設備。將容器添加到設備，或從設備中刪除容器
	查看屬性	只能查看屬性，不能更新或刪除
	管理屬性	管理員將電話增加到10位
	查看業務流程	查看工作部門（點）、業務流程、工作區、選項/選項列表
	管理業務流程	查看、創建、更新、刪除工作部門（點）、業務流程、工作區、選項/選項列表

表 7-2 訪問控製表

用戶（組）	角色
企業組	只讀角色（查詢權限）
九江環保局	所有操作角色
……	……

　　系統自動記錄各類重要對象（使用者、數據模型等）的建立、刪除和更新。系統管理員還可以在不同數據模型上啟動不同的監控設定，如監控在該數據模型上所有的數據輸入和更新活動。所有活動資訊都記錄在系統中。公司或單位的主管人員或系統管理員從不同方面來審核系統上的操作或在某些數據上的各類操作。比如，某個使用者的登錄資訊和該使用者對各類數據的操作，如圖 7-12 所示。

　　在巨正環保雲端計算平台上，管理員可以在數據模型上設定監控級別，如監控在汙染物監測數據上的所有更新操作。管理員可以查詢某使用者的所有操作，如查詢在某個特定數據上的所有操作、查詢在某個文件夾上的所有操作、查詢在某個數據模型上的所有操作、查詢在某個工作流上的所有操作等。

圖 7-12 監控系統活動

系統支持大批量數據的導入。使用者按照格式在一個 XML 文件中指定數據模型名稱、各個文件的屬性（包括子節點屬性）和文件名（如果有原始文件的話）。系統批量導入所有數據並出具處理報告。

7.2 資料庫訪問

在系統中，一些工具提供了類別和資料庫表之間的映射。在程序中插入新行、修改幾行數據、刪除行數據等功能都可以透過所映射的類別完成，而無需任何 SQL 語句，從而簡化了程序的開發和維護。在本章中將要講解這些工具探討實體管理器的概念。

在 Java 領域，實現資料庫訪問的方法有多種：

- 使用 Java 持久化 API 的實體管理器（EntityManager）。該實體管理器同後臺的資料庫產品無關。

- 基於 JDBC 自己開發一個實體管理器來隱藏具體資料庫存取（DAO，Database Access Object，數據訪問對象）。在業務層存取一個對象的數據時，只要調用這個實體管理器來完成業務對象的 CRUD。方法的實現由具體的實體管理器實現處理，業務層不關心實現細節，這就完全抽象了數據源。其優點是：直接和資料庫關聯，存取速度快，支持多資料庫，細粒度存取。缺點是：不便於以後的維護，程序開發複雜。

- 使用 Hibernate。Hibernate 提供了 Java 對象到資料庫表之間的直接映射。它對 JDBC 進行了輕量級的對象封裝，使得 Java 程序員可以使用面向對象的編程思維來操縱資料庫。Hibernate 是一個開源輕量級實現的持久框架。

後兩種方法的使用有其歷史原因。EJB 3.0 之前的版本中的持久化（Persitence）編程相當複雜，另外，老版本的持久化 Bean 也很耗資源，屬於重量級的編程。因而，一些公司或者基於 JDBC 對接的開發一個實體管理器，或者使用 EclipseLink 或 Hibernate 產品。自己開發一個實體管理器的好處是可以訪問文件系統上的數據，而不僅僅是資料庫中的數據。至於第三種方法，EJB 3.0 或之後的版本都能夠很好地替代 Hibernate，Hibernate 所採用的框架也不是標準的。所以，不建議讀者使用 Hibernate。

開發人員可以使用 Java 持久化 API（Java Persistence API，JPA）來實現資訊集成層。JPA 可以被用於 J2EE 和 JSE 環境中。圖 7-13 顯示了 EJB、JPA 和資料庫之間的關係。

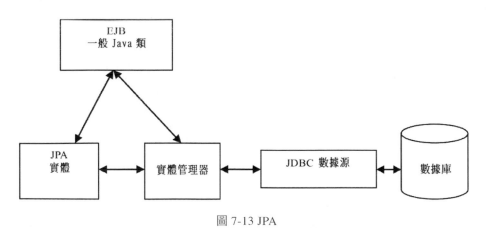

圖 7-13 JPA

JPA 包含了以下內容：

- JPA 實體。是一個常規的 Java 類別，不需要實現任何特別的對接或擴展任何類別。這個類別必須包含一個沒有參數的構造方法，使用 @Entity

註釋。

- 對象 - 關係映射。

- 查詢語言。

- 實體管理器。

1. 對象 - 關係映射和 JPA 實體

　　JPA 使用一種對象 - 關係映射（Object-Relational Mapping，ORM）方法將面向對象模型和關係資料庫聯繫起來。資料庫有很多表組成，每個表有很多行組成，每行有很多列組成。在 JPA（包括老版本中的實體 EJB）出來之前，開發人員需要自己編寫 INSERT、UPDATE、DELETE 等 SQL 語句來管理表上的數據。

　　在 JPA 中，一個表被映射到一個實體（Entity）類別，一行就是一個實體類別的實例。JPA 使用註釋來表示一個實體或兩個實體之間的關係。比如，在資料庫中，有一個訂單表，可以定義一個訂單類別，並註上該類別為訂單表的實體（@Entity 和 @Table(name=「訂單表名」)）。使用 @Column 來映射一個屬性到一個列。如果表名和實體類別名相同，可以不註上 @Table；如果列名和屬性名相同，可以不註上 @Column。一個訂單類別的實例就是訂單表中的一行。實體類別是一個 Java bean，透過 get/set 方法來直接獲取或設定該行上的各個列值。一個表具有一個主鍵，在實體類別上，使用 @Id 來標誌。JPA 還可以生成主鍵值。下面是中網雲端計算平台的企業實體類別代碼（部分代碼）：

```
package xinCA.entity;
import java.io.Serializable;
import java.util.Set;
import javax.persistence.Entity;
import javax.persistence.Id;
import javax.persistence.OneToMany;
@Entity
public class Company implements Serializable {
@Id
private int companyid;
private String companyname;
……
public int getCompanyid() {
```

```
return this.companyid;
}
public void setCompanyid(int companyid) {
this.companyid = companyid;
}
```

2. 關係

表和表之間具有多種關係：一對一、一對多、多對多和多對一。在實體類別中，可以註上這個關係，如：

- 一對多：@OneToMany。一個實體實例對應著另一個實體的多個實例。

- 一對一：@OneToOne。一個實體實例對應著另一個實體的單個實例。

- 多對一：@ManyToOne。一個實體的多個實例對應著另一個實體的單個實例。在這種情況下，需要使用 @JoinColumn 來指定外鍵列（換句話說，JPA 中的 JoinColumn 就是資料庫中的外鍵）。

- 多對多：@ManyToMany。一個實體的多個實例對應著另一個實體的多個實例。需要使用 @JoinTable 來指定兩個實體的關係表。在資料庫中，多對多的關係會生成三張表（兩個實體表，1 個關係表）。比如，產品和客戶的關係是銷售關係，他們之間是多對多的關係。那麼，除了產品表和客戶表，還有一個銷售表。還要使用 @JoinColumn 來指定關係表中的外鍵（有兩個外鍵，分別指向各個實體表）。

例如，1 個企業可以有多個廣告，所以在企業實體類別上定義了一個一對多的關係：

```
@OneToMany(mappedBy="companyid")
private Set<Ads> adsCollection;
```

對於一對多和多對一的關係，還可以設定級聯刪除。

3. 連接多個表的實體

因為資料庫中的表是有關係的，其關係透過主外鍵來體現。比如，一個訂單表和一個訂單明細表。對於一個具體的訂單，在訂單明細表中存在著多行（即多個商品的訂購資訊）。在資料庫中，把訂單表稱為父表，把訂單明細表稱為子表。在開發資料庫程序時，經常需要關聯父表和子表，以獲得訂單的詳細資訊（如訂單時間）和訂單的明細（如一個 MP3 商品）。在 JPA 中，除了映射一個實體到一個資料庫表，你還可以映射一個實體到多個表的連接（Join）。

4.JPA 類別的 UML 表示

很多開發工具都提供了使用 UML 來圖形化 JPA 實體類別。圖 7-14 顯示了企業和廣告實體的 UML 表示。

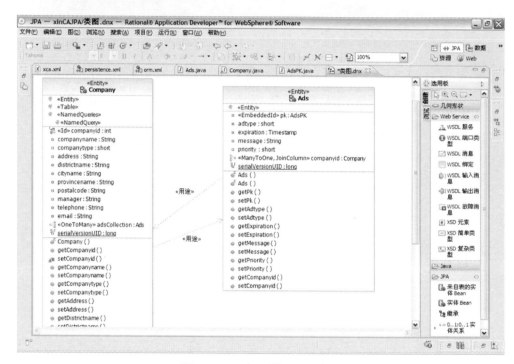

圖 7-14 JPA 類別的 UML 表示

5. 實體管理器

到現在為此，根據資料庫表的結構並使用註釋（annoation）定義了一些 JPA 實體類別。在實體類別上，也定義了關係。另外，根據所需要的表和表的連接，還定義了另外一些實體類別。實體本身並不能把自己保存到資料庫中。在 JPA 中，總有一個組件是要真正完成資料庫的 INSERT、DELETE、UPDATE、SELECT 等操作。這個組件是實體管理器類別（javax.persistence. EntityManager）。透過實體管理器，可以建立實體（插入一行）、刪除實體（刪除一行）和更新實體（更新一行）。另外，實體管理器提供了一個 find 方法，從而根據主鍵來完成實體查詢的功能。表 7-3 映射了 SQL 語句和實體管理器上的方法之間的關係：

表 7-3 Java 持久化 API 和 SQL 語句的對應關係

功能	SQL 語句	Java 持久化API
新增	INSERT INTO表名……	EntityManager.persist（實體）
刪除	DELETE FROM表名……	EntityManager.remove（實體）
更新	UPDATE表名……	EntityManager. merge（實體）
查詢	SELECT …FROM表名…	EntityManager. find（主鍵）
刷新	SELECT…FROM表名…	EntityManager.rcfresh

JPA 提供了兩類實體管理器：

- 容器管理（Container-Managed）的實體管理器，在程序中使用以下註釋：

```
@PersistenceContext
EntityManager em;
```

- 應用管理（Application-Managed）的實體管理器，使用以卜註釋和代碼：

```
@PersistenceUnit
EntityManagerFactory emf;
EntityManager em = emf.createEntityManager();
```

6.JPA 查詢語言

在一個資料庫程序中，有大量的查詢操作。JPA 提供了 JPQL（Java Persistence Query Language，Java 持久化查詢語言）來幫助開發人員使用類似 SQL 語句的方式查詢實體。同 SQL 類似，JPQL 同具體的資料庫產品無關。在實體類別中，開發人員可以使用 @NamedQuery 定義一個靜態的查詢，比如：

```
@Entity
@Table(schema="XCAADMIN", name = "COMPANY")
@NamedQueries({
@NamedQuery(name="getCompanies", query="select c from Company c"),
@NamedQuery(name="getCompanyByName", query="SELECT a FROM Company a WHERE
a.companyName = :companyName")
})
```

JPQL 允許使用 createQuery 方法建立動態的 SQL 查詢（類似於 JDBC 的 PreparedStatement），使用 createNamedQuery 方法建立靜態的 SQL 查詢（類似於 JDBC 的 Statement）。在上述查詢中，同嵌入式 SQL 編程類似，可以使用「：變量名」在 SELECT 語句中指定變量。在程序中，使用 setParameter 來給變量賦值。類似於 JDBC，查詢後的結果可以透過 getResultList 來獲得。JPQL 還提供了 createNativeQuery 方法來允許開發人員直接執行一個 SQL 語句（如一個 DELETE 或 UPDATE 語句）。

7.persistence.xml

正如上節闡述的，我們透過實體管理器可以在資料庫上進行增、刪、改等操作。那麼，在哪裡設定具體的資料庫連接呢？這就是 persistence.xml 的其中一個功能。該文件包含了數據源的資訊和該數據源所涉及的實體類別。換句話說，這些實體類別表示了該資料庫上的數據。比如：

```xml
<?xml version="1.0" encoding="UTF-8"?>
<persistence version="1.0" xmlns="http://java.sun.com/xml/ns/persistence"
xmlns:xsi="http://www.w3.org/2001/XMLSchema-instance"
xsi:schemaLocation="http://java.sun.com/xml/ns/persistence
http://java.sun.com/xml/ns/persistence/persistence_1_0.xsd">
<persistence-unit name="xinCAJPA">
<jta-data-source>jdbc/xincadb</jta-data-source>
<class>
xinCA.entity.Ads</class>
<class>
xinCA.entity.AdsPK</class>
<class>
xinCA.entity.Company</class>
</persistence-unit>
</persistence>
```

8.OpenJPA

從 EJB 3.0 開始，JPA 編程簡單（JPA 類別同普通的 Java 類別相似），並且系統開銷也不重。推薦讀者儘量使用 JPA，而不是傳統的 JDBC 編程。JPA 是由 javax.persistence 包提供的，現在有開源的 JPA 提供者（即實現了 javax.persistence 所聲明的功能），如 Apach OpenJPA，IBM WebSphere 的 JPA 功能也是基於 OpenJPA 的。

Java 資料庫連接（Java Database Connectivity, JDBC）API 允許開發人員在 Java 程序中使用 SQL 語句訪問和管理資料庫中的數據。下面是 JDBC 的一些常用類別：

- java.sql.DriverManager 和 javax.sql.DataSource：用於獲取到資料庫伺服器的連接。

- java.sql.Connection：一個資料庫連接。

- java.sql.Statement、PreparedStatement 和 CallableStatement：一個可執行語句。可以用來查詢和更新資料庫。

- java.sql.ResultSet：返回從資料庫查詢後的結果集。

在 J2EE 平台上，可以使用 JDBC API 自己建立訪問資料庫的類別，服務層訪問這個類別來完成所有資料庫的操作。開發人員可以借用 Java Persistance API 的名稱和格式，開發一個自己的實體管理器。如圖 7-15 所示，中網雲端計算平台 1.0 版本就自己開發了一個名叫 XCARepository 的類別來封裝所有資料庫的操作。這個類別提供了：

- pcrsist(java.lang.Object)：保存對象到資料庫中。這可能牽涉到多個表的操作。

- remove(java.lang.Object)：從資料庫中刪除一個對象。這也可能牽涉到多個表的操作。

- merge(java.lang.Object)：在資料庫中更新一個對象。這可能涉及到多個表的操作。

- find(Class，String) 和 find(Class，int)：按照主鍵值（字元串或 ID）來查找一個對象。

另外，這個類別提供了事務開始、提交、回滾等操作。

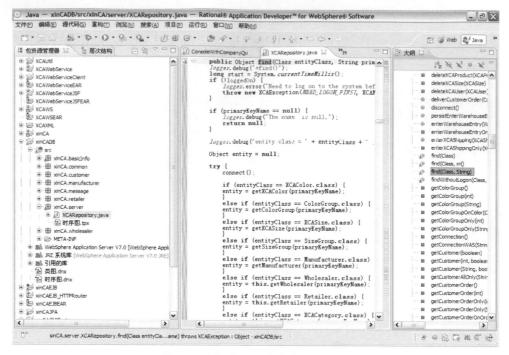

圖 7-15 中網自己開發的實體管理器

　　以前的資料庫程序的開發模式是：連接到資料庫，進行各類操作，然後在退出程序之前關閉資料庫連接。這種模式的一個問題是資料庫連接，當有 2000 個使用者同時使用這個程序時，就會有 2000 個資料庫連接到資料庫伺服器。如果真是這樣，任何資料庫伺服器或者癱瘓（假定不在資料庫伺服器上使用連接池），或者拒絕大部分連接。雲端計算平台上的使用者數目巨大，而且訪問時間不定，顯然不能採用傳統的做法。一個最佳的解決方法是使用資料庫連接池，資料庫連接池維護著多個資料庫連接。當一個程序需要資料庫連接時，向連接池申請一個連接，在完成一個操作後，立即釋放該連接到資料庫連接池。如果連接池中的所有連接都已經被使用，那麼後續的程序就會等待，直到有可用的連接。連接池的一個基本思想是，讓很多程序（或很多使用者）共享有限的連接數，用後立即歸還。另外，建立一個新的資料庫連接需要比較長的時間，透過使用連接池中的可用連接，應用程式避免了花費時間來建立一個新的資料庫連接，從而節省了時間。

1. 數據源（DataSource）

在 Web 應用伺服器上，管理員可以透過建立數據源（DataSource）來完成資料庫連接池的建立。圖 7-16 顯示了一個數據源。在數據源中，定義了數據源名稱、JNDI 名稱等資訊。另外，在數據源上提供了「測試連接」按鈕，可以用來測試連接池是否建立成功，即能否連接到資料庫。

圖 7-16 數據源

2.JNDI

JNDI（Java Naming and Directory Interface，Java 命名和目錄對接）提供了命名和目錄服務。JNDI 名稱是唯一的，代表了各個資源，從而幫助開發人員使用 JNDI API 來找到各類資源（如連接資料庫的數據源）。EJB 程序可以使用 @Resource 的方式來注入 JNDI 資源。圖 7-16 顯示了資料庫連接池的 JNDI 名稱。

正如在上面提到的，所謂連接池，就是指 Web 應用伺服器已經連接了資料庫，並把這些連接放在連接池中。因此，在程序中無需使用資料庫使用者名和密碼來連接資料庫。透過下面步驟，非 EJB 程序可以使用 JNDI 名稱從 Web 伺服器上獲得數據源。

（1）初使化數據源

```
private void initDataSource(String dbName) throws XCAException
{
<省略部分代碼>
String jdbcUrl = "jdbc/" + dbName;
Properties parms = new java.util.Properties();
try{
javax.naming.Context ctx = new javax.naming.InitialContext(parms);
myDS = (javax.sql.DataSource) ctx.lookup(jdbcUrl);
<使用 myDS.getConnection() 測試獲得的數據源是否可用 >;
} catch (NamingException e){
<錯誤處理 >
}catch (SQLException sqle){
<錯誤處理 >
}
}
```

（2）申請一個連接

```
private void getConnection() throws XCAException{
try{
if (myDS == null)
initDataSource(databaseName);
if(myDS != null)
con = myDS.getConnection();
else
<錯誤處理 >
}catch (SQLException sqle){
<錯誤處理 >
}
if (con == null)
<錯誤處理 >
}
```

（3）返回（關閉）一個連接

```
private final void closeConnection ()
{
try {if( con != null) con.close(); con=null;}
catch (SQLException exc) {}
}
```

　　需要資料庫連接的程序可以使用上述方法來獲得連接，處理業務邏輯並關閉連接，關閉連接是將連接返回給連接池。

7.3 雲數據的事務管理

在雲端計算平台上的事務管理超越了資料庫事務的概念。在雲端計算平台上的一個數據包含了在資料庫上的屬性資訊和在文件系統上的文件。比如，環保雲端平台上的一個影片數據，這既包括了在資料庫上存放的各個屬性資訊（哪個企業的影片、什麼時間攝製、監測因子等），也包括了在文件系統上的影片文件。所以，一個事務的管理，不僅僅是單純資料庫上的事務操作，而是包括資料庫在內的多個數據系統的事務操作。在雲端計算平台上的數據中心往往提供一個完整的事務管理。

事務是資料庫中的一個重要概念。一個經典的例子就是銀行轉帳，從源帳號中減掉轉帳金額，在目標帳號上增加轉帳金額。這時候，需要把這兩個操作放在一個事務下，從而保證這兩個操作全部成功。如果某一個操作失敗的話，事務中的其他操作要回滾，從而事務確保了數據的完整性。在雲端計算平台上，如果一個事務涉及多個服務，那麼，就更要很好地管理事務。下面以 J2EE 平台為例來看看資料庫事務的管理，有兩種選擇：

- 容器管理事務：就是讓 EJB 容器來管理事務（提交、回滾），在 EJB 代碼中，並沒有任何事務管理的 API 調用。
- Bean 自己管理事務：在 EJB 代碼中，使用事務的 API 來界定事務。開發人員可以選擇 JDBC 的事務管理 API，也可以選擇 JTA（Java Transaction API）來管理事務。

1.JTA

J2EE 的 Web 應用伺服器提供了 JTS（Java Transaction Service）來實現事務的管理。開發人員使用 JTA 來調用 JTS。JTA 的好處是可以完成分佈資料庫的更新（即同時更新多個資料庫上的數據）。開發人員可以使用 javax.transaction.UserTransaction 的 begin（開始一個事務）、commit（提交）、rollback（回滾）和 setTransactionTimeout（設定事務超時的時間）完成事務相關的操作。

2.JDBC 上的事務管理

在 java.sql.Connection 類別上，提供了一個 setAutoCommit 方法。默認情況下，這個設定為 true。也就是説，JDBC 對待每條 SQL 語句為一個事務，在一個語句執行後就提交。開發人員在需要管理一個事務時，就可以設定為 false，這就是事務的開始。當需要提交時，就調用 commit() 方法；當需要回滾時，就調用 rollback() 方法。在中網雲端計算平台 1.0 版本上，使用 JDBC 的 API 實現了事務的管理：

```
/**
* 開始一個事務
* @throws XCAException if a SQLException occurs
*/
public void beginTransaction() throws XCAException {
try {
if (!this.isConnected())
connect();
con.setAutoCommit(false);
}
catch (SQLException sqle) {
logger.error("Failed to start a transaction");
logger.error(sqle.getMessage() + " " + sqle.getErrorCode(), sqle);
throw new XCAException(FAILED_TO_START_TRANSACTION,
XCAMessageManager.getMessage(
FAILED_TO_START_TRANSACTION, "" + sqle.getErrorCode()));
}
}
/**
* 關閉一個結果集
* @param rs the result set to be closed
* @throws XCAException if a SQLException occurs
*/
private void close(ResultSet rs) throws XCAException {
try {
if (rs != null)
rs.close();
}
catch (SQLException sqle) {
logger.error("Failed to close a resultset");
logger.error(sqle.getMessage()+ " " + sqle.getErrorCode(), sqle);
```

```
throw new XCAException(FAILED_TO_CLOSE_RESULTSET,
XCAMessageManager.getMessage(FAILED_TO_CLOSE_RESULTSET,
"" + sqle.getErrorCode()));
}
}
/**
* 關閉一個 statement 對象
* @param stmt the statement to be closed
* @throws XCAException if a SQLException occurs
*/
private void close(Statement stmt) throws XCAException {
try {
if (stmt != null)
stmt.close();
}
catch (SQLException sqle) {
logger.error("Failed to close a statement");
logger.error(sqle.getMessage() + " " + sqle.getErrorCode(), sqle);
throw new XCAException(FAILED_TO_CLOSE_STATEMENT,
XCAMessageManager.getMessage(FAILED_TO_CLOSE_STATEMENT,
"" + sqle.getErrorCode()));
}
}
// 關閉一個連接（如果是使用連接池，則返回連接到連接池）
private final void closeConnection() {
if (!useConnPool)
return;
try {
if (con != null)
con.close();
con = null;
logger.debug("connection is closed.");
}
catch (SQLException exc) {
}
}
/**
* 提交一個事務
*
* @throws XCAException - If failed to commit or setAutoCommit
*/
public void commit() throws XCAException {
try {
con.commit();
con.setAutoCommit(true);
logger.debug("commited the transaction");
```

```
}
catch (SQLException sqle) {
logger.error("Failed to commit the transaction");
logger.error(sqle.getMessage()+ " " + sqle.getErrorCode(), sqle);
throw new XCAException(FAILED_TO_COMMIT,
XCAMessageManager.getMessage(FAILED_TO_COMMIT, ""
+ sqle.getErrorCode()));
}
}
// 獲取一個資料庫連接（如果使用一個連接池，則從連接池中獲取一個連接）
public Connection connect() throws XCAException {
if (this.isConnected())
return con;
if (this.useConnPool) {
this.getConnection();
}
else {
con = connect(this.databaseName, this.dbUserId, this.dbPassword);
}
return con;
}
/**
* 使用 JCC 驅動程序連接到資料庫
* @param dbName name of database
* @param userName name of user
* @param password user password
* @throws XCAException if it failed to get a db2 connection
*/
public Connection connect(String dbName, String userName, String password)
throws XCAException {
useConnPool = false;
if (con == null) {
try {
//load the universal jdbc drvier into JVM. may throw a ClassNotFoundException
Class.forName("com.ibm.db2.jcc.DB2Driver");
// get a connection to a given database
con = DriverManager.getConnection("jdbc:db2:" + dbName.trim(), userName, password);
databaseName = new String(dbName);
dbUserId = new String(userName);
dbPassword = new String(password);
logger.info("Connected to database successfully. "<" +versionInfo + ">");
}
catch (ClassNotFoundException e) {
logger.error("Failed to load database driver:" +e.getMessage());
throw new XCAException(FAILED_TO_LOAD_JDBC_DRIVER, XCAMessageManager.
getMessage(
```

```
FAILED_TO_LOAD_JDBC_DRIVER, " DB2 UDB"));
}
catch (SQLException sqle) {
logger.error("Failed to connect to the database");
logger.error(sqle.getMessage() + " " + sqle.getErrorCode(), sqle);
throw new XCAException(FAILED_TO_GET_DB_CONNECTION, XCAMessageManager.
getMessage(
FAILED_TO_GET_DB_CONNECTION, "" + sqle.getErrorCode()));
}
}
else
logger.info("Already connected. Skip...");
return con;
}
/**
* 回滾一個事務
* @throws XCAException if a SQLException occurs
*/
public void rollback() throws XCAException {
try {
if (con.getAutoCommit())
logger.debug("the auto commit is true");
else
logger.debug(" the auto commit is false");
con.rollback();
con.setAutoCommit(true);
logger.debug("rolled back the transaction");
}
catch (SQLException sqle) {
logger.error("Failed to rollback the transaction");
logger.error(sqle.getMessage() + " " + sqle.getErrorCode(), sqle);
throw new XCAException(FAILED_TO_ROLLBACK,
XCAMessageManager.getMessage(FAILED_TO_ROLLBACK, ""
+ sqle.getErrorCode()));
}
}
```

　　在前面提到，一個雲端平台上的數據可能包含在資料庫上的幾行數據和文件系統系統上的幾個文件中。上一節闡述了資料庫事務的幾個實現方式。對於文件系統上的事務實現，一般也是記錄文件的狀態。在後續操作中，根據狀態採取相應措施。比如，在一個目錄下建立了某一個文件，在資料庫表上記錄該文件狀態為「初始建立」，然後系統執行另外一些操作。當系統需要回滾這個文件建立操作時，只需要根據文件狀態把這個新增文件從文件系統刪除即可。

Chapter 8
雲端服務中心

從本章節你可以學習到：

❖ 處理流程

❖ 單個服務

❖ Wcb 服務

❖ 其他考慮

服務中心上的服務可以理解為一個業務或者業務工具，這個服務同具體的數據無關。當把企業 A 的數據加載到服務上，就形成了企業 A 的服務；當把企業 B 的數據加載到服務上，就形成了企業 B 的服務。按照是否需要人工參與，把服務中心的服務分為自動服務和非自動服務。另外，一個服務可以包含其他多個服務。多服務的集成是透過一個處理流程來完成。無論用什麼工具編寫服務，在服務中心上必須具有流程管理，從而把多個服務集合為一個更大的服務。

　　流程集成是將服務集成為一個業務流程，這裡可以將流程看做一個大服務。集成到流程中的應用程式可能包括企業內的應用程式，也可能包括遠程系統中的應用程式或服務，而這些遠程系統多半屬於業務合作夥伴。同樣地，流程集成可能涉及多個流程的集成。比如，集成供應鏈管理和金融服務上的多個流程，可以使用一些工具為企業流程建立模型，如 WebSphere Business Modeler。這些工具使用 BPEL（Business Process Execution Language，企業流程執行語言）定義業務流程，這些定義可以被用來生成業務流程代碼。在業界，還出現了一些可以用於 Web 服務的業務流程執行語言（Business Process Execution Language for Web Services，BPEL4WS）。可以在底層使用 BPEL4WS 來構造一個面向 Web 服務的流程，然後透過一個流程引擎（伺服器）來驅動（該引擎提供了流程管理和其他功能）。本書不討論具體的流程管理工具，而是闡述流程管理在雲端服務上的使用。

8.1 處理流程

　　在服務中心上，管理員可以定義多個處理流程和其中的各個步驟。每個步驟由工作點（如一個工作部門）和條件設定。各種數據和文件夾透過各個處理流程按照設定的條件送達各個工作點，並由各個工作點處理。這個工作點可以是一個手工操作（如財務人員的審核），也可以是一個服務自動調用操作（如調用發簡訊服務）。

　　在定義處理流程時，可以定義多路分支的條件點（比如，對於超過 500 元的索賠申請，送到大額索賠處理部門；否則送到普通索賠處理部門），並行處理點（如同時將索賠申請送到兩個部門來審核）等。各類人員在自己授權的部門中處理文件，從而不需要考慮分發或尋找文件，增加了工作效率，並消除了工作流程各步驟之間的時間延遲。

　　圖 8-1 是某保險公司的索賠申請處理流程，它是一個非自動的服務流程。圖 8-2 是這個流程在雲端服務中心的定義。對於非自動服務，可以定義各個工作點（部門）待處理數據的最大數量。一旦超過該數量，可以讓系統自動產生提醒資訊（比如，發電子郵件給該部門的管理者，高亮顯示該部門）。還可以定義各個工作點必須在收到數據的一定時間內完成處理，否則標識那些逾期未處理的數據。另外，還可以在流轉中的數據上設定優先級、分配工作人員等。

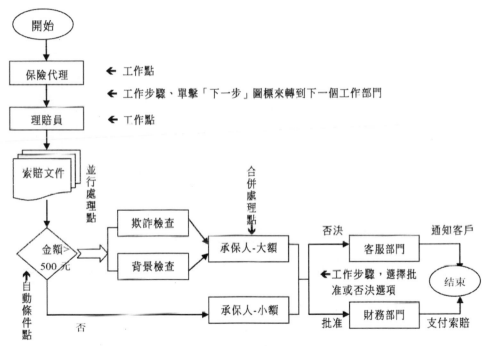

圖 8-1 非自動服務流程

圖 8-2 非自動服務流程

對於包含非自動服務的處理流程，管理員可以定義工作區。工作區是一個或多個工作部門（點）的彙總平台，如圖 8-3 所示。最終使用者透過工作區來訪問各個工作部門，從而處理在工作部門中的數據和文件夾，如圖 8-4 所示。

圖 8-3 工作區

圖 8-4 透過工作區來訪問各個工作部門

在處理流程中，可以自定義在工作點上的操作選項列表。某些選項可以指定外部程序的對接，如圖 8-5 所示。比如說，發送簡訊給使用者。當選中該選項時，本系統調用指定的外部程序。透過服務控制中心，管理員可以建立、更新、刪除操作選項。在某些處理流程中，操作選項是「批準」；在另外一些處理流程中，操作選項是「同意」。不同的單位和企業希望使用不同的選項名稱，可以隨意建立這些選項。

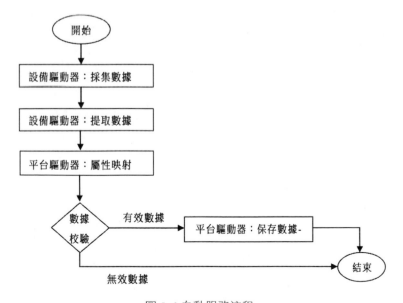

圖 8-5 定義外部處理

選項列表是一系列選項。管理員可以建立、更新、刪除選項列表。在定義工作流程中的工作點時，指定一個選項列表，即在這個工作點上可以操作的所有選項。圖 8-6 是巨正環保雲端計算平台所使用的一個自動處理流程。

圖 8-6 自動服務流程

8.2 單個服務

處理流程是多個服務的集合，下面考慮單個服務的設計和實現。有些服務是公共服務，比如，針對定義的屬性資訊進行各種檢索，針對文件的整個內容進行全文檢索；另外一些服務是具有行業特徵的服務，如環保汙染物監測服務。

從訪問的特徵看，雲端計算平台提供了兩類雲端服務：一類服務只為內部使用，另一類服務可為外部的系統所調用（如網上新訂單、網上訂單查詢等）。一個理想模式是使用一個 ESB （企業服務總線，Enterprise Service Bus），所有的服務調用者透過 ESB 來調用服務，如圖 8-7 所示。

針對外部服務，推薦使用 Web 服務。Web 服務的整體理念就是使應用軟體在網際網路上相互交流而不依賴於平台和語言。Web 服務採用的是 XML 和 SOAP（基於 HTTP）。中網雲端計算平台提供了若干使用 WSDL 描述的 Web 服務。外部服務的使用者可以在開發工具（如 IBM Rational Application Developer）中導入 WSDL 描述，而開發工具就可以自動為外部服務的使用者產生一個 Web 服務的客戶端應用系統。

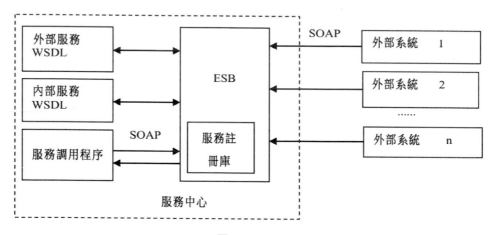

圖 8-7 ESB

除了服務的對接之外，還要考慮如何實現服務。一個方案是使用 EJB。有一些開發工具（如 Rational Software Architect）可以從 WSDL 生成 EJB 的代碼，所生成的代碼中包含瞭解析 SOAP 請求（XML）中的資訊，從而 EJB 的開發人員可以使用標準的 Java 代碼來處理。另外，這些開發工具還能將 Java 返回的數據生成一個 SOAP 格式的返回資訊，從而服務開發人員無須知道 XML 的任何東西，只負責處理業務操作即可。一些開發工具能夠自動生成一些測試程序來測試 Web 服務。另一種實施服務的方案是先寫 Java 程序，然後再生成 WSDL。

在以下各節，將要探討如何使用 EJB 來實現業務邏輯，並探討如何建立 Web 服務，以及調用 Web 服務的多種方式。以中網雲端計算平台所提供的網上訂單服務為例，外部系統（如廠商自己的網站）可以調用網上訂單服務來完成訂單業務，網上訂單服務需要調用內部的庫存和配送服務。這四部分的關係如圖 8-8 所示：

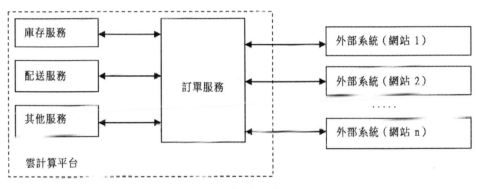

圖 8-8 訂單服務

四部分説明如下：

- 外部系統 ：使用者登錄外部的網站，如廠商的網站，瀏覽商品，訂購商品等。但是，這些網站本身不維護庫存，不做配送，完全由雲端計算平台來完成。

- 庫存服務：商品庫存管理系統，為商品管理人員使用。

- 配送服務：商品配送系統，商品配送人員使用。

- 網上訂單服務：可以看做是一個大服務。它具有流程的管理，用於協調系統之間的功能。在外部系統上的使用者透過廠商網站下訂單，發送訂單資訊到平台，觸發如下的訂單處理流程：

① 庫存檢查。根據庫存情況和訂單資訊檢查訂單是否為有效訂單。此過

程調用庫存服務獲取該訂單是否有效。庫存服務的輸入資訊為訂單資訊，輸出資訊為「true」或者「false」。

② 如果為「true」，則表示訂單有效，則調用配送服務；設定整個流程的返回值為「true」，通知外部系統訂單處理成功，整個訂單處理流程結束。要注意的是，庫存服務在檢查訂單的同時，如果訂單有效的話，會更新庫存資訊。

③ 如果為「false」，則表示訂單無效，設定整個流程返回值為「false」，通知外部系統訂單處理不成功，整個訂單處理流程結束。

④ 處理配送資訊。在訂單有效的情況下，訂單服務繼續調用配送服務來安排配送。配送服務的輸入資訊為訂單資訊，輸出資訊為「true」或者「false」。

⑤ 給外部系統返回訂單確認。訂單服務返回訂單結果資訊（如訂單號）給外部系統，也可以在這裡使用 JMS。這樣的話，平台就可以發送資訊到某個指定的 JMS 消息目的地（Destination）。外部系統透過監聽該目的地獲取訂單確認結果，更新本系統的訂單的狀態。

下面我們首先開發若干個業務組件，然後在此基礎上開發 Web 服務。

正如在前幾章中所闡述的，服務是粗粒度的處理單元，它與程式語言中的對象不同。服務是由一些組件（如 EJB）組成的，這些組件一起工作，共同提供服務所請求的業務功能。因此，相比之下，組件比服務的粒度更細。另外，雖然服務映射到業務功能，但是組件通常映射到業務實體和業務規則，如訂單（Order）組件模型。建立組件（即 Java 類別）來嚴格匹配業務實體，如網上客戶（Customer）、訂單（Order）、定購項（OrderItem）等，並且封裝這些實體的行為（如獲得訂單號）。在訂單服務中，訂單（Order）組件獲取已定購商品的列表和定購的總額；定購項（Order Item）組件提供獲取已定購商品的名稱、數量和價格的功能。

在面向服務的設計中，不能基於業務實體設計服務。相反，每個服務都是管理一組業務實體中的操作的完整單元。例如，客戶服務將響應來自任何其他系統或需要訪問客戶資訊的服務請求。客戶服務處理以下業務：更新客戶資訊；

添加、更新、取消客戶訂單；以及查詢客戶的訂單歷史資訊。客戶服務擁有所有客戶有關的數據，並且能夠代表調用方進行其他服務查詢，以提供統一的客戶服務視圖。這意味著服務是一個管理器對象，它建立和管理它的一組組件。

開發業務層組件的方法很多。比如：使用 EJB 來開發業務組件。當然，開發人員也可以使用非 EJB 模式來開發（如傳統的 Java 開發模式）。

EJB（Enterprise Jave Bean）是 Java 程序，能夠封裝企業業務邏輯的伺服器端組件。在 J2EE 伺服器上的 EJB 容器管理著所有 EJB 的執行，以及 EJB 的生命週期，並且為 EJB 提供所有系統級的服務（如安全性、事務管理等）。EJB 組件則負責接受、處理 Web 容器的客戶請求並提供整個企業使用的數據。

從 J2EE 5 開始，EJB 只分為兩種：會話（Session）Bean 和消息驅動（Message-Driven）Bean。前一個表示與客戶端的會話，當客戶端會話結束後，它和它的數據就不存在了。後一個結合了會話 Bean 和消息監聽器的功能，允許以異步的方式接收消息，這些消息一般都是 JMS 消息。消息驅動 Bean 一般監聽消息伺服器（JMS 資源）來接收消息，並根據消息內容作出處理。在程序中使用 @MessageDriven 註釋來聲明消息驅動 Bean。老版本中的實體 Bean 被 Java 持久化 API 實體所代替，它表示儲存在資料庫上的某一行數據。

會話 bean 分為兩類：

- 有狀態（Stateful）會話 Bean：伺服器在會話期間，保留 Bean 的實例資訊。比如，一個購物籃是一個有狀態的會話 Bean。在使用者購物期間，保留使用者添加到購物籃中的物品資訊，使用 @Stateful 註釋來聲明。

- 無狀態（Stateless）會話 Bean：當調用無狀態會話 Bean 結束後，伺服器就不保留任何實例資訊，使用 @Stateless 註釋來聲明。

應該儘量使用無狀態會話 Bean，透過無狀態會話 Bean 池，EJB 容器可以滿足不同客戶來的多個請求。因為無狀態會話 Bean 不含任何狀態資訊，所以 EJB 容器分配任何一個 Bean 實例給任何一個客戶。

會話 Bean 提供了三種訪問類型：

- 遠程：Web 客戶端（如 JSP/Servlet 程序）可以和 EJB 不在同一個機器上（即位置透明性），使用 @Remote 註釋來聲明。

- 本地：Web 客戶端和 EJB 在同一個 JVM 中，這是缺省設定，使用 @Local 註釋來聲明或者不註釋。

- Web 服務：在 EJB 上使用 @webService 註釋來聲明為 Web 服務。要注意的是，該 EJB 必須是無狀態的會話 bean。

建議客戶端（包括 Web 層的 JSP 和 Servlet）的所有的數據訪問都要透過 EJB，各個業務對象都是帶遠程對接的無狀態的會話 EJB，運行在 EJB 容器中。這裡要注意，訪問遠程 EJB 的程序未必是 Web 程序，它也可以是 Java 應用程式或其他的 EJB。所以，EJB 具有很大的靈活性。

本地訪問適合於緊耦合的 EJB。比如，一個 EJB 要調用另一個 EJB，則這兩個 EJB 是緊耦合的。一般而言，本地訪問比遠程訪問快，所以，當兩個 EJB 需要相互頻繁訪問時，應該設定它們為本地訪問。

中網雲端計算平台對於向外部公佈的服務，提供了 Web 服務的訪問類型。對於內部的一些服務，採用了本地訪問類型。當需要公佈本地訪問為 Web 服務時，可以透過改動訪問類型完成。比如，平台管理一些基本資訊（如商品的顏色、尺碼等），把它們定義為本地訪問的無狀態會話 bean。平台還提供一些外部服務（如新訂單、訂單查詢等），把它們定義為 Web 服務。

EJB 程序一般包含以下內容：

- 業務對接：業務對接定義了 EJB 類別所要實現的方法。Web 層只能透過在業務對接中定義的方法來訪問 EJB，業務的實現細節被封裝在 EJB 類別中。假設業務名稱為 Xyz，那麼，所對應的類別名推薦為 Xyz。

- EJB 類別：實現了上述業務對接的類別。所對應的類別名推薦為 XyzBean，該類別名也是 EJB 的名稱。

從 EJB3.0 開始，EJB 編程同常規的 Java 編程類似。唯一的區別是 EJB 程序有很多註釋（annotation）。在 3.0 之前的 EJB 編程就非常複雜，spring 框架作為 EJB 之外的另一種架構來實施分層的業務模型。EJB 3.0 解決了很多 spring 常見的問題，而且它並不像 spring 那樣需要配置文件，從而也方便開發人員開發程序。

在 J2EE 的環境下（如 WebSphere）構建 Web 服務時，Web 服務客戶可以透過兩種方式訪問 J2EE 應用程式。客戶可以訪問用 JAX-WS 建立的 Web 服務，也可以透過 EJB 的服務端點對接訪問無狀態的 Session Bean，但不能訪問其他類型的企業 Bean，如有狀態的 Session Bean 和消息驅動 Bean。圖 8-9 描述了一個雲端計算平台的 Web 服務組成。

以中網雲端計算平台為例，它包含了很多 Web 服務（在開發工具上，是一個類別），每個服務向外公佈了多個端點（從而外部程序可以調用），每個端點關聯了多個操作（在開發工具上，是一個方法）。當然，這個平台還包含不是 Web 服務的 EJB 類和常規的 Java 類別，這些都是內部的類別。

在許多企業中，現有的業務邏輯可能已經使用 EJB 組件編寫好了，那麼，透過 Web 服務公開它可能是實現從外界訪問這些服務的最佳選擇。另外，EJB 端點也是一種很好的選擇，這是因為它使業務邏輯和端點位於同一層上。由於 EJB 容器會自動提供對並發的支持，使用無狀態會話 Bean 實現的 EJB 服務端點不必擔心多線程訪問（EJB 容器必須串行化對無狀態會話 Bean 的請求）。還有，EJB 容器提供安全性和事務的支持，因此 Bean 的開發人員可以不需要編寫安全代碼以及事務處理代碼。

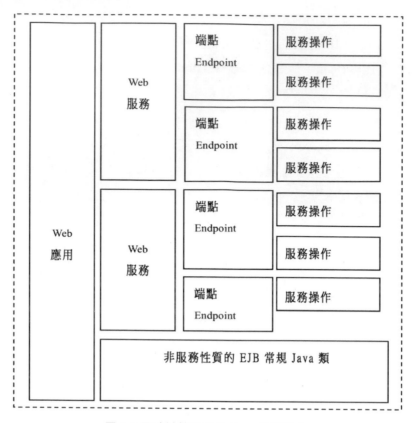

圖 8-9 雲端計算平台的 Web 服務組成

性能問題對於 Web 服務來說一直都是一個問題，由於幾乎所有 EJB 容器都提供了對無狀態會話 Bean 群集的支持以及對無狀態會話 Bean 池與資源管理的支持，因此，當負載增加時，可以向群集中增加機器，Web 服務請求可以定向到這些不同的伺服器。同時由於無狀態會話 Bean 池改進了資源利用和內存管理，使 Web 服務能夠有效地響應多個客戶請求。由此可以看到，透過把 Web 服務模型化為 EJB 端點，可以使服務具有更強的可伸縮性，並增強了系統整體的可靠性。

EJB 中包含了各種服務（如聲明式的事務管理），而且提供了一個共享的中間層，可支持各種類型的 J2EE 客戶端。但該結構有一定的開銷，一些負載來源於 EJB，而大部分還是與分佈式架構的特性有關。此經典架構的一種改進，便是把遠程 EJB 替換為本地 EJB，實現了架構的重用，解決了分佈式的種種問題。

為瞭解決 EJB 引起的一系列問題，一些企業正在使用非 EJB 架構的「輕量級容器」，即業務對象不是運行在 EJB 容器中，而是運行在「輕量級容器」中。輕量級容器並沒有和 J2EE 綁定，所以它既可以運行在 Web 容器裡，也可以運行在一個標準應用程式中。輕量級容器提供了一種管理、定位業務對象的辦法，用不著 JNDI 尋址、定製伺服器之類的額外開銷，輕量級容器中所有的 Java 類別都運行在同一個虛擬機中。

有別於使用 EJB，市場上用 POJO 實現業務對象，並運行在輕量級容器裡。POJO 是英文 Plain Old Java Object 的縮寫。簡單地說，就是一個 Java 對象，包含業務邏輯處理或持久化邏輯等。與 EJB 容器不同，這些業務對象不依賴於容器的 API，所以這些對像在容器外也可以使用。業務對象僅僅透過對接來訪問，當更改具體業務對象的實現類別後，業務對象無需修改，實現了面向對接編程。

如圖 8-10 所示，中網雲端計算平台版本 1.0 就是使用這個非 EJB 模式。開發人員自己建立 Java 類別，比如一個訂單業務類別。

1. 建立對接

對接名稱為 OrderInterface。Order 對接包含了多個操作。其中一個操作為查詢訂單（retrieveOrder），輸入為一個名為「orderNumber」的字元串，輸出一個名為「status」的字元串（即查看當前訂單的狀態資訊）。

2. 建立服務組件

服務組件名稱為 OrderImpl.java。生成一個 Java 服務組件，即實現前面所定義的 OrderInterface 對接。

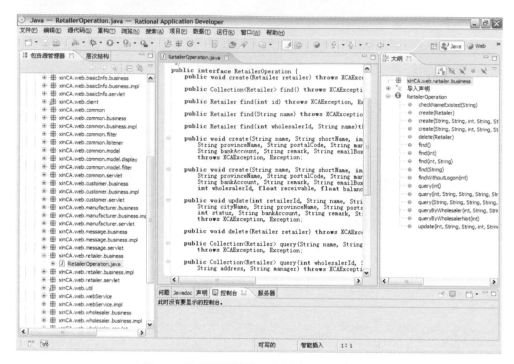

圖 8-10 中網雲端計算平台版本 1.0 開發模式

　　假定已經構建了上述的訂單查詢服務對接，其實現代碼為 OrderImpl.java。那麼，如何讓外部的 JSP 文件調用這個 Order 服務，並在頁面上把調用結果顯式出來呢？中網雲端計算平台 1.0 版本自己編寫了一個 ServiceManager。這個類別的作用主要就是能夠讓客戶端去定位一個服務提供方。一般調用的方式是透過 ServiceManager 的 locateService(String serviceName) 方法。拿到服務之後，客戶端就可以調用服務中所提供的方法了（熟悉 J2EE 編程的人員可以對比 JNDI 的 Lookup 方法）。下面分別根據引用的對接類型來講解主要 JSP 代碼片段。

1. 模擬對接類型是 WSDL 對接（給外部系統使用）

（1）首先需要在 JSP 中導入相關的類別，主要如下：

```
<%@ page import="com.xinchangan.ServiceManager" %>
<%@ page import="com.xinchangan.Service" %>
```

（2）生成 ServiceManager 對象，並拿到相應的服務。

```
ServiceManager serviceManager = new ServiceManager();
Service service = (Service) serviceManager.locateService("Order");
```

這裡 locateService() 方法中的參數是服務的實際名稱。

（3）調用服務的方法。

```
String orderNumber = request.getParameter("Order");
Object resp = (Object) service.invoke("retrieveOrder", orderNumber);
```

由於這裡模擬的是 WSDL 對接類型，因此返回結果是以 Object 的形式存在。從 Object 中，可以拿到實際的返回結果。

2. 當對接類型是 Java 對接（給內部系統使用）

（1）首先需要在 JSP 中導入相關的類別，主要如下：

```
<%@ page import="com.xinchangan.ServiceManager" %>
<%@ page import="com.xinchangan.Service" %>
<%@ page import="OrderInterface" %>
```

（2）生成 ServiceManager 對象，並拿到相應的服務。

```
ServiceManager serviceManager = new ServiceManager();
OrderInterface service =
(OrderInterface) serviceManager.locateService("Order");
```

（3）調用服務的方法。

```
String orderNumber = request.getParameter("orderNumber");
String resp = service.retrieveOrder(orderNumber);
```

由於這裡使用的是 Java 對接類型，因此調用的方式就是正常的 Java 對接調用。

中網雲端計算平台 2.1 版本就完全使用 EJB 來實現業務邏輯。正如前面所描述的，根據訪問方式的不同，EJB 可以聲明為遠程（@Remote）和本地（@Local，值）。一個對接不能同時聲明為本地和遠程，建議把遠程對接和本地對接的共同操作放在一個超對接上，如圖 8-11 所示，然後把遠程對接聲明為 @Remote，把本地對接聲明為 @Local。

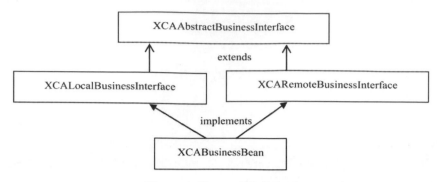

圖 8-11 組織 EJB 對接的方式

從 EJB 3.0 開始，不需要使用 JNDI 來獲取 EJB 實例或數據源對象，而只需使用 annotation 即可，比如：

- @EJB ShoppingCart myCart

- @Resource DataSource xcaDS

下面示範如何開發一個 EJB 程序。

步驟1 建立一個 EJB 項目，輸入項目名稱（xinCAEJB），指定一個 EAR 項目（透過 EAR 來布署 EJB 項目）。可以建立一個專門為 EJB 的 EAR 項目，也可以添加到其他 EAR 項目上。

步驟2 如圖 8-12 所示，指定源文件夾資訊。

步驟3 單擊「完成」按鈕來建立 EJB 項目。

圖 8-12 源文件夾

步驟 4 下面設定 EJB 項目，使得 EJB 可以訪問前面建立的 JPA 實體。右擊 EJB EAR 項目，選擇「生成布署描述符存根」，就建立了 META-INF 文件夾和 application.xml 文件。

步驟 5 如圖 8-13 所示，右擊 EAR 項目（xinCAEJBEAR），選擇「屬性」，然後選擇「Java EE 模塊依賴性」，選中已經開發的 JPA 項目（xinCAJPA），保存並退出。

圖 8-13 模塊依賴性

注意

如果開發了一些工具類庫，這些類庫被 EJB 程序和 Web 模塊（如 Servlet）所共用（比如，使用 Log4j 在 EJB 程序和 Web 模塊中記錄日誌資訊），那麼，需要右擊 EAR 項目，選中「導入」和「J2EE 實用程序 JAR」選項，在導入對話框上選中「將實用程序 JAR 從外部位置複製到現有 EAR 中」選項（如圖 8-14 所示），然後選擇所有的共享 JAR（圖 8-14 顯示了添加後的結果）。在這之後，可以在上述的「Java EE 模塊依賴性」選項卡上選中那些共享 JAR（如圖 8-15 所示）。另外，還需要在 EAR 的布署描述符中的應用程式部分，給「WAR 類裝入器策略」選擇「APPLICATION」選項（如圖 8-16 所示），從而設定了能夠被 EJB 和 Web 模共享的 JAR 文件。

圖 8-14 導入實用程序

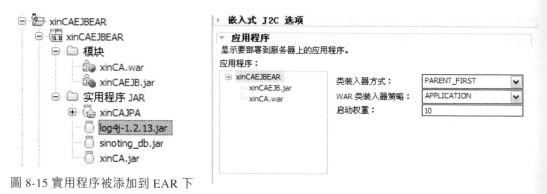

圖 8-15 實用程序被添加到 EAR 下

圖 8-16 WAR 類裝入器策略

步驟 6 右擊 EJB 項目（xinCAEJB），選擇屬性，然後選擇「Java EE 模塊依賴性」按鈕，選中已經開發的 JPA 項目（xinCAJPA.jar）和其他需要的 JAR 文件（如圖 8-17 所示），保存並退出。

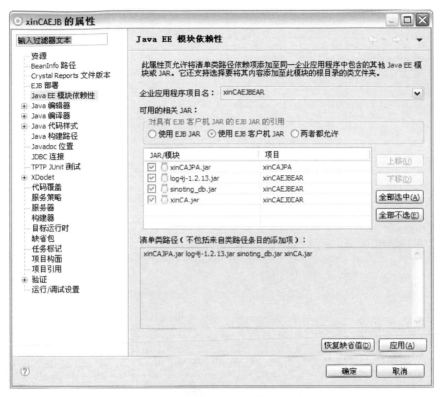

圖 8-17 EJB 項目的模塊依賴性

步驟 7 下面需要在 EAR 中配置數據源。有兩種方法來建立數據源,一種是在應用伺服器的管理控制臺上,另外一種是在 EAR 項目的布署文件中設定。圖 8-18 所示的是後一種方法。要注意的是,後一種方法是在應用程式級別上設定數據源,開發人員經常使用後一種設定來方便應用程式的測試。

步驟 8 建立 EJB 會話 Bean。右擊 xinCAEJB 項目,選擇「新增」和「會話 Bean」選項。在圖 8-19 中,輸入包名和類名,並指定狀態類型和對接的名稱,另外還需要指定該對接是本地還是遠程。在單擊「下一步」按鈕之後,可以選擇事務類型等資訊(如圖 8-20 所示)。然後,還可以選擇是否將剛剛建立的 EJB 類放入類視圖中(如圖 8-21 所示)。

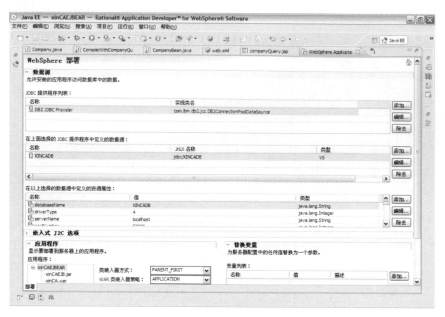

圖 8-18 設定數據源

圖 8-19 EJB 名稱等資訊

圖 8-20 EJB 事務設定

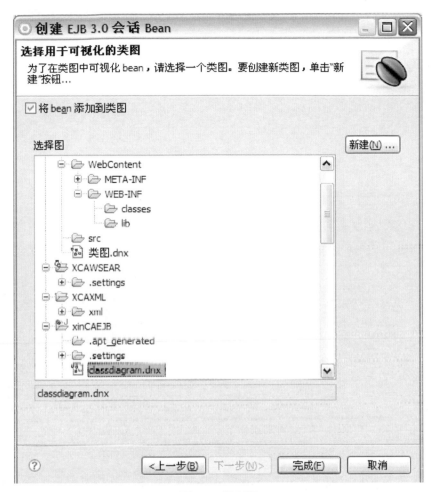

圖 8-21 類別圖

步驟 9 在單擊「完成」按鈕後，就可以看到所生成的空的 EJB 類別和對接類別。編寫對接代碼如下所示：

```
package xinCA.service;
import java.util.Collection;
import javax.ejb.Local;
import xinCA.common.XCAException;
import xinCA.entity.Company;
@Local
public interface CompanyService {
public void create(Company company) throws XCAException, Exception;
public Collection<Company> find() throws XCAException, Exception;
public Company find(Integer companyId) throws XCAException, Exception;
```

```
public Company find(String companyName) throws XCAException, Exception;
public void update(Company company) throws XCAException, Exception;
public void remove(Integer companyId) throws XCAException, Exception;
public Collection<Company> query(String companyName, Short companyType,
String address, String districtName,
String cityName, String provinceName, String postalCode, String
manager) throws XCAException, Exception;
}
```

圖 8-22 顯示了在 RAD 中完成對接代碼後的狀態。

圖 8-22 EJB 對接代碼

步驟 10 在寫完對接程序之後，再編寫 Bean 的代碼。選擇 CompanyBean，從選單中選中「源代碼」和「覆蓋 / 實現方法」選項，RAD 就可以生成一些框架代碼。然後，修改代碼為：

```
package xinCA.session;
import java.util.Collection;
import javax.ejb.Stateless;
import javax.persistence.EntityManager;
import javax.persistence.PersistenceContext;
import javax.persistence.Query;
import org.sinoting.server.SQLGenerator;
import xinCA.common.XCAException;
import xinCA.common.XCAMessage;
import xinCA.common.XCAMessageManager;
import xinCA.entity.Company;
import xinCA.service.CompanyService;
```

```java
/**
 * Session Bean implementation class CompanyBean
 */
@Stateless
public class CompanyBean implements CompanyService {
@PersistenceContext(unitName = "xinCAJPA")// 該名稱同 persistence.xml 要一致
private EntityManager em; // 實體管理器
// 使用實體管理器的 persist 來添加一個企業資訊
public void create(Company company) throws XCAException, Exception {
try {
if (company == null) {
return;
}
this.em.persist(company);
}
catch (Exception e) {
throw new XCAException(XCAMessage.FAILED_TO_CREATE_COMPANY,
XCAMessageManager.getMessage(XCAMessage.FAILED_TO_CREATE_COMPANY));
}
}
// 返回所有企業的資訊，使用了 NamedQuery 查詢實現
public Collection<Company> find() throws XCAException, Exception {
try {
return em.createNamedQuery("getCompanies").getResultList();
}
catch (Exception e) {
throw new XCAException(XCAMessage.FAILED_TO_GET_COMPANY,
XCAMessageManager.getMessage(XCAMessage.FAILED_TO_GET_COMPANY));
}
}
// 使用實體管理器的 find 方法來查詢一個企業資訊
public Company find(Integer companyId) throws XCAException, Exception {
try {
return em.find(Company.class, companyId);
}
catch (Exception e) {
throw new XCAException(XCAMessage.FAILED_TO_GET_COMPANY, XCAMessageManager
.getMessage(XCAMessage.FAILED_TO_GET_COMPANY));
}
}
// 使用了實體管理器的 SQL 查詢方法。也可以在 JPA 類別上為各種查詢定義一個
@NamedQuery
public Collection<Company> query(String companyName, Short companyType, String address,
String districtName,
String cityName, String provinceName, String postalCode, String manager)
throws XCAException, Exception {
```

```
try {
SQLGenerator sql = new SQLGenerator();
sql.append("SELECT * FROM Company a");
sql.where();
if (companyName != null) {
sql.and("a.companyName LIKE ?");
}
if (companyType != null) {
sql.and("a.companyType = ?");
}
if (address != null) {
sql.and("a.address LIKE ?");
}
if (districtName != null) {
sql.and("a.districtName LIKE ?");
}
if (cityName != null) {
sql.and("a.cityName LIKE ?");
}
if (provinceName != null) {
sql.and("a.provinceName LIKE ?");
}
if (postalCode != null) {
sql.and("a.postalCode LIKE ?");
}
if (manager != null) {
sql.and("a.manager LIKE ?");
}
sql.endWhere();
Query query = this.em.createNativeQuery(sql.getSQL(), Company.class);
int index = 0;
if (companyName != null) {
query.setParameter(++index, "%" + companyName + "%");
}
if (companyType != null) {
query.setParameter(++index, companyType);
}
if (address != null) {
query.setParameter(++index, "%" + address + "%");
}
if (districtName != null) {
query.setParameter(++index, "%" + districtName + "%");
}
if (cityName != null) {
query.setParameter(++index, "%" + cityName + "%");
}
```

```
if (provinceName != null) {
query.setParameter(++index, "%" + provinceName + "%");
}
if (postalCode != null) {
query.setParameter(++index, "%" + postalCode + "%");
}
if (manager != null) {
query.setParameter(++index, "%" + manager + "%");
}
return query.getResultList();
}
catch (Exception e) {
e.printStackTrace();
throw new XCAException(XCAMessage.FAILED_TO_GET_COMPANY,
XCAMessageManager.getMessage(XCAMessage.FAILED_TO_GET_COMPANY));
}
}
// 使用實體管理器的 remove 來刪除一個企業資訊（先使用 ID 來查詢到該企業）
public void remove(Integer companyId) throws XCAException, Exception {
try {
Company company = em.find(Company.class, companyId);
if (company == null) {
return;
}
else {
em.remove(company);
}
}
catch (Exception e) {
throw new XCAException(XCAMessage.FAILED_TO_DELETE_COMPANY,
XCAMessageManager.getMessage(XCAMessage.FAILED_TO_DELETE_COMPANY));
}
}
// 使用實體管理器的 remove 來刪除一個企業資訊
public void remove(Company company) throws XCAException, Exception {
try {
if (company == null) {
return;
}
this.em.remove(company);
}
catch (Exception e) {
throw new XCAException(XCAMessage.FAILED_TO_DELETE_COMPANY,
XCAMessageManager .getMessage(XCAMessage.FAILED_TO_DELETE_COMPANY));
}
}
```

```
// 使用實體管理器的 merge 更新一個企業資訊
public void update(Company company) throws XCAException, Exception {
try {
if (company == null) {
return;
}
this.em.merge(company);
}
catch (Exception e) {
throw new XCAException(XCAMessage.FAILED_TO_UPDATE_COMPANY,
XCAMessageManager .getMessage(XCAMessage.FAILED_TO_UPDATE_COMPANY));
}
}
// 使用一個命名查詢來查詢一個企業資訊（參數是企業名稱）
public Company find(String companyName) throws XCAException, Exception {
try {
return (Company)
em.createNamedQuery("getCompanyByName").setParameter("companyName", companyName)
.getSingleResult();
}
catch (Exception e) {
throw new XCAException(XCAMessage.FAILED_TO_GET_COMPANY, XCAMessageManager
.getMessage(XCAMessage.FAILED_TO_GET_COMPANY));
}
}
}
```

步驟 11 有兩種方法來測試 EJB，一種是使用 RAD 中帶的通用測試客戶機來測試，另一種是寫一個 servlet 來測試。在此我們示範前一種方法。在測試之前，需要將 EAR（如 xinCAEJBEAR）發佈到 Web 應用伺服器上。在伺服器一欄中，右擊滑鼠，選擇「通用測試機」和「運行」。

步驟 12 通用測試機啟動後，選擇 JNDI 資源管理器。這時，右邊出現所有的 EJB Bean 和其他資源，如圖 8-23 所示。

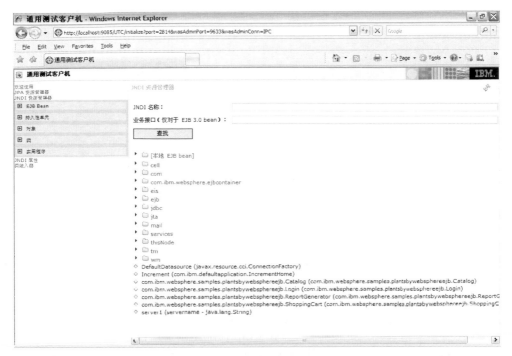

圖 8-23 JNDI 資源管理器

步驟 13 單擊「木地 EJB bean」文件夾（如圖 8-24 所示），這時出現所有的木
地 EJB Bean。

步驟 14 單擊剛剛創建的「xinCA.service.CompanyService」項，在左邊
出現「CompanyService」列表項（EJB Bean 的對接）。擴展左邊的
「CompanyService」列表項，並選擇「find」方法，如圖 8-25 所示。

步驟 15 單擊「調用」按鈕。這時出現了調用後的結果，如圖 8-26 所示。

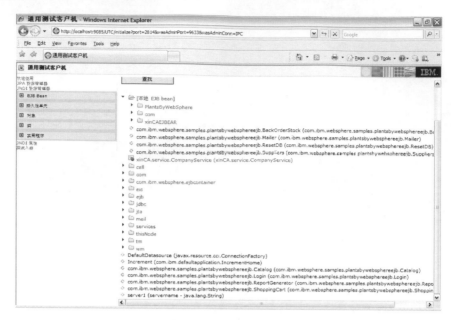

圖 8-24 本地 EJB Bean

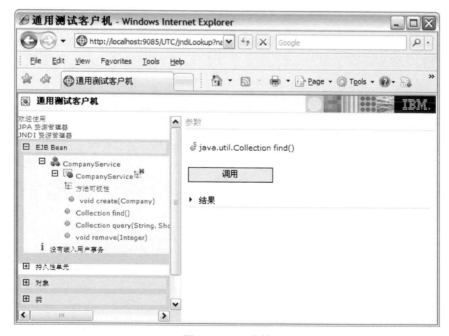

圖 8-25 EJB 方法

圖 8-26 調用方法

步驟 16 單擊「處理對象」按鈕和「處理包含的對象」按鈕，結果對象就出現
在左邊的對象文件夾下，如圖 8-27 所示。

圖 8-27 調用結果

步驟 17 選中「getCityname」方法，並單擊「調用」按鈕，就可以看到該方法

返回的數據（如圖 8-28 所示的「Beijing」）了。接下來，將在後面講解如何從 Web 應用程式中調用 EJB。

圖 8-28 顯示對象

8.3 Web 服務

下面以 JAX-WS（Java API for XML Web Services）為例子來講述如何建立 Web 服務。透過使用 JAX-WS 技術設計和開發 Web 服務，可以簡化 Web 服務和 Web 服務客戶機的的開發和布署，並能加速 Web 服務的開發。比如，中網雲端計算平台所提供的商品目錄服務和訂單服務都是標準的 Web 服務。調用 Web 服務的程序可以多種多樣。就 Java 而言，可以是 JSP/JSF 程序，也可以是客戶端程序。Web 服務支持同步調用和異步調用兩種方式。

JAX-WS 技術 包括了 Java Architecture for XML Binding (JAXB) 和 SOAP with Attachments API for Java（SAAJ）。JAXB 提供了一種非常方便的方法將 XML 模式映射到 Java 代碼的表示形式，從而支持數據綁定功能。JAXB 消除了將 SOAP 消息中的 XML 模式消息轉換為 Java 代碼的工作，因而開發人員不必瞭解 XML 和 SOAP 解析。SAAJ 提供了標準的方法來處理 SOAP 消息中包含的 XML 附件。

另外，JAX-WS 提供了用於將傳統 Java 對象類別轉換為 Web 服務的 Annotation 庫，從而加速了 Web 服務的開發工作。它還指定了從採用 Web 服務描述語言（WSDL）定義的服務到實現該服務的 Java 類別之間的詳細映射。採用 WSDL 定義的任意複雜類型都透過遵循 JAXB 規範定義的映射來映射為 Java 類別。

開發人員可以採用以下兩種方法之一開發 Web 服務：

- 從 WSDL 文件著手，生成 Java 類別來實現服務。

- 從 Java 類別著手，使用 Annotation（註釋） 來生成 WSDL 文件和 Java 對接。

第一種方法需要對用於定義消息格式的 WSDL 和 XSD（XML 模式定義）有良好的理解。如果對 Web 服務相當陌生，可以使用第二種方法。下面使用第二種方法來開發兩個 Web 服務，使用第二種方法建立 Web 服務的方式很多：

- 在類別上手工添加 @WebService

- 使用「建立 Web service」嚮導

- 使用 Ant

透過使用 Rational Application Developer 開發工具來開發 Web 服務，開發人員可以使用任何的 Eclipse 開發工具，介面都非常類似。正如上面闡述的，把現有的 Java Bean 或 EJB 轉化為 Web 服務的步驟非常簡單，只需要在類別的聲明前面加上 @WebService 即可。對於 Java Bean，還需要加上 name、targetNameSpace、serviceName 和 portName。比如：

```
@WebService (targetNamespace="http://webservice.xinCA/",
serviceName="TestXCAService", portName="TestXCAPort", wsdlLocation="WEB-INF/wsdl/
TestXCAService.wsdl")
```

如果只想指定某些方法為 Web 服務的操作，那麼可以在該方法聲明前面加上 @WebMethod 註釋。否則，所有 public 方法都被設定為服務的操作。

當完成上述修改後，可以發佈 Bean 所在的項目到 Web 應用伺服器。這時，系統會自動建立 Web 服務和 WSDL 文件。在這之後，打開服務視圖（在企業資源管理器上的左邊），展開「JAX-WS」文件夾，就可以看到 Web 服務了（如圖 8-29 所示）。另外，右擊該服務，單擊「使用 Web Service 資源管理器測試」選單項就可以測試該服務。

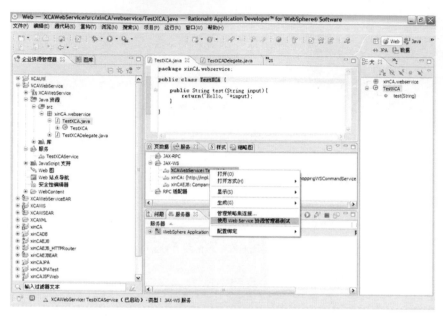

圖 8-29 測試 Web 服務

下面使用「建立 Web service」嚮導來建立 Web 服務。第一個 Web 服務比較簡單，就返回一句話，目的是讓讀者瞭解整個開發和部屬的步驟。第二個例子是中網雲端計算平台實際使用的訂單例子。

步驟 1 新增一個動態 Web 項目，輸入項目名稱，如 XCAWebService；指定 EAR 項目名，如 XCAWebService EAR。

步驟 2 確認並調整上下文根、內容目錄、Java 源目錄等設定資訊。單擊「完成」按鈕。

步驟 3 在 Java 資源下，右擊「src」，選中「新增」選項，然後選擇「包」選項。輸入包的名稱，如 xinCA.webservice，然後在該包下建立一個下面的 Java 程序。這個程序在輸入字元串之前加上「Hello,」，並作為結果返回。

```
package xinCA.webservice;
public class TestXCA{
public String test(String input){
return("Hello, "+input);
}
}
```

步驟 4　右擊剛剛建立的「TestXCA.java」類別，選中「Web Service」選項和「建立 Web Service」選項。彈出一個視窗，如圖 8-30 所示。

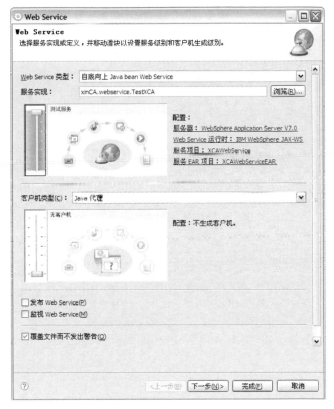

圖 8-30 建立 Web 服務

在圖 8-30 中，將左邊的滑動條上移到「測試服務」。這個滑動條允許開發人員選擇 Web 服務開發的某一個階段。

- 開發：生成 WSDL 和實現 Web 服務；
- 組合：組合 Web 服務到一個 EAR；

- 準備布署：生成布署資訊；

- 安裝：布署到 Web 應用伺服器上；

- 啟動：啟動 Web 服務；

- 測試：啟動 Web service 資源管理器來測試 Web 服務。

步驟 5 單擊「下一步」按鈕。在新的視窗上（如圖 8-31 所示），選中「生成 WSDL 文件到項目」（目的是生成一個靜態的 WSDL 文件）和「生成 Web Service 布署描述符」選項。圖上面的 MTOM（Message Transmission Optimization Mechanism）是 W3C 定義的標準，是為了優化 SOAP 消息的傳遞性能。簡單地説，它對一些數據不使用 base64 的編碼，從而減少了傳輸的數據量。

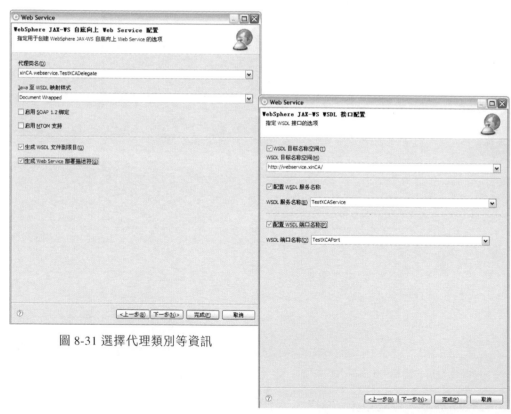

圖 8-31 選擇代理類別等資訊

圖 8-32 指定 WSDL 資訊

步驟 6 再單擊「下一步」按鈕，選中「WSDL 目標名稱空間」、「配置 WSDL 服務名稱」和「配置 WSDL 埠名稱」複選框，如圖 8-32 所示，並使用系統提供的默認值。單擊「下一步」按鈕，系統生成 Web 服務並布署到伺服器上。然後，出現「測試 Web Service」視窗，如圖 8-33 所示。

圖 8-33 測試 Web Service

步驟 7 單擊圖 8-33 所示的「啟動」按鈕，就可以啟動 Web Service 資源管理器來直接測試 Web 服務。

步驟 8 在 Web Service 資源管理器中，選中「test」選項，並單擊「添加」按鈕來輸入值。單擊「執行」按鈕，就可以在狀態欄下看到 Web 服務所返回的結果，如圖 8-34 所示。雙擊「狀態欄」，並選中「源程序」選項，就能看到發送和接收到的 SOAP 消息，如圖 8-35 所示。

圖 8-34 Web service 資源管理器

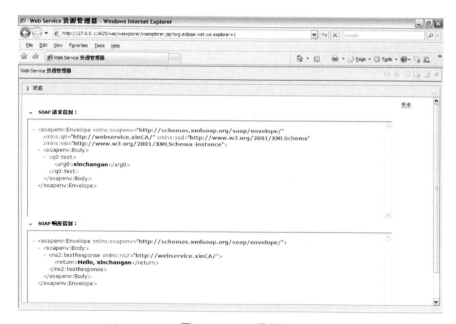

圖 8-35 SOAP 資訊

除了在建立服務時啟動 Web Service 資源管理器外，也可以直接在資源管理器的服務頁上啟動 Web Service 資源管理器。在 JAX-WS 下面，右擊想要測試的服務，然後選中「使用 Web Service 資源管理器測試」選項即可。從圖 8-34

也可以看出，Web Service 資源管理器其實是一個 JSP 程序（運行在 Eclipse 上的 Apache Tomcat 上），並使用 WSDL 來生成一個 SOAP 請求。

到目前為止，Web 服務已經被建立，而且已經被布署到 Web 伺服器上。開發人員也可以導出 EAR 文件，然後布署到其他的 Web 伺服器上。另外，如果在圖上選中了「發佈 Web Service」複選框的話，建立 Web 服務嚮導還會出現如圖 8-36 所示的發佈介面。透過它，開發人員可以發佈服務到 UDDI 上。

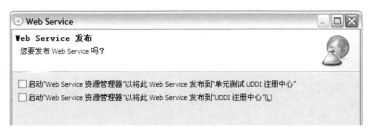

圖 8-36 UDDI 註冊

步驟 9 登錄 Web 應用伺服器控制臺，在服務提供者下面，就能看到剛剛布署的 Web 服務。單擊該服務，就可以看到更多服務資訊，如圖 8-37 所示。

圖 8-37 服務資訊

步驟 10 在瀏覽器中，調用該 Web 服務，可以看到如圖 8-38 所示的資訊。

圖 8-38 調用 Web 服務

　　如果能夠看到上述資訊，就說明 Web 服務已經啟動，正在監聽服務請求。當然，也可以在瀏覽器上查看該服務的 WSDL 內容。比如，在開發環境中輸入如下 URL：http：//localhost：9085/XCAWebService/TestXCAService?wsdl，就會看到 URL 被轉換為：

http://localhost:9085/XCAWebService/TestXCAService/WEB-INF/wsdl/TestXCAService.wsdl

圖 8-39 顯示了上述 URL 的 WSDL 資訊。

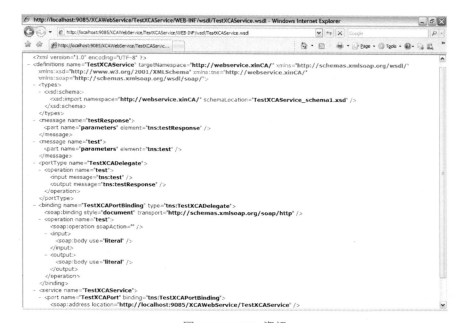

圖 8-39 WSDL 資訊

透過「建立 Web service」嚮導，系統建立了一個代理類別，如圖 8-40 所示。這個代理類別包含了所對應類別的所有方法，並註上了 @javax.jws. WebService 等資訊：

```
@javax.jws.WebService (targetNamespace="http://webservice.xinCA/",
serviceName="TestXCAService", portName="TestXCAPort", wsdlLocation="WEB-INF/wsdl/
TestXCAService.wsdl")
```

在 WEB-INF/wsdl 下，也生成了該 Web 服務的 WSDL 文件和 XSD 文件。開發人員可以使用 WSDL 文件生成訪問該 Web 服務的客戶端程序。另外，在 WEB-INF 下，生成了 webservices.xml 文件，該文件是 Web 服務的布署描述文件。

接下來分析一下 WSDL 的一些重要內容。首先要分析的是生成的 XSD，此內容使用 xsd:import 標記導入到 WSDL 文件中（如清單 8-1 所示），schemaLocation 指定 XSD 的位置。

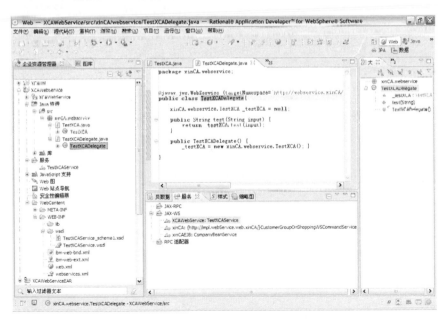

圖 8-40 代理類別

清單 8-1 包含模式定義的 WSDL 文件

```
<types>
<xsd:schema>
```

```
<xsd:import namespace=" http://webservice.xinCA/"schemaLocation =" TestXCAService_
schema1.xsd " />
</xsd:schema>
</types>
```

下面來查看一下 XSD。在瀏覽器中輸入如下 URL 就可以查看模式定義，如圖 8-41 所示。

```
http://localhost:9085/XCAWebService/TestXCAService/WEB-INF/wsdl/TestXCAService_
schema1.xsd
```

可以看到，模式定義最開始是 targetNamspace 和 tns 聲明，然後是元素定義 test 和 testResponse，分別是 Web 服務的輸入和輸出消息。後面是兩個複雜類型，如 test 類型包含一個元素，元素的名稱為 arg0，類型為 string。

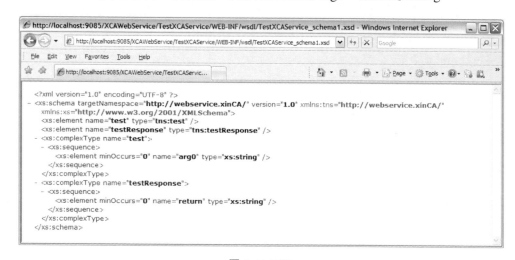

圖 8-41 XSD

下面來看看 WSDL 中的消息定義，如清單 8-2 所示。WSDL 指定消息 test 和 testResponse，其所屬的元素為 test 和 testResponse（前面已經討論了其模式定義）。portType 指定操作 test，其輸入消息為 test，而輸出消息為 testResponse。

清單 8-2 WSDL 文件中的消息元素

```
<message name="testResponse">
<part name="parameters" element="tns:testResponse" />
</message>
<message name="test">
```

```
<part name="parameters" element="tns:test" />
</message>
<portType name="TestXCADelegate">
<operation name="test">
<input message="tns:test" />
<output message="tns:testResponse" />
</operation>
</portType>
```

接下來定義了 WSDL 綁定。此綁定將 soap:binding 樣式定義為 document，soap:body 使用 literal 標記指定操作 test 的輸入和輸出消息格式，如清單 8-3 所示。

清單 8-3 WSDL 文件的綁定資訊

```
<binding name="TestXCAPortBinding" type="tns:TestXCADelegate">
<soap:binding style="document" transport="http://schemas.xmlsoap.org/soap/http" />
<operation name="test">
<soap:operation soapAction="" />
<input>
<soap:body use="literal" />
</input>
<output>
<soap:body use="literal" />
</output>
</operation>
</binding>
```

接下來定義 WSDL 服務。它指定了埠和對應的綁定類型，以及服務的實際位置。此位置通常為 HTTP 位置，在本例中為 http：//localhost：9085/XCAWebService/TestXCAService，如清單 8-4 所示。

清單 8-4 WSDL 文件的服務資訊

```
<service name="TestXCAService">
<port name="TestXCAPort" binding="tns:TestXCAPortBinding">
<soap:address
location="http://localhost:9085/XCAWebService/TestXCAService" />
</port>
</service>
```

到此為止我們已經完成了對生成的 WSDL 和 XSD 的分析。

下面來看看如何從客戶端調用 Web 服務。Web 服務提供了同步和異步調用兩種方式。在下一章，將講述如何在 JSF 中同步調用 Web 服務的例子。本小節，將講解客戶端程序的同步和異步方式調用。

1. 異步調用 Web 服務

異步方式是指客戶端調用 Web 服務後，就可以繼續後面的處理，而不用等待結果的出來。JAX-WS 提供了兩種異步方式。

- polling 模式：客戶端發送一個 Web 服務請求到服務提供方，服務提供方返回一個響應對象。客戶端就使用這個響應對象不時地問服務方是否已經處理完請求，如果是的話，就處理返回的結果。

- callback（回調）模式：很像 Ajax 的方式。客戶端在調用服務時提供了一個回調函數。那麼，當伺服器的結果返回後，這個回調函數就被調用並執行。

下面來建立一個調用 Web 服務的項目。

步驟 1 建立一個 Java 項目，如 XCAWebServiceClient，單擊「完成」按鈕。

步驟 2 在服務頁中（如圖 8-29 所示），右擊想要調用的服務，選中「生成」選項和「客戶機」選項。這時彈出一個新視窗，如圖 8-42 所示。在「客戶機項目」下拉列表框中，修改客戶機項目名稱為剛剛建立的 Java 項目。

圖 8-42 指定客戶機項目資訊

步驟 3 單擊「確定」按鈕，再單擊「下一步」按鈕，選中「對生成的客戶機啟用異步調用」複選框，如圖 8-43 所示。然後，單擊「完成」按鈕，系統生成了客戶機代碼。

圖 8-43 客戶機配置

打開 TestXCAPortProxy 代碼（如圖 8-44 所示），將會發現，對於每一個方法，都自動生成了一個 polling 模式和 callback 模式的方法：

```
public Response<TestResponse> testAsync(String arg0) {
return _getDescriptor().getProxy().testAsync(arg0);
}
public Future<?> testAsync(String arg0, AsyncHandler<TestResponse> asyncHandler) {
return _getDescriptor().getProxy().testAsync(arg0, asyncHandler);
}
```

前一個方法返回了一個 Response 對象，用來查詢伺服器是否返回了結果；後一個方法用於回調。

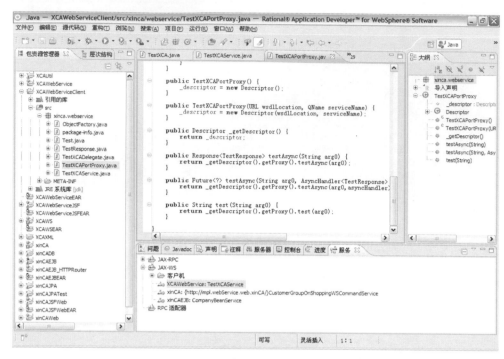

圖 8-44 生成的客戶機代碼

步驟 4 建立一個 PollingClient 類別來測試 polling 方式的調用：

```
package xinca.webservice;
import java.util.concurrent.ExecutionException;
import javax.xml.ws.Response;
public class PollingClient {
public static void main(String[] args) {
try{
TestXCAPortProxy proxy = new TestXCAPortProxy();
Response<TestResponse> resp = proxy.testAsync("XinChangAn");
// Poll for the response.
while (!resp.isDone()) {
// 你可以在做一些其他的事情 . 每隔 0.2 秒我們檢查結果是否出來
System.out.println(" 異步操作，結果尚未出來 ");
Thread.sleep(200);
}
TestResponse rcnr = resp.get();
System.out.println(" 異步處理結束 .");
System.out.println("Web 服務返回的結果是 :" + rcnr.getReturn());
} catch (InterruptedException e) {
System.out.println(e.getCause());
} catch (ExecutionException e) {
```

```
System.out.println(e.getCause());
}
}
}
```

步驟 5 右擊「PollingClient.java」項,選中「運行方式」和「Java 應用程式」
選項,就能看到如圖 8-45 所示的執行結果,客戶機在調用 Web 服務
後執行了一些異步操作。

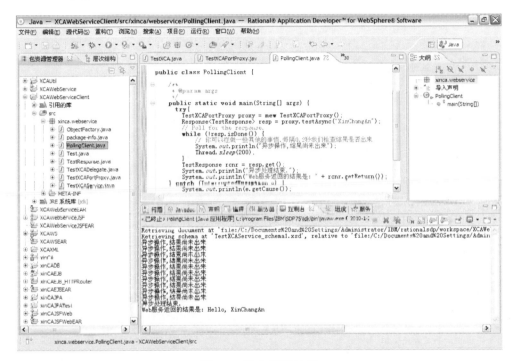

圖 8-45 異步調用結果

步驟 6 建立 callback 模式的測試程序:CallbackHandler 和 CallbackClient。
CallbackHandler 程序用於接收並處理服務返回的結果(即 javax.xml.
ws.Response 對象)。CallbackHandler 類需要實現 AsyncHandler
對接,這個對接有一個 handleResponse 方法。當運行環境從伺服
器那裡獲得異步調用的結果,handleResponse 方法就會被調用;
CallbackClient 是調用 Web 服務的客戶機程序。

```
package xinca.webservice;
import java.util.concurrent.Future;
```

```
public class CallbackClient {
public static void main(String[] args) throws Exception {
TestXCAPortProxy proxy = new TestXCAPortProxy();
// 設定 callback handler.
CallbackHandler callbackHandler = new CallbackHandler();
// 調用 Web 服務
Future<?> response = proxy.testAsync("XinChangAn", callbackHandler);
System.out.println("Wait 5 seconds.");
// 在這裡你可以處理其他業務 .
Thread.sleep(5000);
System.out.println("Web 服務返回的結果是 :" +callbackHandler.getResponse() + ".");
System.out.println(" 異步調用結束 .");
}
}
package xinca.webservice;
import java.util.concurrent.ExecutionException;
import javax.xml.ws.AsyncHandler;
import javax.xml.ws.Response;
public class CallbackHandler implements
AsyncHandler<TestResponse> {
private String result;
public void handleResponse(Response<TestResponse> resp) {
try {
TestResponse rcnr = resp.get();
result = rcnr.getReturn();
} catch (ExecutionException e) {
System.out.println(e.getCause());
} catch (InterruptedException e) {
System.out.println(e.getCause());
}
}
public String getResponse() {
return result;
}
}
```

步驟7 執行 CallbackClient 就能看到異步調用的結果，如圖 8-46 所示。

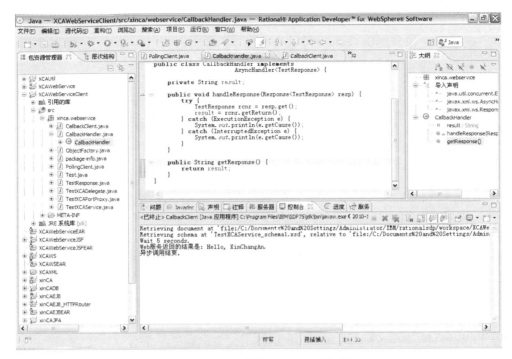

8-46 異步調用結果（callback 模式）

2. 同步調用 Web 服務

下面建立一個同步調用 Web 服務的客戶端程序 CallXCAService。這是一個通用的程序，只要修改這個程序的若干參數，就可以調用其他的 Web 服務。

```
package xinca.webservice;
//* These are generic imports; applicable to just about all JAX-WS clients import java.net.URL;
import javax.xml.namespace.QName;
import javax.xml.ws.BindingProvider;
import javax.xml.ws.Service;
import javax.xml.ws.soap.SOAPBinding;
public class CallXCAService {
// 包名
private static final String PACKAGE_NAME = "xinca.webservice";
// 服務名稱 . 可以從 <wsdl:service ... > 元素中獲得
private static final String SERVICE_NAME = "TestXCAService";
// 埠資訊，可以從 <wsdl:port ... > 元素中獲得
private static final String PORT_NAME = "TestXCAPort";
private static final String NAMESPACE = "http://" + PACKAGE_NAME;
private static final QName QNAME_SERVICE = new QName(NAMESPACE, SERVICE_
NAME);
```

```
private static final QName QNAME_PORT = new QName(NAMESPACE, PORT_NAME);
// 訪問 Web 服務的 URL，可以從 <soap:address location> 獲得
private static final String
URL_ENDPOINT = "http://localhost:9085/XCAWebService/TestXCAService";
public static void main(String[] args) {
Service service = Service.create(QNAME_SERVICE);// 格式為 :<wsdl:portType.name>
portTypeName =
//                  service.getPort(QNAME_PORT, <wsdl:portType.name>.class);
TestXCADelegate portTypeName = service.getPort( QNAME_PORT, TestXCADelegate.class);
BindingProvider bindingProvider = (BindingProvider) portTypeName;
bindingProvider.getRequestContext().put(
BindingProvider.ENDPOINT_ADDRESS_PROPERTY, URL_ENDPOINT);
// 調用服務，並處理返回值：String replyString =
//portTypeName.<operationName>(args);
// 其中 <operationName> 就是調用服務的操作，"args" 傳給操作的參數值
String replyString = portTypeName.test("Welcome to XCA web Service");
System.out.println("reply = " + replyString);
}
}
```

如圖 8-47 所示，執行上述 Java 程序就可以返回如下結果：

```
reply = Hello, Welcome to XCA web Service
```

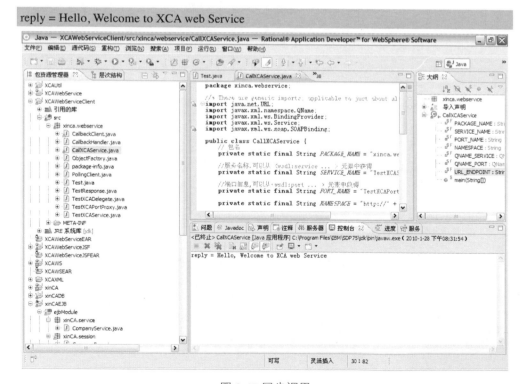

圖 8-47 同步調用

正如前面所闡述的，當調用一個 Web 服務時，客戶端發送一個 SOAP 請求消息到服務提供方。下面使用 Apache TCPMon 來截獲這個 SOAP 消息，從而讓讀者看看一個實際的 SOAP 消息的例子。

TCP 監控工具（TCPMon）是 Apache 的一個免費工具，能夠幫助監控基於 TCP 的會話資訊，比如：獲取調用 Web 服務所發送的 SOAP 包。它的一個基本原理就是將調用的服務重定向到 TcpMon，然後由 TCPMon 發送消息到最終服務端點。

如圖 8-48 所示，首先在 Admin 表單下新增一個監聽器（Listener）。把 Web 服務所在的主機（192.168.0.2）和埠（9085）設定在 Listener 下面，然後設定監聽埠為 8080（如果 8080 埠已經被使用，可以選擇任何一個尚未使用的埠），最後單擊「Add」按鈕。

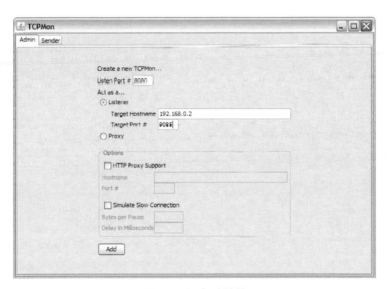

圖 8-48 設定監聽埠

這時，介面上會多一個表單（port 8080），如圖 8-49 所示。

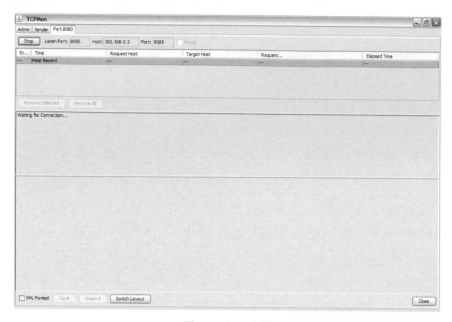

圖 8-49 port 表單

　　如圖 8-50 所示，在程序中，將服務 URL 指向 TCPMon 監聽的 IP 和埠
（127.0.0.1:8080），並運行客戶端程序。

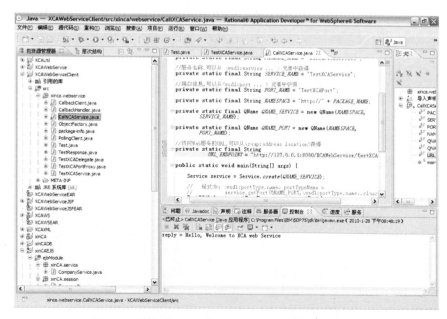

圖 8-50 將服務 URL 指向 TCPMon 監聽的 IP 和埠

　　運行後，TCPMon 截獲整個請求資訊，如圖 8-51 所示，在屏幕的上方，是發送的 SOAP 請求；在屏幕的下方，可以找到返回的 SOAP 消息。TCPMon 還允許以 XML 格式來顯示消息，這對調試 Web 服務是很有幫助的。選中「XML Format」選項，然後再次運行客戶端程序，可以看到如圖 8-52 所示的結果。

圖 8-51 SOAP 資訊

圖 8-52 SOAP 的 XML 格式資訊

清單 8-5 給出了兩個範例 SOAP 消息，第一個 SOAP 消息是在 Web 服務客戶機調用 sayHello 操作時發送的，第二個是 SOAP 響應消息。

清單 8-5 sayHello 操作的範例 SOAP 消息

```
<soapenv:Envelope xmlns:soapenv="http://schemas.xmlsoap.org/soap/envelope/">
<soapenv:Body>
<ns2:test xmlns:ns2="http://webservice.xinCA/">
<arg0>Welcome to XCA web Service</arg0>
</ns2:test>
</soapenv:Body>
</soapenv:Envelope>
<?xml version="1.0" encoding="UTF-8"?>
<soapenv:Envelope xmlns:soapenv="http://schemas.xmlsoap.org/soap/envelope/">
<soapenv:Body>
<ns2:testResponse xmlns:ns2="http://webservice.xinCA/">
<return>Hello, Welcome to XCA web Service</return>
</ns2:testResponse>
</soapenv:Body>
</soapenv:Envelope>
```

　　在 TCPMon 上，還提供了發送 Web 服務請求（即 SOAP 消息）的功能，這對於測試 Web 服務是很有幫助的。比如，把上面的 SOAP 請求消息粘貼到 Sender 表單上，然後，單擊「Send」按鈕，在下面就顯示了返回的 SOAP 消息，如圖 8-53 所示。

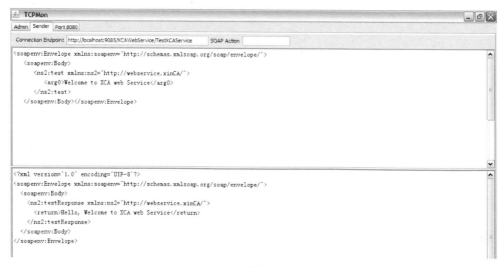

圖 8-53 直接發送 SOAP 請求

另外，還可以使用 TCPMon 來模擬一個慢的連接，如圖 8-54 所示，選擇「Simulate Slow Connection」複選框，並設定延遲時間等資訊，這對於調試 Web 服務也是很有幫助的。

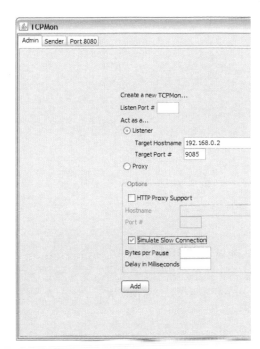

圖 8-54 模擬慢的連接

中網已經使用 Java 開發了訂單管理的類別。目前，需要將這些管理程式作為服務公開。可以建立一個訂單處理 Web 服務，用於接受訂單資訊、配送資訊和訂購物品，調用已經開發好的訂單處理類別，並最終將訂單號返回給調用者。訂單處理服務的代碼如清單 8-6 中所示。要注意的是，這個 Web 服務程序儘量使用中網已經開發的訂單管理類別。清單 8-7 是一個調用該 Web 服務的 Java 程序，該程序在控制臺輸出 Web 服務所返回的 XML 數據，其中包含了新訂單編號。

清單 8-6 訂單處理 Web 服務實現

```
package xinCA.web.webService.impl;
import javax.jws.WebService;
import org.jdom.Document;
import org.jdom.Element;
// 下面是中網內部使用的包，讀者可以跳過下面的 import 部分
import xinCA.common.XCAConstant;
import xinCA.customer.CartItem;
import xinCA.customer.Customer;
import xinCA.customer.CustomerOrder;
import xinCA.customer.GroupOn;
import xinCA.customer.HostingSite;
import xinCA.customer.ShoppingCart;
import xinCA.manufacturer.XCAProduct;
import xinCA.server.XCARepository;
import xinCA.web.common.XCAWebConstant;
import xinCA.web.common.XCAWebException;
import xinCA.web.common.XCAWebExceptionCode;
```

```java
import xinCA.web.customer.business.CustomerOperation;
import xinCA.web.customer.business.CustomerOrderOperation;
import xinCA.web.customer.business.GroupOnOperation;
import xinCA.web.customer.business.impl.CustomerOperationImpl;
import xinCA.web.customer.business.impl.CustomerOrderOperationImpl;
import xinCA.web.customer.business.impl.GroupOnOperationImpl;
import xinCA.web.manufacturer.business.XCAProductOperation;
import xinCA.web.manufacturer.business.impl.XCAProductOperationImpl;
import xinCA.web.util.Toolkit;
import xinCA.web.webService.XCACommandConstant;
// 下面定義了 Web 服務
@WebService(endpointInterface = "xinCA.web.webService.XCAWSCommand")
public class CustomerGroupOnShoppingWSCommand extends AbstractXCAWSCommand
{
public CustomerGroupOnShoppingWSCommand() {
}
public String doCommand(String data) {
return super.doCommand(data);
}
public CustomerGroupOnShoppingWSCommand(XCARepository db) {
if (db != null) {
this.db = db;
}
else {
throw new IllegalArgumentException("DataBase");
}
}
// 這個方法是處理外部傳過來的訂單資訊 (XML 格式)，並返回結果 (XML 格式)
@Override
public Document dealCommand(Element data, HostingSite site, Customer customer) {
Document doc = null;
boolean logon = false;
try {
if (site == null) {
throw new
XCAWebException(XCAWebExceptionCode.FAILED_GET_HOSTINGSITE);
}
// 獲取訂購商品資訊
int groupOnId = this.getParameterint(data, XCACommandConstant.GROUPONID, false);
int colorId = this.getParameterint(data, XCACommandConstant.COLORID, false);
int sizeId = this.getParameterint(data, XCACommandConstant.SIZEID, false);
// 獲取客戶資訊
String name = this.getParameterString(data, XCACommandConstant.CUSTOMERNAME);
String province = this.getParameterString(data, XCACommandConstant.PROVINCE);
String city = this.getParameterString(data, XCACommandConstant.CITY);
String address = this.getParameterString(data, XCACommandConstant.ADDRESS);
```

```java
String postalCode = this.getParameterString(data, XCACommandConstant.POSTALCODE);
String telephone = this.getParameterString(data, XCACommandConstant.TELEPHONE);
String email = this.getParameter(data, XCACommandConstant.EMAIL);
int quantity = this.getParameterint(data, XCACommandConstant.QUANTITY, false);
String remark = this.getParameter(data, XCACommandConstant.REMARK);
String shipping = this.getParameter(data, XCACommandConstant.SHIPPING);
String[] extras = this.getParameters(data, XCACommandConstant.EXTRAS);
if (Toolkit.isNotEmpty(extras)) {
for (int i = 0; i < extras.length; i++) {
if
(XCACommandConstant.EXTERAS_REGISTERME.equals(extras[i])) {
customer = this.regedit(data, site);
}
}
}
if (customer == null) {
throw new XCAWebException(XCAWebExceptionCode.NULL_ARGUMENT, "customer");
}
CustomerOperation c_operation = new
CustomerOperationImpl(this.db);
try {
c_operation.logout();
}
catch (Exception e) {
}
// 驗證使用者名和密碼
customer = c_operation.logon(customer.getName(), customer.getPassword());
logon = true;
GroupOnOperation g_operation = new GroupOnOperationImpl(this.db);
GroupOn groupOn = g_operation.find(groupOnId);
if (groupOn == null
|| !XCAWebConstant.GROUPON_STATUS_OPEN.equals(groupOn.getStatus())
|| groupOn.getExpiration() == null ||
groupOn.getExpiration().before(Toolkit.getNowDate())) {
throw new XCAWebException(XCAWebExceptionCode.NULL_ARGUMENT, "groupOn=" +
groupOnId);
}
XCAProductOperation p_operation = new
XCAProductOperationImpl(this.db);
XCAProduct product = p_operation.find(groupOn.getProductId());
if (product == null) {
throw new XCAWebException(XCAWebExceptionCode.NULL_ARGUMENT, "ProductId=" +
groupOn.getProductId());
}
ShoppingCart shoppingCart = new ShoppingCart();
shoppingCart.setCartId(0);
```

```
shoppingCart.setCustomerId(customer.getId());
shoppingCart.setSiteId(site.getSiteId());
CartItem item = new CartItem();
item.setProductId(product.getId());
item.setSizeId(sizeId);
item.setColorId(colorId);
item.setQuantity(quantity);
//TODO check price
item.setPrice(groupOn.getWholesalePrice() == null ? 0 :groupOn.getWholesalePrice().
floatValue());
shoppingCart.addCartItem(item);
CustomerOrderOperation co_operation = new
CustomerOrderOperationImpl(this.db);
// 調用伺服器上的訂單處理程序
CustomerOrder order = co_operation.shopping(shoppingCart, name, address, city, province,
postalCode, telephone, email, remark);
// 返回訂單處理的結果 ( 在一個 XML 數據中 )
Element root = new Element(XCACommandConstant.ROOT);
doc = new Document(root);
Element success = new Element(XCACommandConstant.SUCCESS);
root.addContent(success);
Element e_order = new Element(XCACommandConstant.CUSTOMERORDER);root.
addContent(e_order);
Element e_orderId = new Element(XCACommandConstant.ORDERID);e_orderId.setText(String.
valueOf(order.getId()));
e_order.addContent(e_orderId);
Element e_externalId = new
Element(XCACommandConstant.EXTERNALID);
e_externalId.setText(order.getExternalId());
e_order.addContent(e_externalId);
}
catch (Exception e) {
doc = null;
doc = this.printError(e);
}
finally {
try {
if (logon) {
CustomerOperation c_operation = new
CustomerOperationImpl(this.db);
c_operation.logout();
}
}
catch (Exception e) {
}
}
```

```
return doc;
}
private Customer regedit(Element data, HostingSite site) throws Exception
{
int type = XCAConstant.CUSTOMERTYPE_NORMAL;
String realName = this.getParameterString(data, XCACommandConstant.CUSTOMERNAME);
String province = this.getParameterString(data, XCACommandConstant.PROVINCE);
String city = this.getParameterString(data, XCACommandConstant.CITY);
String address = this.getParameterString(data, XCACommandConstant.ADDRESS);
String postalCode = this.getParameterString(data, XCACommandConstant.POSTALCODE);
String tel = this.getParameterString(data, XCACommandConstant.TELEPHONE);
String fax = null;
int status = XCAConstant.CUSTOMER_STATUS_ENABLED;
String email = this.getParameterString(data, XCACommandConstant.EMAIL);
String remark = null;
int siteId = site.getSiteId();
CustomerOperation operation = new CustomerOperationImpl(this.db);
operation.regedit(email, tel, type, realName, address, city, province, postalCode, tel, fax, status,
remark, email, siteId);
Customer customer = new Customer();
customer.setName(email);
customer.setPassword(tel);
return customer;
}
}
```

清單 8-7 調用中網訂單處理 Web 服務的客戶端程序

```
package xinca.web.webservice;
import javax.xml.namespace.QName;
import javax.xml.ws.BindingProvider;
import javax.xml.ws.Service;
import xinca.web.webservice.impl.XCAWSCommand;
public class XCAWSCommandClient {
// 下面的調用 Web 服務的格式是一個常用格式，具體請見前面例子
private static final String PACKAGE_NAME ="impl.webService.web.xinCA";
private static final String SERVICE_NAME ="CustomerGroupOnShoppingWSCommandServi
ce";
private static final String PORT_NAME ="CustomerGroupOnShoppingWSCommandPort";
private static final String NAMESPACE = "http://" + PACKAGE_NAME;
private static final QName QNAME_SERVICE = new QName(NAMESPACE, SERVICE_
NAME);
private static final QName QNAME_PORT = new QName(NAMESPACE, PORT_NAME);
// Web 服務的 URL
private static final String URL_ENDPOINT ="http://192.168.0.3:9083/xinCA/CustomerGroupOn
ShoppingWSCommandService";
```

```java
public static void main(String[] args) throws Exception {
Service service = Service.create(QNAME_SERVICE);
XCAWSCommand portTypeName = service.getPort(QNAME_PORT, XCAWSCommand.class);
BindingProvider bindingProvider = (BindingProvider) portTypeName;
bindingProvider.getRequestContext().put(BindingProvider.ENDPOINT_ADDR ESS_
PROPERTY, URL_ENDPOINT);
// 下面是外部系統所提供的訂單數據和使用者驗證資訊
// 使用者名和密碼
String customer = "sam";
String password = "password";
// 訂購商品
int grouponId = 4;
int colorId = 1;
int sizeId = 1;
int quantity = 2;
// 收貨人資訊
String name = "wuhan";
String telephone = "15821439880";
String email = "";
String address = " 上海 ";
String city = " 上海 ";
String province = " 上海 ";
String postalCode = "201203";
String shipping = "agent";
String remark = "";
// 中網 Web 服務要求外部系統把訂單數據放在一個 XML 數據中
// 然後，調用中網訂單處理服務
String replyString = portTypeName
.doCommand("<?xml
version=\"1.0\"?><XCA><SITEID>1</SITEID><SITETOKEN></
SITETOKEN><COMMAND>CU STOMERGROUPONSHOPPING</COMMAND><CUSTOM
ER><CUSTOMERNAME>"
+ customer
+ "</CUSTOMERNAME><PASSWORD>"
+ password
+ "</PASSWORD></CUSTOMER><DATA><GROUPONID>"
+ grouponId
+ "</GROUPONID><COLORID>"
+ colorId
+ "</COLORID><SIZEID>"
+ sizeId
+ "</SIZEID><CUSTOMERNAME>"
+ name
+ "</CUSTOMERNAME><TELEPHONE>"
+ telephone
+ "</TELEPHONE><EMAIL>"
```

```
+ email
+ "</EMAIL><ADDRESS>"
+ address
+ "</ADDRESS><CITY>"
+ city
+ "</CITY><PROVINCE>"
+ province
+ "</PROVINCE><POSTALCODE>"
+ postalCode
+ "</POSTALCODE><QUANTITY>"
+ quantity
+ "</QUANTITY><SHIPPING>"
+ shipping
+ "</SHIPPING><REMARK>" + remark +"</REMARK></DATA></XCA>");
// 影印 Web 服務的返回結果（也是一個 XML 數據）
System.out.println("reply = " + replyString);}}
返回結果為：
reply =
<?xml version="1.0" encoding="UTF-8"?>
<XCA>
<SUCCESS />
<CUSTOMERORDER>
<ORDERID>4</ORDERID>
<EXTERNALID>WSD002201001110224743</EXTERNALID>
</CUSTOMERORDER>
</XCA>
```

開發 JAX-WS Web 服務的起點是使用 javax.jws.WebService 註釋（Annotation）標註 Java 類別。CustomerGroupOnShoppingWSCommand 使用 WebService 註釋進行了標註，從而將該類別定義為 Web 服務。帶有 @javax.jws.WebService 註釋的類別隱式地定義了服務端點對接（Service Endpoint Interface，SEI），用於聲明客戶機可以對服務調用的方法。除了使用 @WebMethod 註釋標註且 exclude 元素設定為 true 的方法外，類別中定義的所有公共方法都會映射到 WSDL 操作。@WebMethod 是可選的，用於對 Web 服務操作進行自定義。除了 exclude 元素外，javax.jws.WebMethod 註釋還提供 operation name 和 action 元素，用於在 WSDL 文件中自定義操作的 name 屬性和 SOAP action 元素。這些屬性是可選的，如果未定義，會從類別名稱上派生默認值。

實現 Web 服務後，需要生成布署服務所需的構件，然後將 Web 服務打包為布署構件，並布署到任何支持 JAX-WS 規範的伺服器上。這些構件包括了很多類別，這些類別提供了基於服務對接將 Java 對象轉換為 XML、WSDL 文件和 XSD 模式的功能。生成 Web 服務布署和調用所需的 JAX-WS 構件的方法很多。上一個例子使用了 RAD 開發工具，開發人員也可以使用命令行工具來完成，如使用 wsgen 工具，此工具將讀取 Web SEI 類別，並生成需要發佈的 Web 服務的 WSDL 文件和 XSD 模式，比如：

```
wsgen -cp.xinCA.web.webService.impl.CustomerGroupOnShoppingWSCommand -wsdl
```

wsgen 工具提供了大量的選項，例如，提供了 -wsdl 選項，用於生成服務的 WSDL 和模式構件。

在上面的例子中，將訂單 Web 服務發布到 http：//192.168.0.3：9083/xinCA/CustomerGroupOnShoppingWSCommandService。可以透過顯示 Web 服務的 WSDL 來驗證 Web 服務是否在運行。要查看訂單處理 Web 服務的 WSDL，選項在瀏覽器中鍵入以下 URL 位置：

```
http://192.168.0.3:9083/xinCA/CustomerGroupOnShoppingWSCommandService.wsdl
```

這樣，就可以看到 WSDL 文件內容了。

8.4 其他考慮

當構建了多個服務的時候，如果有一些資源可以在不同服務之間共享，那麼建立一份可以在不同服務之間進行共享的資源，而不是在不同服務中重複建立。共享庫就是存放這些共享資源的地方。共享庫包含的內容有：數據定義，對接定義，數據映射和關係。與服務最大的區別是共享庫不包含服務組件，因此也就不包含業務邏輯。從布署的角度，一個共享庫可以對應一個單獨的 JAR 包。

中網雲端計算平台的外部服務並沒有全部使用 Web 服務。如圖 8-55 所示，對於某些服務，是讓外部系統來訪問一個公共的 Servlet（XCAService）。這個公共的 Servlet 接收 XML 數據，並調用相應的服務，最後將結果以 XML 數據返回給外部系統。中網雲端計算平台並不是唯一一個不全部使用基於 SOAP 的 Web 服務的雲端計算平台。比如，亞馬遜給客戶提供的服務有兩種：一種是使用基於 SOAP 的網路服務；另一種則簡單地在 HTTP 協議之上提供 XML 數據。後一種輕量型方式有時被稱為 REST（Representational State Transfer，代表性狀態傳輸）。雖然亞馬遜同大型零售店的 B2B 連接（如 ToysRUs 兒童用品商店）使用 SOAP，但是亞馬遜的 95% 服務是輕量型的 REST 服務。

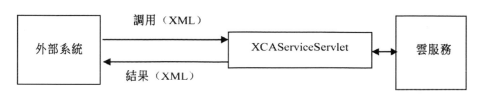

圖 8-55 採用 Servlet 的服務調用對接

現在有很多開發工具都提供了軟體分析的功能，它可以用來檢測軟體是否符合所定義的規則（如是否易於維護）。圖 8-56 所示是 RAD 所提供的軟體分析器。在這個介面上，選擇想要分析的代碼（即作用域），然後選擇要使用的規則（如圖 8-57 所示），如 J2EE 最佳實踐規則。最後單擊「分析」按鈕就可以分析所選擇的作用域下的代碼。

圖 8-56 分析軟體

圖 8-57 分析規則

分析結果會逐行顯示違反規則的代碼，開發人員可以查看這些代碼。有時規則本身會提供一個修改建議，開發人員可以決定是否採用這個建議。

第 9 章 門戶服務

從本章節你可以學習到：

- ❖ Portal
- ❖ Widget
- ❖ Mashup
- ❖ 網頁
- ❖ 調用 EJB 的 Web 程序實例
- ❖ JSF
- ❖ Web 2.0 開發

很多企業都需要門戶服務，比如：銀行。如果一個使用者擁有該銀行的信用卡，那麼，該使用者需要訪問信用卡系統來檢查每筆消費記錄；如果這個使用者還向該銀行申請了房子貸款，那麼，還需要訪問貸款系統。使用者當然希望在同一個介面下看到所有的這些系統，這就是門戶服務的範疇。因此，在開發完服務之後，除了需要在前端完成調用服務的介面（這包括將調用後的結果顯示在介面上），還需要實現下面三個功能：

- aggregation（服務的彙總）：有些服務來自於外部的系統，但是，使用者要求把所有的服務都集中到一個介面下，以統一的風格顯示。

- personalization（個性化功能）：一個服務集包含了提供的所有服務。使用者可能只選擇（購買）了其中的一部分服務，所以，還需要一個前端使用者介面集成機制來顯示定製服務（即提供個性化功能，每個使用者可以看到不同的服務子集）。

- presentation（針對不同設備的顯示）：使用者可能使用不同的設備來訪問這些服務，比如：手機。一個系統要能夠根據不同的設備顯示相應格式的數據。

上面的這些功能都統稱為門戶服務，圖 9-1 描述了門戶服務實現的邏輯圖。

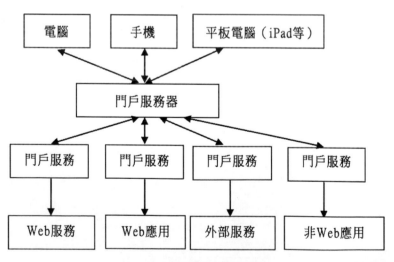

圖 9-1 門戶服務的訪問模式

首先來看看如何只顯示一部分服務。一個傳統的做法是使用類似選單的方式,每個選單項觸發一個服務。如果這個使用者不具有使用某一個服務的權限,那麼,或者將該服務從選單中去掉,或者灰化。下面討論使用其他的方法來實現服務子集的顯示。

9.1 Portal

終端使用者介面集成涉及如何集成特定使用者訪問的全部應用程式和服務來提供可用、高效、一致的介面。它是一個正在發展的課題,而新的技術(如 Portal 伺服器)提供了實現的方法。Portal 的中文翻譯為「門戶」,是一個基於 Web 的應用程式。如圖 9-2 所示,在 Portal 技術裡,可以有一些預先做好的 Portlets,然後,根據個性化需求,建立一個網頁,將相關的 Portlets 組裝起來,從而為客戶提供一個定製的使用者介面(或者説個性化介面)。

在雲端計算平台上,透過 Portal 可以實現單點登錄、內容集成和定製。也就是說,把所有服務都集成起來,從一個地方訪問它們,即使這些服務可能來自不同的地方。

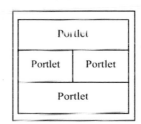

圖 9-2 Portlet 和網頁

首先,透過一個實際的例子來體會 Portal 的概念。圖 9-3 顯示的是 IBM 公司給全球 40 多萬員工提供的基於 Portal 的員工系統。在這個系統上,有「Search」、「News」等 Portlet。多個 Portlets 組成為一個資訊系統。從圖 9-3 上看出,一個 Portlet 類似一個小視窗。整個頁面是由若干個「個性化」的 Portlet 組成。Portlets 為可插式(Pluggable)的客戶介面組件,所以員工還可以自己添加更多的 Portlet(在介面的右上角)。

每個 Portlet Page(Portal 頁面,如圖 9-3 所示)由一個或多個 Portlet Window(Portlet 視窗,如圖 9-3 中的「Search」視窗)組成,每個 Portlet Window 又分為兩部分:

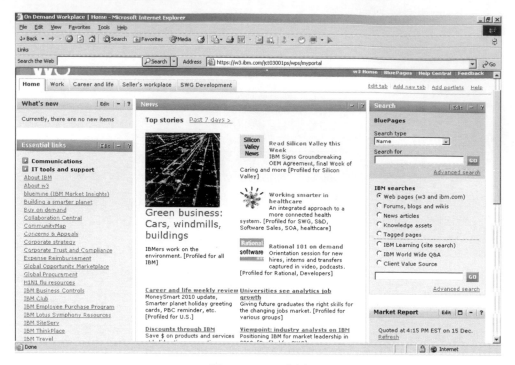

圖 9-3 Portlet 實例

- Decorations and controls（外觀）：它決定了 Portlet 視窗的標題條、控制和邊界的樣式；比如，Portlet 分為三個狀態：正常、最小化和最大化。當使用者單擊上面的「最小化」按鈕時，Portlet 只顯示為標題條。它決定了 Portal 頁面上留給 Portlet 生成內容的空間。當最小化後，如果單擊「恢復」按鈕，Portlet 將占據整個分配的空間。開發者應當根據可用空間的大小來定製內容。另外，如果單擊「最大化」按鈕，就可以在整個屏幕上顯示。Portlet 分成四個模式：編輯（使用者自己可以配置，見圖 9-3 上的 Search Portlet）、視圖、幫助和配置（管理員可以為一組使用者配置 Portlet）。

- Portlet Fragment（Portlet 片段）：是由 Portlet 產生的內容。片段是具有一些規則的 Markup（HTML、XHTML、WML），而且可以和其他的片段組合成為一個複雜的文件。一個 Portlet 中的內容與其他 Portlet 的內容聚合而成為一個 Portal 網頁。Portlet 的生命週期是被 Portlet Container 所管理控制的。

Portlet 之間也可以互動。這是透過 Portlet 事件完成的，主要分為三種：

- 操作（Action）：比如，當使用者單擊一個鏈接時，Portlet 就收到了 HTTP 請求。

- 消息：一個 Portlet 可以給另一個 Portlet 發送消息。

- 視窗：比如，當使用者改變 Portlet 視窗的狀態時。

Portlet 不僅可以透過 Web 服務調用本地服務組件，而且可以透過新技術（如遠程 Portlet 的 Web 服務）調用遠程服務組件。這些遠程服務在網際網路上可以透過 Portal 即插即用，從而為新的服務集成提供了可能。

Portal 的組成分為三部分：

- Portal Server

- Portlet Container

- Portlet

Portal Server 是在 HTTP Server 上，負責接收 HTTP 請求，調用 Portlet，並將 Portlet 產生的內容聚集到 Portal 頁面後返回給使用者。Portal Server 有時簡稱為 Portal。Portlet Container 管理 Portlet 的生命週期並且提供其運行的必要環境。一個 Portlet container 接收來自 Portal 的請求後，將這個請求傳遞給 Container 上的 Portlet 執行。Portlet Container 並不組合 Portlets 產生的資訊內容，這個工作是由 Portal （即 Portal Server）來處理。Portal 和 Portlet Container 可以放在一起視為同一個系統的組件，或者分開成為兩個獨立的組件。Portlet 是基於 Java 的 Web 組件，由 Portlet 容器管理，專門處理客戶的請求以及產生各種動態的資訊內容。Portal 使用 Portlets 作為可插拔使用者對接組件，提供資訊系統的表示層。Portlets 實現了 Web 應用的模塊化和使用者中心化。

Portal 是一種低成本的集成技術。如果網站或企業已經有了很多資訊系統，那麼，Portal 可以很容易的將這些系統集成起來，並以統一的方式提供給使用者。統一可以有：

- 流程的統一，如：登錄、定製、瀏覽；

- 介面的統一，如：顯示風格的高度模塊化。透過 Portal 提供的 Plugin 技術，可以根據企業的需求編制標準的模塊，並嵌入 Portal 系統，供企業使用。

由於 Portal 的特色，企業和網站可以很容易的將自己的服務進行標準封裝，插入 Portal 系統，提供給使用者使用。現在的門戶網站和專業網站有很多服務，但是很多使用者根本就沒有發現過、使用過，透過 Portal 的形式可以給使用者一個集中體驗的場所。企業可以將現有的資訊系統，透過 Portal 來進行封裝，提供給使用者使用。比如：有些公司有報銷系統、業績考核系統、會議系統等，但這些系統都是彼此分離的，使用和介面並不統一，透過 Portal 可以很容易地將這些系統提供的服務封裝並呈現給使用者使用。

客戶端和 Portlets 的互動是由 Portal 透過典型的 request/response 方式實現。正常來說，客戶會和 Portlets 所產生的內容互動，比如：查詢一個訂單。Portal 將會接收到 Portlet 的動作，將這個處理轉到目標 Portlet。Portlet 所產生的內容可能會同使用者相關（即不同的使用者會有不同的變化），這完全是根據客戶對於這個 Portlet 的設定。下面的 Portlet 對接的四個方法構成一個完整的生命週期：

- public void init(PortletConfig config) throws PortletException

由 Portlet 容器調用，在將 Portlet 放入伺服器前調用。Portlet 容器在初始化 Portlet 後，直接調用這個方法。

- public void processAction (ActionRequest request，ActionResponse response) throws PortletException，java.io.IOException

由 Portlet 容器調用，用來處理 action request 。除了處理操作，還有處理事件的 processEvent 方法。

- public void render (RenderRequest request，RenderResponse response) throws PortletException，java.io.IOException

由 Portlet 容器調用，用來生成輸出結果，還可以使用 doView 方法調用一個 JSP 來顯示結果。

- public void destroy()

將 Portlet 從服務區中刪除。

一個 Portal 處理流程是：

① 一個客戶端（如一個 Web 瀏覽器）在完成驗證之後向 Portal 發出 HTTP 請求。

② Portal（或稱為 Portal Server）接收到請求。

③ Portal 判斷該請求是否存在相應的 Portlet 動作。

④ 如果存在與某個 Portlet 相關的動作，Portal 請求 Portlet 容器調用 Portlet 處理動作。

⑤ Portal 透過 Portlet 容器調用 Portlet，獲得用於產生網頁的內容片段。

⑥ Portal 將 Portlet 產生的結果聚集於門戶網站的網頁，然後將網頁返回 至客戶端。

Portlct 在以下方面與 Servlet 相似：

• Portlet 由特定的容器管理。

• Portlet 生成動態內容。

• Portlet 的生命週期由容器管理。

• Portlet 透過請求 / 響應模式與 Web 客戶端互動。

因為 Portlet 向使用者提供個性化的內容，所以 Portlet 需要訪問使用者的屬性資訊，如姓名、email、電話等。Portlet API 為此提供了使用者屬性的概念，開發人員能夠使用標準的方式訪問這些屬性，管理員還可以在屬性與真實的使用者資訊資料庫（如 LDAP 伺服器）之間建立映射關係。

Portal 標準有 JSR 168、JSR286 等。各大公司都提供了 Portal 工具，如 IBM WebSphere Portal 等。另外，很多開發工具都提供了編寫 JSF Portlet 的功能。

WSRP（Web Services for Remote Portlets，遠程 Portlets Web 服務）允許一個 Portlet 以 Web 服務的形式發佈，從而一個門戶可以在它們的頁面中顯示這些遠程運行的 Portlet（門戶開發人員不需要進行任何編程）。對於最終使用者，這些 Portlet 就和運行在他們本地的 Portlet 一樣，雖然這些 Portlet 來自於遠程運行的 Portlet 容器，並且互動是透過 SOAP 消息的交換來實現的。在面向服務的體系結構中，應該充分利用 WSRP，從而使得面向呈現的 Portlet 應用程式可以被髮現並重用（在不用任何額外的開發和布署的情況下）。

9.2 Widget

Web 2.0 的本質是使用者產生資訊。既然每個人都是資訊的製造者，資訊量必然越來越多，這時必須透過一個機制來定製自己想要獲得的資訊，Widget 可以很好地完成這個任務。打一個比方，現在很多電視機都可以在一個屏幕上播放多個臺的節目，Widget 就是完成類似的功能。比如：有些人喜歡查看新浪的時事新聞、搜狐的財經資訊、Youtube 的影片等，我們可以透過 Widget 把它們都放在同一個網頁上，透過一個網頁看到各個網站上相關的動態內容。

從技術上講，Widget 就是可以插入到網頁中的程序，這個程序通常在伺服器端運行，數據也在伺服器端，在網頁端出現的不過是介面。Yahoo 首先提供了 Widget 的工具。在 iGoogle 上（如圖 9-4 所示），你可以自己設定你所喜歡的新聞、財經、天氣等頁面，並將這些頁面放在一個頁面內。如果使用過 iGoogle，也就使用過 Widget 技術了。

圖 9-4 Widget 實例

總之，Widget 是一個 Web 應用，基於 Web 技術開發，用於定製 Internet 服務。個人感覺 Widget 適合應用在簡單互動的場景，複雜的業務功能目前不太適合。

9.3 Mashup

Mashup 指應用的聚合。在第 1 章中，講述了一個美國的經典例子，將 Google 或其他提供商的地圖服務，集成到房地產銷售的網站上，從而，對某些房子感興趣的人就可以看到該房子的實際位置。簡單地說，Web 開發者從 MLS（美國待售房系統）獲取房屋數據，調用 Google 的地圖 API，把這兩個內容整合在一起，就得到了一個有實際地圖的房地產銷售網站。

從技術上講，Mashup 就是將企業內部的數據、外部數據和應用（如 RSS、Widget）組合成一個新的應用系統。很多公司都提供了開發 Mashup 的工具，如 IBM 公司的 IBM Mashup Center。一些工具還提供了發佈 Mashup 應用（網頁）的功能，方便開發人員開發和布署 Mashup 應用。下面是開發一個企業級的 Mashup 應用程式的過程：

① 建立一個新的網頁。

② 開發一個企業的 Widget，如從企業資料庫中生成一個合作夥伴名單。並把這個 Widget 加入上述網頁。

③ 從外部導入 Widget，如一個獲取公司股票資訊的 Google Gadget Widget，也把它加入上述網頁。

④ 將這些 Widget 關聯起來。其實就是兩個對接：發和收。一個 Widget 發什麼數據出去，或者接收什麼數據進來。比如：將上述兩個 Widget 關聯起來，從而，每當一個使用者選擇一個合作夥伴時，另一邊顯示該合作夥伴的當前股票資訊。當然，還可以加入或新增更多的 Widget，然後將他們關聯起來。

⑤ 美化網頁和調整 Widget 的屬性。

從架構上看，Mashup 程序是由 3 個部分組成：

- API/ 內容提供者

主要是 API 提供者，比如：Google 公開了自己的 Google Maps API。當然，也可以是內容的提供者。比如，透過 RSS 提供的內容。

- Mashup 站點

即 Mashup 所在的地方。開發人員可以直接使用伺服器端動態內容生成技術（例如 Java servlets、CGI、PHP 或 ASP）開發一個傳統的 Web 應用程式。

另外，合併內容的操作也可以直接在客戶機的瀏覽器中透過客戶端腳本（即 JavaScript）或 Applet 生成。即直接在 Mashup 的 Web 頁面中嵌入代碼，這些代碼直接調用要引用的 Web 頁面的腳本 API 庫或 Applet（由內容提供者提供）。Mashup 所使用的這種方法有時稱為 RIA （Rich Internet Application）。

在客戶端進行數據集成的優點有：Mashup 伺服器的負載較輕（數據可以直接從內容提供者那裡傳送過來）、具有更好的使用者體驗（在不用刷新整個頁面的情況下，只更新頁面的一部分內容）。Google Maps API 的設計就是為了讓瀏覽器端的 JavaScript 進行訪問，這是客戶機端技術的一個經典例子。

- 客戶機的 Web 瀏覽器

這是以圖形化的方式呈現應用程式的地方，也是使用者互動發生的地方。正如上面介紹的，Mashup 通常都使用客戶機端的邏輯來構建合成內容。

9.4 網頁

在開發完服務之後，還需要在前端完成調用服務的介面，這包括將調用後的結果顯示在介面上。無論使用 JSP、JSF 還是 PHP，這些介面的主要部分還是 HTML。很多開發人員往往忽視 HTML 本身的功能，將一些 HTML 可以完成的功能放在代碼中，增加了程序的複雜性。HTML 指超文本標籤語言，是包含一些標籤的文本文件，這些標籤告訴 Web 瀏覽器如何顯示頁面。HTML 文件必須使用 htm 或者 html 作為文件擴展名。在 HTML 中，應該儘量使用 CSS。CSS 是指層疊樣式表（Cascading Style Sheets），它定義了如何顯示 HTML 元素，如字體大小、顏色等。使用 CSS 是為了實現內容與表現分離，樣式通常保

存在外部的 .css 文件中，在 HTML 的 <head> 標籤內指定。如：

```
<link rel="stylesheet" href="../css/xcacategory.css">
```

透過僅僅編輯 CSS 文件，就能同時改變站點中所有頁面的佈局和外觀。當然，樣式也可以在單個的 HTML 元素中，或直接列在 HTML 頁的頭元素中。比如：

```
<head>
<style type="text/css">
hr {color:green}
p {margin-left:10px}
body {background-image:url("images/back.gif")}
</style>
</head>
```

CSS 語法由三部分構成：選擇器、屬性和值，即 selector {property：value}。

- 選擇器（selector）是指希望定義的 HTML 元素或標籤；

- 屬性（property）是指希望改變的屬性；

- 值（value）。每個屬性都有一個值，屬性和值被冒號分開，並由花括號包圍。比如，將同一類屬性的值放在一起：

```
body {
background-color:#FFF;
border:1px solid gray;
margin:0px; auto
}
```

上面的第一行設定將 body 元素內的背景顏色定義為 #FFF（白色）。其中，body 是選擇器，而包括在花括號內的部分是屬性和值。color 為屬性，#FFF 為值。對於顏色，除了使用十六進制，還可以使用英文單詞 white 和 RGB 值。「border：1px solid gray;」是將邊框（border）設定為灰色實線，其寬度為 1 個像素點。

HTML 5 草案於 2007 年被 W3C 接納，並成立了新的 HTML 工作團隊。2008 年 1 月 22 日，第一份正式草案公佈。HTML 5 的標準卓案目前已進入

W3C 制定標準 5 大程序的第 1 步。普遍預期，可能要等到 2012 年才會推出建議候選版（W3C Candidate Recommendation）。支持 HTML 5 的瀏覽器有 IE 9、Safari 5、Google 瀏覽器、Firefox 3.6 等。HTML 5 有兩大特點：

- 強化了 Web 網頁的表現性能。除了可描繪二維圖形外，還準備了用於播放影片和音頻的標籤。

- 追加了本地資料庫等 Web 應用的功能。

HTML 5 提供了一些新的元素和屬性，其中有些是技術上類似 <div> 和 <span> 標籤，但有一定含義，例如 <nav>（網站導航塊）和 <footer>。這種標籤將有利於搜索引擎的索引整理和小屏幕設備使用，同時為其他瀏覽要素提供了新的功能，透過一個標準對接，如 <audio> 或 <video> 標籤。一些過時的 HTML 4 標記將被取消，其中包括純粹顯示效果的標籤，如 <font> 和 <center>，它們已經被 CSS 取代。HTML 5 增加了下面一些重要的標記：

（1）<video> 標記

<video> 標籤定義影片，比如電影片段或其他影片流。

```
<video src="movie.ogg" controls="controls">
您的瀏覽器不支持 video 標籤。
</video>
```

各系統與瀏覽器支持的影片格式：

- Ogg：帶有 Thedora 影片編碼和 Vorbis 音頻編碼的 Ogg 文件。

- mp4：帶有 H.264 影片編碼和 AAC 音頻編碼的 MPEG 4 文件。

（2）<audio> 標記

<audio> 標籤定義聲音，比如音樂或其他音頻流。

```
<audio src="someaudio.wav">
```

您的瀏覽器不支持 audio 標籤。

```
</audio>
```

當前，audio 元素支持三種音頻格式：Ogg Vorbis、MP4 和 wav。

（3）<canvas> 標記

HTML 5 中的 <canvas> 元素使用 JavaScript 在網頁上繪製圖像。canvas 擁有多種繪製路徑、矩形、圖形（比如圖表）、字元以及添加圖像的方法。比如，透過 canvas 元素來顯示一個紅色的矩形：

```
<canvas id="myCanvas"></canvas>
<script type="text/javascript">
var canvas=document.getElementById('myCanvas');
var ctx=canvas.getContext('2d');
ctx.fillStyle='#FF0000';
ctx.fillRect(0, 0, 80, 100);
</script>
```

（4）新增的標籤

HTML 5 吸取了 XHTML 2 一些建議，包括一些用來改善文件結構的功能，比如，新的 HTML 標籤 header、footer、dialog、aside 和 figure 等的使用，將使內容創作者更加貼切地建立文件，之前的開發人員在這些場合是一律使用 div 的。新標準適用了一些全新的表單輸入對象，包括日期、URL、Email 地址。

除了原先的 DOM 對接，HTML 5 增加了更多 API。比如，用於實時二維繪圖的 Canvas API（包括圖形、圖表、圖像和動畫）、HTML 5 音頻與影片 API（無需安裝任何插件）、離線儲存資料庫（離線網路應用程式）、文件編輯、拖放、跨文件通信、通信和網路 API 等等。W3C 還給下面這些技術單獨出版了說明文件：

- Geolocation API：使用者可共享地理位置，並在 Web 應用的協助下享用位置感知服務（Location-Aware Services）。

- Web SQL Database：一個本地的 SQL 資料庫。

- 索引資料庫 API（Indexed Database API，以前為 WebSimpleDB）。

- 文件 API：處理文件上傳和操縱文件。

- 目錄和文件系統：這個 API 是為了滿足客戶端在沒有好的資料庫支持情況下的儲存要求。

- 文件寫入：從網路應用程式向文件裡寫內容。

HTML 5 瀏覽器在錯誤語法的處理上更加靈活。HTML 5 在設計時保證舊的瀏覽器能夠安全的忽略掉新的 HTML 5 代碼。與 HTML 4.01 相比，HTML 5 給出瞭解析的詳細規則，力圖讓不同的瀏覽器即使在發生語法錯誤時也能返回相同的結果。

HTML 只能提供一種靜態的資訊資源，缺少動態的互動，JavaScript 彌補了 HTML 語言的這個缺陷。比如，透過使用幾行 JavaScript，就可以讀取一個外部 XML 文件，然後更新 HTML 中的數據內容。JavaScript 是一種基於對象和事件驅動並具有安全性能的腳本語言，它可以被嵌入到 HTML 文件中，且直接運行在 Web 瀏覽器中。JavaScript 實現了一種實時的、動態的、可互動的功能，是開發瀏覽器應用程式的工具。比如：使用如下的 JavaScript 程序，當使用者輸入電子郵件地址時，瀏覽器上的 JavaScript 程序直接檢查電子郵件地址否有效，而不用傳給伺服器來處理。

```
<SCRIPT LANGUAGE="JavaScript" TYPE="text/javascript">
function validateEmail(input) {
var emailPattern = /^\w+@\w+(\.\w{3})$/
// test() is a built-in method of the RegExp object
if (emailPattern.test(input)) {
}
else {
alert(" 輸入了無效的電子郵件地址 ")
}
}
</SCRIPT>
......
<INPUT TYPE="text" SIZE="25" onBlur="validateEmail(this.value);">
```

有兩種方式將 JavaScript 嵌入在 HTML 文件中。如上例，可以將 JavaScript 代碼（validateEmail 函數）直接放在 HTML 文件的 `<script>` 和 `</script>` 之間；另一種嵌入方式是在 `<script>` 和 `</script>` 之間聲明一個外部的 JavaScript 文件（後綴名為 js）。如：

```
<script type="text/javascript" src="../script/common.js"></script>
<script type="text/javascript" src="../script/pageObject.js"></script>
```

JavaScript 的特徵

- JavaScript 是一種脚本語言。不需要像 Java 那樣先編譯,而是在程序運行過程中被逐行地解釋。它與 HTML 結合在一起使用。

- JavaScript 是一種基於對象的語言。如 HTML 是一個對象,其中的 button、link、form 等是 HTML 中的對象。大多數對像有屬性和方法,如 button 對像有 name、type、value 等屬性,有 click() 方法。有些對像有相關的事件處理程序,如 button 的 onClick。JavaScript 使用的是文件對象模型(DOM)。

- JavaScript 是一種非常安全的語言。JavaScript 不允許訪問本地的硬碟,不能將數據存入到伺服器上,不允許對網路文件進行修改和刪除,只能透過瀏覽器實現資訊瀏覽或動態互動。

- JavaScript 是動態的。它可以直接對使用者的輸入做出響應,無須經過 Web 伺服器。

- JavaScript 是基於事件驅動的。所謂事件驅動,就是指在網頁中執行了某種操作所產生的動作。比如按下滑鼠是一個事件,當一個事件發生後,JavaScript 的代碼被調用,從而產生相應的事件響應。

- JavaScript 具有跨平台性。它依賴於瀏覽器本身,與操作系統無關。

- Javascript 不是 Java。JavaScript 是 Netscape 開發的,從前叫做 LiveScript,後來改名為 JavaScript。

9.5 調用 EJB 的 Web 程序實例

中網雲端計算平台版本 2.1 使用 JPA 實現了資訊集成層,使用 EJB 實現了業務邏輯層,然後,在 Servlet 中調用 EJB,並在 JSP 中顯示數據。下面透過一個查詢企業的例子來看看 Servlet 是如何調用 EJB 的。目前已經建立了一個動態 Web 模塊,名叫 xinCA。如果尚未建立一個 Web 項目,那麼應該首先建立它。具體過程如下:

步驟 1 確認 Web 模塊已經引用了 EJB 的 JAR 和 JPA 的 JAR,如圖 9-5 所示。

一本書搞懂雲端計算、物聯網、大數據

步驟2 如圖 9-6 所示，有一個名叫 ConsoleWithCompanyQueryServlet 的
Servlet 類別，這個類別注入了 EJB 類別：

@EJB CompanyService companyController;

圖 9-5 Java 構建路徑

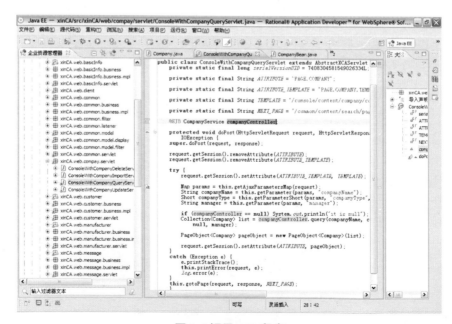

圖 9-6 調用 EJB 程序

上述注入語句完成了動態綁定到會話 Bean 的操作，不再需要使用 JNDI

336

來找出會話 Bean 了。在 doPost() 方法中，調用了 EJB 來獲得滿足查詢條件
的企業：

```
Collection<Company> list = companyController.query(companyName, companyType, null, null,
null, null, null, manager);
```

下面是調用 EJB 的完整 Servlet 代碼：

```
import java.io.IOException;
import java.util.Collection;
import java.util.Map;
import javax.ejb.EJB;
import javax.servlet.ServletException;
import javax.servlet.http.HttpServletRequest;
import javax.servlet.http.HttpServletResponse;
import xinCA.entity.Company;
import xinCA.service.CompanyService;
import xinCA.web.common.model.PageObject;
import xinCA.web.common.servlet.AbstractXCAServlet;
public class ConsoleWithCompanyQueryServlet extends AbstractXCAServlet {
private static final long serialVersionUID = 74083045815490026334L;
private static final String ATTRIBUTE = "PAGE.COMPANY";
private static final String ATTRIBUTE_TEMPLATE = "PAGE.COMPANY.TEMPLATE";
private static final String TEMPLATE =
"/console/content/company/companyQuery.jsp.ftl";
private static final String NEXT_PAGE =
"/common/content/search/page.jsp?attribute=PAGE.COMPANY&template=PAGE.COMPANY.
TEMPLATE&page=1";
// 注入 EJB
@EJB CompanyService companyController;
protected void doPost(HttpServletRequest request, HttpServletResponse response) throws
ServletException,
IOException {
super.doPost(request, response);
request.getSession().removeAttribute(ATTRIBUTE);
request.getSession().removeAttribute(ATTRIBUTE_TEMPLATE);
try {
request.getSession().setAttribute(ATTRIBUTE_TEMPLATE, TEMPLATE);
Map params = this.getAjaxParametersMap(request);
String companyName = this.getParameter(params, "companyName");
Short companyType = this.getParameterShort(params, "companyType", true);
String manager = this.getParameter(params, "manager");
// 調用會話 Bean 的 query 方法
Collection<Company> list = companyController.query(companyName, companyType, null, null,
null, null, null, manager);
```

```
PageObject<Company> pageObject = new PageObject<Company>(list);
request.getSession().setAttribute(ATTRIBUTE, pageObject);
}
catch (Exception e) {
e.printStackTrace();
this.printError(request, e);
log.error(e);
}
this.gotoPage(request, response, NEXT_PAGE); // 調用 JSP 來顯示
}
}
```

步驟 3 在 Web 應用伺服器上運行上述的 Web 應用。圖 9-7 顯示了查詢後
的結果。

圖 9-7 調用 EJB 來查詢企業資訊

9.6 JSF

JSF 是目前最熱門的表示層編寫工具，我們將在這一節中詳細講述 JSF。
雖然 JSF 同 Struts 有點類似，但是，JSF 提供了更好的架構和介面開發組件。

1. 如圖 9-8 所示，JSF 提供了豐富的伺服器端的 UI 組件，從而幫助開發人

員更快地開發表示層的內容（即「Faces JSP 頁」）。

2.JSF 採用了事件驅動的體系。比如，在 JSP 上添加一個用於查詢的按鈕組件，並定義了頁代碼（類似事件處理程序）來響應按鈕被按下後的業務處理。在傳統的 JSP 程序中，當按鈕按下時，需要調用一個 Servlet 來完成業務處理（如在 Servlet 中調用 EJB）。在 JSF 上，這部分功能被轉移到頁代碼中。在 JSF 上，不需要自己開發 Servlet（JSF 使用 FacesServlet 來控制執行流程）。

3. 在 Struts 中，透過映射來決定一個網頁到下一個網頁的導航（即設定上一個網頁在成功和失敗後的調用網頁）。JSF 有點類似，在个同的JSP（或 JSP 和 JSF 操作）之間設定導航規則，規則的名稱是可以自定義的。如圖 9-9 所示，如果 logon.jsp 上的查詢處理成功，就返回 login 字元串。導航規則設定了從 logon.jsp 到 listCompany.

圖 9-8 JSF 組件

jsp 的規則（或者埋解為事件）。這些導航規則存放在 faces-config.xml 文件中。

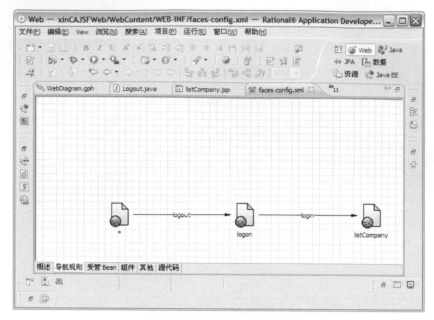

圖 9-9 導航規則

4. 在 MVC 模型中，Struts 不處理任何業務邏輯，只處理控制和顯示。JSF 還透過受管 Bean（Managed Bean）來完成類似 EJB 的功能。而且，JSF 自動生成受管 Bean 的大多數代碼，從而減輕了開發人員的負擔。

5. 透過 JSF 上的 JPA 數據頁，可以直接將 JPA 實體對象放在 JSP 頁上。

下面講述如何建立基於 JSF 的 Web 應用程式，首先建立一個 JSF 項目。

步驟1 建立一個 Web 動態項目，命名為 xinCAJSFWeb。採用 JSF 1.2 的配置，並新增了 xinCAJSFWebEAR 的 EAR 項目。

步驟2 單擊「修改」按鈕，在「項目構面」介面中，選擇 Java 持久性等構面。

步驟3 確認上下文根等資訊。如果需要修改上下文根，就可以在這裡修改。

步驟4 確定已經連接了資料庫，並選中「自動發現帶註釋的類別」單選按鈕等設定，如圖 9-10 所示。

步驟5 在「JSF 能力」視窗上（如圖 9-11 所示），選中「伺服器提供的 JSF 實現」單選按鈕。如果需要修改 JSF 的配置文件 faces-config.xml 的位置，可以在這裡修改。

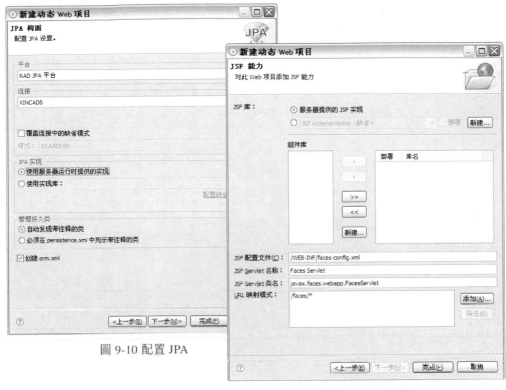

圖 9-10 配置 JPA

圖 9-11 JSF 配置

步驟 6 單擊「完成」按鈕即可。下面繼續建立 JSF 頁和導航規則。

步驟 7 在企業資源管理器下,展開 xinCAJSFWeb,並打開 Web 圖介面(參見圖 9-15)。然後,從右邊的選用板上拖動一個「Web 頁面」部件到 Web 圖上。在 Web 圖上,單擊 Web 頁面圖標邊上的「……」按鈕,這時彈出如圖 9-12 所示的視窗。

圖 9-12 選擇剛剛建立的 Web 頁面

步驟 8 單擊「新增 Web 頁面」按鈕,並在「新增 Web 頁面」上輸入文件名,如用於顯示企業資訊的 listCompany. jsp,如圖 9-13 所示。在模板選項下,選中「JSP」。單擊「完成」按鈕後返回到「選擇 Web 頁面」視窗(如圖 9-14 所示),選中剛剛建立的 Web 頁面,單擊「確定」按鈕。這時在 Web 圖上就顯示了剛剛建立的 JSP,如圖 9-15 所示。當然,這是一個空白的 JSP 頁面。

圖 9-13 新增 JSP 頁面

圖 9-14 選擇 Web 頁面

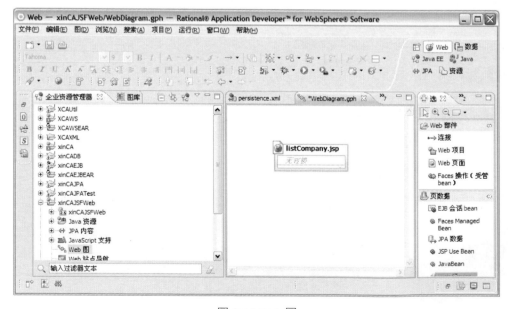

圖 9-15 Web 圖

步驟 9 使用類似的方法建立登錄頁面。在 Wcb 圖上連接兩個Faces JSP 頁面。
把游標放在 logon.jsp 上面，這時出現一個連接柄，拖動這個連接柄到
listCompany.jsp 那裡，如圖 9-16 所示。並從出現的選單上選中「Faces
導航」項作為連接類型。圖 9-17 是選中「Faces 導航」項後的狀態。

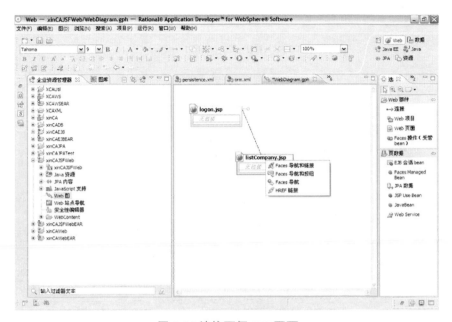

圖 9-16 連接兩個 JSF 頁面

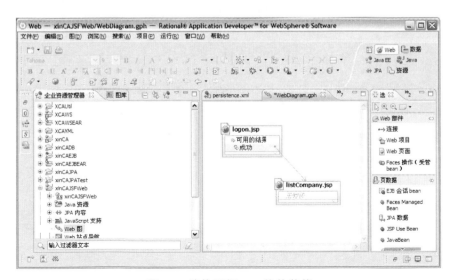

圖 9-17 連接兩個 JSF 後的狀態

步驟 10 選中 logon.jsp 上面的「成功」操作，打開「屬性」視窗，將「成功」改為「login」，如圖 9-18 所示。

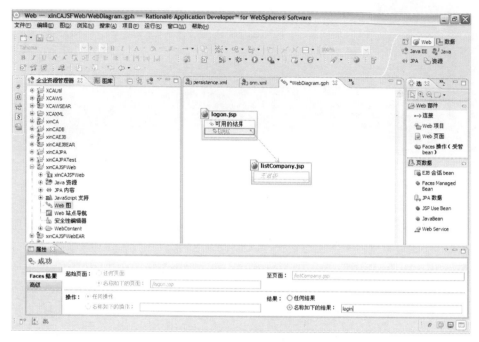

圖 9-18 JSF 屬性

步驟 11 保存 Web 圖。可以看到，WEB-INF 下生成了多個文件，其中的一個是 faces-config.xml 文件（如圖 9-19 所示），有一個導航規則描述了從 logon.jsp 導航到 listCompany.jsp 的規則。

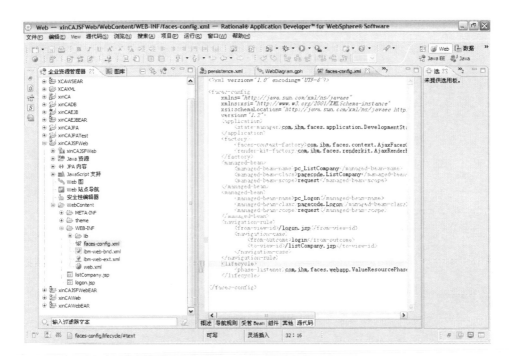

圖 9-19 JSF 配置文件

導航規則如下：

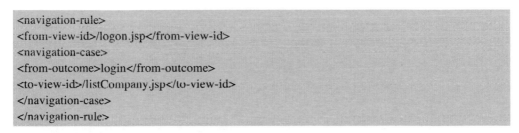

```
<navigation-rule>
<from-view-id>/logon.jsp</from-view-id>
<navigation-case>
<from-outcome>login</from-outcome>
<to-view-id>/listCompany.jsp</to-view-id>
</navigation-case>
</navigation-rule>
```

步驟 12 下面建立 Faces 操作。選擇「新增」和「類」選項，輸入類別的名稱，包的名稱並保存。

步驟 13 從 Web 圖的右邊，拖動一個「Faces 操作（受管 Bean）」到頁面上，單擊圖標邊上的按鈕，彈出一個「Faces 操作選擇」視窗，如圖 9-20 所示。

步驟 14 單擊「新增」按鈕，輸入 Bean 名稱，選擇作用域（如 request），單擊「受管 Bean 類」邊上的「瀏覽」按鈕，選擇剛剛建立的 Logout 類別，最後單擊「完成」按鈕，如圖 9-21 所示。

圖 9-20 Faces 操作

圖 9-21 新增 Faces 操作

步驟 15 返回到「Faces 操作選擇」視窗上，選擇剛剛建立的「logout」操作（如圖 9-22 所示），並單擊「確定」按鈕。

圖 9-22 選擇一個操作

步驟 16 在 Logout 類別上，RAD 生成了 logout 方法。修改方法為：

```
package xinCA.jsf.action;
public class Logout {
public String logout() {
//Put your logic here.
return "logout";
}
}
```

步驟 17 把 logout 操作連接到 logon.jsp，即把游標放在 logout 操作上面，然後拖動連接柄到 logon.jsp。然後在屬性視圖中把成功操作的名字「成功」改變為 logout，如圖 9-23 所示。

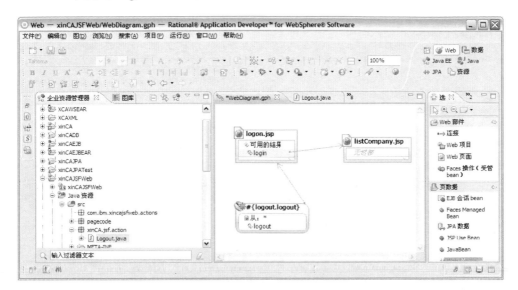

圖 9-23 連接操作到 JSF 頁

到目前為止，這些 JSF 頁面都是空的。下面將在這些 JSF 頁面上添加 UI 組件。

步驟 1 雙擊「logon.jsp」，並選擇「設計」標籤頁，如圖 9-24 所示。

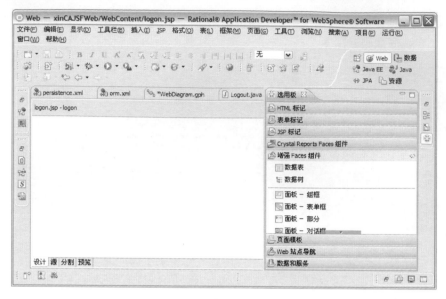

圖 9-24 設計 JSF 頁

步驟2 在「增強Faces組件」下,拖動「圖像」組件到JSP中,如圖9-25所示。

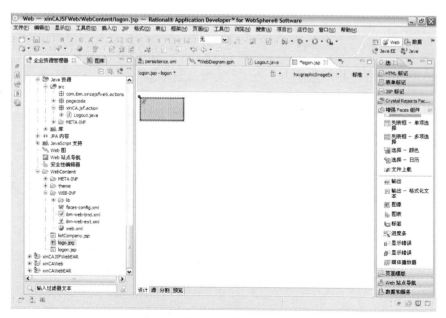

圖 9-25 拖動一個圖像到 JSF 後

步驟3 拖動一個 jpg 文件到 JSP 的圖像組件上(預先在 WebContent 下添加了 logo.jpg 圖)。並在圖下面添加一條水平線,如圖 9-26 所示。

圖 9-26 添加一條水平線

步驟 4 添加會話變量。在 RAD 的左邊,單擊「頁數據」視圖,如圖 9-27 所示。

圖 9-27 頁數據

在圖 9-27 所示的介面上,選擇「sessionScope」,右擊,選擇「新增」和「會話作用域變量」選項,這時彈出一個新視窗(如圖 9-28 所示)。在這個新視窗上,指定「companyid」為變量名稱,指定「java.lang.Integer」為類型。

圖 9-28 添加會話變量

單擊「確定」按鈕後，就可以在頁數據上看到新添加的變量了，如圖 9-29 所示。

圖 9-29 新加的會話變量

步驟 5 拖動上面的變量到 JSP 頁面的水平線下面，這時彈出一個視窗。在這個視窗中，選中「輸入數據」單選按鈕，修改標籤為「輸入企業 ID」，如圖 9-30 所示。然後選中「選項」按鈕，將「選項」視窗中的「提交」文字改為「查詢」。單擊「完成」按鈕後，JSP 頁面如圖 9-31 所示。在輸入框下面，系統自動添加了錯誤消息輸出組件。

圖 9-30 插入 JavaBean

圖 9-31 添加會話變量到 JSF 後

步驟 6 右擊頁面上的「錯誤消息」部分,選擇「屬性」,並修改文字顏色為紅色，如圖 9-32 所示。

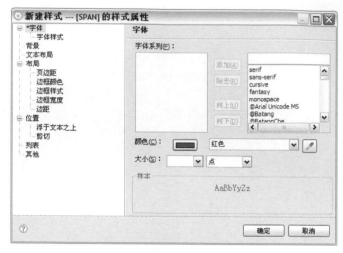

圖 9-32 修改文字顏色

步驟 7 保存 JSP。右擊「companyid」輸入框，選擇「屬性」（如圖 9-33 所示），可以看到值為 #{sessionScope.companyid}。它表明，這個輸入框同會話變量 companyid 綁定。

圖 9-33 屬性視圖

　　另外，在屬性頁（如圖 9-34 所示）上，還可以指定驗證規則。如該值是否
必須輸入，該值的範圍（最小、最大值），當值無效時所輸出的錯誤資訊等。
當選中「在錯誤消息控件中顯示驗證錯誤消息」複選框時，RAD 自動在 JSP 頁
面上添加了錯誤消息的輸出組件。

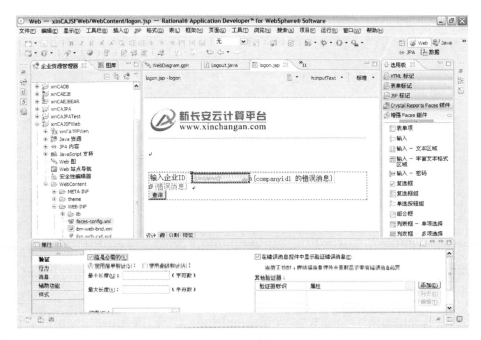

圖 9-34 驗證

步驟 8 單擊「查詢」按鈕，顯示「快速編輯」視圖，然後單擊快速編輯上的
空白區域，RAD 就自動生成一些代碼，如圖 9-35 所示。修改代碼中
的 return 語句為：

```
return「login」;
```

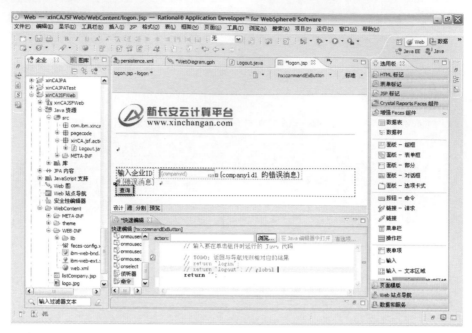

圖 9-35 查詢代碼

步驟 9 保存整個 JSP。上面的代碼就保存在 **Logon.java** 的 doButton1Action()
方法中。在 **JSP** 頁面上,選擇「源」標籤頁(如圖 **9-36** 所示),就能
看到在 **JSP** 中所生成的代碼(針對輸入域和查詢按鈕)。比如:查詢
按鈕的操作是 #{pc_Logon.doButton1Action}。

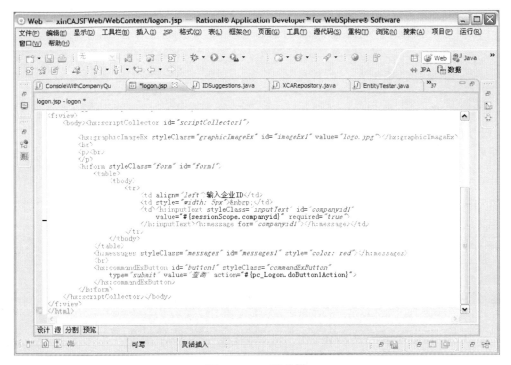

圖 9-36 JSF 源代碼

下面說明建立 JPA 管理器 Bean 的步驟。

步驟 1 在頁數據視圖中（如圖 9-37 所示），右擊「JPA 管理器 Bean」項，選擇｜新增」和「JPA 管理器 Bean」按鈕。

圖 9-37 JPA 管理器 Bean

步驟 2 在「JPA 管理器 Bean 嚮導」視窗上（如圖 9-38 所示），單擊「建立新的 JPA 實體」按鈕，彈出一個新的視窗。在這個視窗中，確定資料庫連接資訊，並單擊「下一步」按鈕。

圖 9-38 JPA 管理器 Bean 嚮導

步驟 3 在「生成實體」視窗中（如圖 9-39 所示），輸入實體類別的包名，並選中要生成實體類別的表名，比如：「COMPANY」表。單擊「完成」按鈕，就生成了一個 Company 實體類別。

圖 9-39 生成實體

步驟 4 返回到「JPA 管理器 Bean 嚮導」視窗（如圖 9-40 所示），選中剛剛建立的 Company 實體，並單擊「下一步」按鈕，可以去掉一些沒有用的查詢方法，比如只保留三個查詢方法，去掉了根據城市等資訊查詢企業的查詢方法，如圖 9-41 所示。

圖 9-40 建立後的實體

圖 9-41 選擇需要的方法

此外，還可以設定其他資訊，比如：是否自動為 JDBC 布署設定初始值，如圖 9-42 所示。單擊「為 JDBC 布署配置項目⋯」鏈接，可以設定數據源等資訊，如圖 9-43 所示。

圖 9-42 高級設定

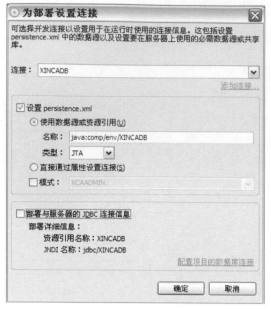

圖 9-43 資料庫連接資訊

步驟5 單擊「完成」按鈕後，在頁數據視圖中，可以看到新增立的 JPA 管理器 Bean，如圖 9-44 所示。該 Bean 也已經被添加到了 logon.jsp 頁面上。

圖 9-44 頁數據下的 JPA 管理器 Bean

在 persistence.xml 文件中，實體類別和 JDBC 數據源連接資訊已經被添加上去了，代碼如下所示：

```
<?xml version="1.0" encoding="UTF-8"?>
<persistence version="1.0" xmlns="http://java.sun.com/xml/ns/persistence"
xmlns:xsi="http://www.w3.org/2001/XMLSchema-instance"
xsi:schemaLocation="http://java.sun.com/xml/ns/persistence
```

```
http://java.sun.com/xml/ns/persistence/persistence_1_0.xsd">
<persistence-unit name="xinCAJSFWeb">
<jta-data-source>java:comp/env/XINCADB</jta-data-source>
<class>xinCA.jsf.entities.Company</class>
<properties>
<property name="openjpa.jdbc.Schema" value="XCAADMIN"/>
</properties>
</persistence-unit>
</persistence>
```

圖 9-45 顯示了生成的實體類別。開發人員也可以調整 JPA 實體類別的代碼,如添加 @Table 註釋等。

圖 9-45 生成的實體類別

下面添加組件處理代碼。在 logon.jsp 頁面上,右擊滑鼠,選中「編輯頁代碼」選項,RAD 自動切換到編輯 Logon.java 介面。對於 doButton1Action 方法,添加處理操作代碼如下:

```
try {
System.out.println("Logon ...");
Object sessionCompId = getSessionScope().get("companyid");
System.out.println("session object class " + sessionCompId. getClass());
int companyid = Integer.valueOf((String)sessionCompId);
System.out.println("Logon " + companyid);
```

```
CompanyManager companyManager = (CompanyManager) getManagedBean
("companyManager");
Company company = companyManager.findCompanyByCompanyid(companyid);
if (company == null) throw new Exception("Company not found");
return "login";
} catch (Exception e) {
e.printStackTrace();
System.out.println("Login exception:" + e.getMessage());
getFacesContext().addMessage("id",
new FacesMessage("Company record not found.") );
return "failed";
}
```

上述代碼獲取企業 ID，調用管理器 Bean 來查詢該企業的詳細資訊。如果查詢成功，就返回「login」字元串。

— 注意 —

代碼中定義了一個 java.lang.Integer 會話變量，但是程序總是收到一個類型為 java.lang. String 的實例，所以在上述代碼中添加了從 String 到 int 的轉化。讀者可以自行測試，如果系統返回一個自定義的會話對象，那麼可以不用轉換。

在做完這一步後，就可以發佈 JSF 應用程式到 Web 應用伺服器上測試，如圖 9-46 所示。如果輸入正確的 ID，那麼將看到一個空白頁（因為還尚未為 listCompany.jsp 添加任何內容）；如果輸入錯誤的 ID（即該 ID 在資料庫中不存在），那麼系統將顯示錯誤資訊。

圖 9-46 測試 JSF

打開 listCompany.jsp 頁面，按照 logon.jsp 的做法添加圖等對象。下面示範如何添加 JPA 數據到 listCompany.jsp 頁面上。

步驟 1 在頁數據視圖上，右擊 JPA 頁數據（如圖 9-47 所示），選中「新增」
和「JPA 頁數據」選項。

圖 9-47 JPA 頁數據

步驟 2 在「將 JPA 數據添加至頁面」的視窗（如圖 9-48 所示）上，選中「檢
索單個記錄」單選按鈕，並單擊「下一步」按鈕。保留默認方法（如
圖 9-49 所示），再單擊「下一步」按鈕。

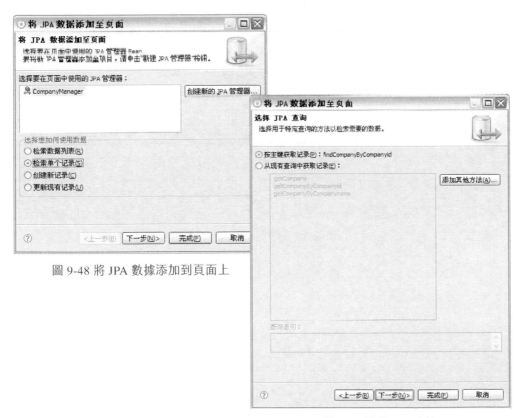

圖 9-48 將 JPA 數據添加到頁面上

圖 9-49 選擇 JPA 查詢

步驟 3 在「設定過濾器值」視窗上，將主鍵值修改為「#{sessionScope. companyid}」，如圖 9-50 所示。

圖 9-50 設定過濾器值

步驟 4 單擊「完成」按鈕，拖動這個新增立的 JSP 頁數據到 JSP 頁上，彈出一個視窗。在這個視窗上，指定顯示資訊。修改 companyid 的控件類型為「顯示文本」，即不讓修改，並修改標籤文字資訊為中文資訊，如圖 9-51 所示。單擊「選項」按鈕，將提交按鈕的標籤修改為「更新」，如圖 9-52 所示。

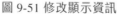

圖 9-51 修改顯示資訊

圖 9-52 修改按鈕標籤

步驟 5 單擊「確定」和「完成」按鈕，結果如圖 9-53 所示。另外，單擊「更新」按鈕，打開其屬性視圖，修改其標識為「update」。

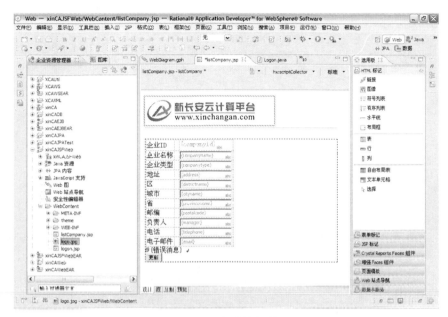

圖 9-53 顯示企業資訊的 JSF

步驟 6 從選用板上拖動一個按鈕組件到更新按鈕邊上，並改名為「註銷」，如圖 9-54 所示。單擊「註銷」按鈕，打開其屬性，修改其標識為「logoff」，並在「顯示」選項下將按鈕的標籤改為「註銷」。

步驟 7 保存 JSP。右擊 JSP 頁面，選中「編輯頁代碼」選塤，叮以看到 findCompanyBy Companyid 被用來查詢一個企業資訊，如圖 9-55 所示。

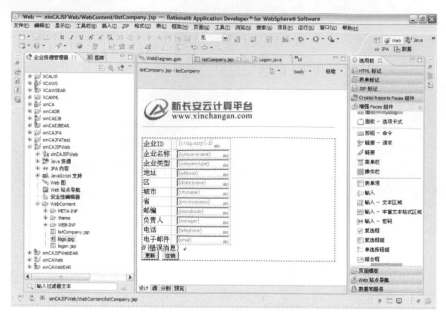

圖 9-54 註銷按鈕

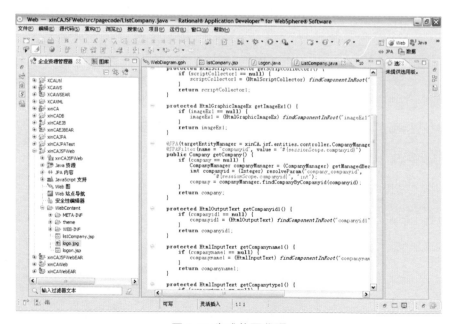

圖 9-55 生成的頁代碼

步驟 8 運行上述程序。輸入一個企業 ID，就能看到 listCompany 頁面資訊，如圖 9-56 所示。

圖 9-56 測試結果

步驟 9 下面添加更新功能。單擊 JSP 頁面上的「更新」按鈕,選中「快速編輯」選項,並添加下述代碼,如圖 9-57 所示。

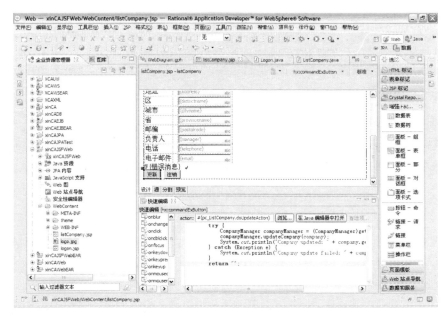

圖 9-57 更新代碼

try {

```
CompanyManager companyManager =
(CompanyManager)getManagedBean("companyManager");
companyManager.updateCompany(company);
System.out.println("Company updated:" + company.getCompanyid());
} catch (Exception e) {
System.out.println("Company update failed:" +
company.getCompanyid());
}
return "";
```

步驟 10 保存後再次測試，如圖 9-58 所示。
單擊「更新」按鈕來保存修改後的數
據，可以再次查詢來確認。

步驟 11 下面將註銷操作同 listCompany.jsp 連
接起來。在 listCompnay.jsp 頁面上，
打開「頁數據」視窗，把「Faces 受
管 Bean」標籤下面的「logout（…）」
選項組下的 logout 操作拖動到「註
銷」按鈕上面。這樣就綁定了「註銷」
按鈕和 logout 操作。單擊「註銷」按
鈕，就會觸發 logout 操作。然後，添
加真正的註銷代碼，打開 Logout.java
程序，編輯代碼為：

圖 9-58 更新的測試結果

```
package xinCA.jsf.action;
import java.util.Map;
import javax.faces.context.FacesContext;
public class Logout {
private static final String COMPANY_KEY = "companyid";
public String logout() {
FacesContext facesContext = FacesContext.getCurrentInstance();
Map<String, Object> sessionScope =facesContext.getExternalContext().getSessionMap();
if (sessionScope.containsKey(COMPANY_KEY))
sessionScope.remove(COMPANY_KEY);
}
}
return "logout";
```

步驟 12 在 Web 圖中，從 listCompany.jsp 建立一個連接到 logout，如圖

9-59 所示。

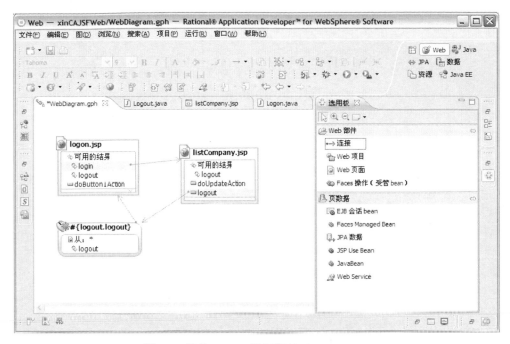

圖 9-59 連接 logout 操作和 listCompany.jsp

步驟 13 保存，並運行新的程序，點擊「註銷」按鈕，就可以返回到登錄介面。

步驟 14 雙擊「faces-config.xml」標籤，選擇導航規則，就可以看到如圖 9-60 所示的結果。

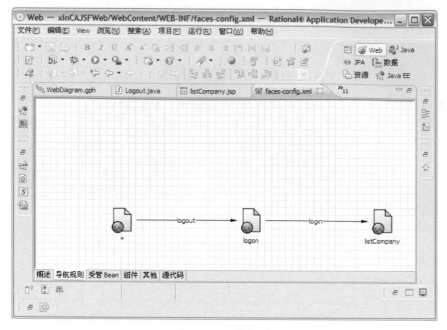

圖 9-60 導航規則

　　正如我們所看到的，JSF 提供了很多 UI 組件。另外，JSF 也提供了分頁顯示等功能，從而幫助開發人員快速開發介面程序。

　　下面示範一個 JSF 直接調用 Web 服務的實例。

步驟 1 建立一個動態 Web 項目，輸入項目名稱和 EAR 名稱。然後單擊「完成」按鈕。

步驟 2 右擊「WebContent」，選中「新增」和「Web 頁面」選項。輸入 JSP 名稱，如 WSJSFTest，單擊「完成」按鈕。

步驟 3 在選用板上選中「數據和服務」選項下面的「Web Service」選項（如圖 9-61 所示），並拖動到 JSP 頁面上。這時，彈出一個新視窗，如圖 9-62 所示。在新視窗上，單擊「添加」按鈕。彈出「Web Service 發現對話框」，如圖 9-63 所示。

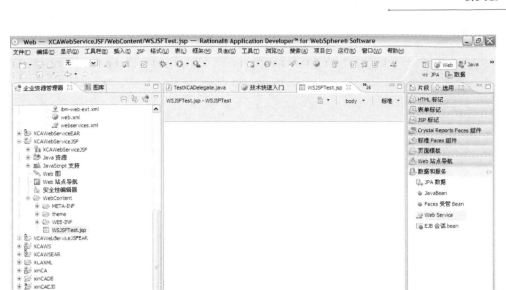

圖 9-61 添加 Web Service 組件

圖 9-62 選擇 Web Service

圖 9-63 Web Service 發現對話框

步驟 4 在「Web Service 發現對話框」上，單擊「來自工作空間的 Web Service」鏈接（如圖 9-64 所示），並選在前面建立的「TestXCAService」，如圖 9-65 所示。

圖 9-64 選擇來自工作空間的 Web Service

圖 9-65 選擇埠

步驟 5 選擇「端口：TestXCAPort」選項，並單擊「添加至項目」按鈕，如

圖 9-66 所示。在下一
個視窗中，選擇服務
的方法。選中「建立
輸入表單和結果顯示」
複選框，單擊「下一
步」按鈕。

圖 9-66 選中一個 Web Service 後

一本書搞懂雲端計算、物聯網、大數據

一個方法有輸入參數和輸出參數。所以，需要配置表單上的輸入字段和指定如何輸出結果。

步驟6 指定輸入表單資訊，如圖 9-67 所示。在視窗上，修改標籤資訊，並單擊「選項」按鈕，將按鈕標籤修改為「發送」，單擊「確定」按鈕和「下一步」按鈕。

步驟7 修改結果表單上的標籤資訊（如圖 9-68 所示），如「新長安返回資訊」，並單擊「完成」按鈕，結果如圖 9-69 所示。

圖 9-67 輸入表單

圖 9-68 結果顯示

圖 9-69 調用 Web Service 的 JSF

步驟 8 右擊「WSJSFTest.jsp」選項，並選中「運行方式」和「在伺服器上運行」選項。在瀏覽器上，可以看到如圖 9-70 所示的結果。

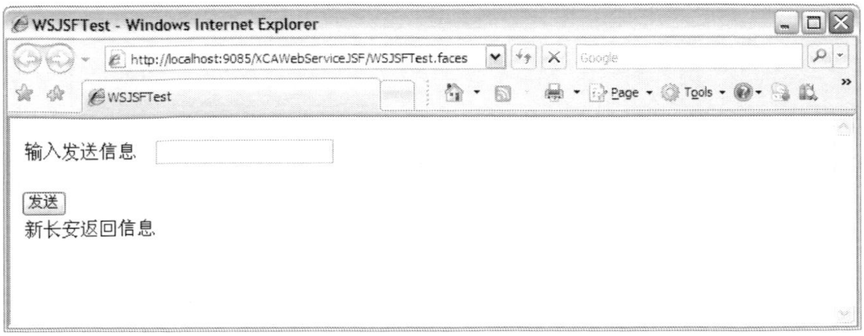

圖 9-70 運行 JSF

這個 Web 服務是在使用者提供的資訊前面加上「Hello，」。也可以輸入任何發送資訊，如「房價跌了」，單擊發送按鈕。JSF 調用 Web 服務，並返回結果，如圖 9-71 所示。

圖 9-71 調用 Web 服務後的顯示結果

在添加 Web 服務到 JSF 時，系統自動生成了多個類別，如圖 9-72 所示。它們是服務的對接類別、從 WSDL 生成的工廠類別、代理類別、JAXB 類別等。

▌9.7 Web 2.0 開發

首先解釋一下什麼是 Web 2.0。Web 2.0 中的 Web 就是指網際網路技術,其中的 2.0 並不是某一種網際網路技術的版本號,而是表明了設計和開發 Web 應用的一種方式:Web 應用不僅在網際網路上共享資訊,而且使用者之間也可以在 Web 上協調和參與。這些 Web 應用的使用者感覺上不像在使用一個傳統的 Web 應用,而更像在使用網上的桌面系統(因為 Web 2.0 應用提供了同桌面系統一樣的精美介面),Web 2.0 的應用已能夠更快地

圖 9-72 系統生成的類別

響應使用者的請求。另外,Web 2.0 應用往往使用可重用的 widget 等組件。

在 Web 1.0 應用上,瀏覽器往往發送一個 HTTP 請求到伺服器來獲得數據,並刷新整個瀏覽器頁面,使用者不喜歡這種笨拙的方法。在 Web 2.0 應用上,瀏覽器是發送一個 XML HTTP 請求到伺服器來獲得數據,並不需要刷新整個瀏覽器頁面,而只是更新頁面上的部分數據。這兩者之間的不同與 Web 應用所使用的代碼有關。在 Web 1.0 應用上,伺服器上的代碼(如 JSP)控制著數據和顯示風格,瀏覽器只是顯示這些數據和格式。因為數據和顯示格式捆綁在一起,所以每次顯示新的數據都要刷新顯示格式,這就造成了刷新整個頁面。

在 Web 2.0 應用上,顯示數據和顯示格式可以是分開的,所以,Web 應用伺服器可以只發送一次顯示格式給瀏覽器,透過瀏覽器上的代碼(如 JavaScript),瀏覽器可以多次從伺服器上請求數據,從而實現了在不刷新頁面的情況下,能夠快速響應使用者的請求並顯示新的數據。從使用者的角度,Web 2.0 越來越像桌面應用了。Web 2.0 應用有時也被稱為 RIA(Rich Internet Application)。

Web 2.0 應用也有缺點。首先,瀏覽器上的代碼(如 JavaScript)同瀏覽器

有關。所以,開發人員需要考慮不同的瀏覽器,因為不同的瀏覽器需要使用不同的 JavaScript。其次,任何人都可以看到在瀏覽器上的代碼,從而影響應用的安全性。

開發 Web 2.0 應用的工具有:

- Ajax:Ajax 使用 XMLHttpRequest(XHR)和 IFrame 請求。它們可以在任何時候給伺服器發送一個 HTTP 請求。

- Ajax Proxy:Ajax 本身規定 XHR 和 IFrame 請求只能到同一個伺服器,而不能跨伺服器。Ajax Proxy 解決了這個問題,它可以發送請求到多個伺服器。

- Mashup:如果一個 Ajax 應用程式能夠從不同的伺服器上收集數據,並放在一個統一的介面下顯示,那麼,該應用叫做 Mashup 應用,有多種方法來實現。Mashup 操作可以發生在瀏覽器方(即瀏覽器來收集不同伺服器的數據並一起顯示),也可以發生在伺服器上。對於後一種方式,就是使用 Ajax Proxy 伺服器。後一種方法的優點是:可以配置 Proxy 伺服器來限制從哪些伺服器上收集數據;可以在 Proxy 伺服器上過濾其他伺服器過來的內容。

- JSON(JavaScript Object Notation):基於 JavaScript 定義了數據交換的格式。

- Dojo 工具箱:是一個開源的 JavaScript 庫。

下面示範如何開發 Web 2.0 應用程式。我們在上一節例子的基礎上,添加一個 Ajax 的功能:當輸入企業 ID 時,系統透過 Ajax 程序從伺服器上獲得相匹配的 ID,並顯示在下拉列表中,這個功能叫做 typeahead。

步驟 1 修改 xinCAJSFWeb 項目上的配置資訊。在其屬性視窗上的「項目構面」介面中,選中「Web 2.0」複選框,如圖 9-73 所示。

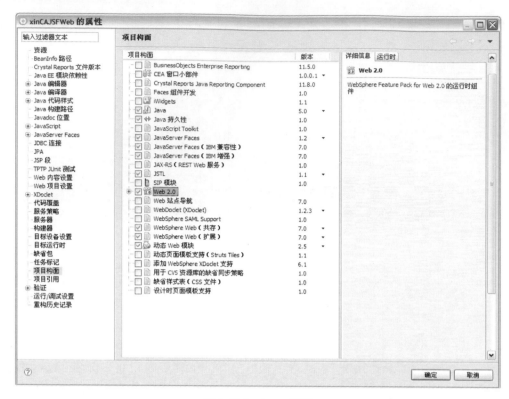

圖 9-73 Web 2.0 選項

步驟 2 在 WEB-INF/lib 下，會看到多了幾個 Web 2.0 相關的 JAR 文件，如圖 9-74 所示。

步驟 3 打開 logon.jsp 頁面，右擊「輸入」框（如圖 9-75 所示），選擇「屬性」選項。在「屬性」視圖中，選擇「行為」選項，並選中「啟用 typeahead 選項」複選框。「hx：inputHelperTypeahead」頁就被添加進來，如圖 9-76 所示。在輸入框的邊上，會看到多一個圖標，它標誌著已經啟用了 typeahead 選項，保存整個 JSP。

圖 9-74 添加的 JAR

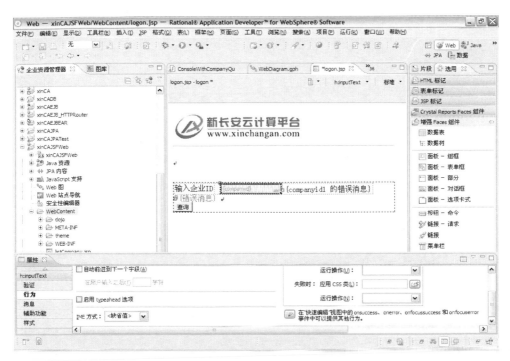

圖 9-75 啟用 typeahead 選項

圖 9-76 「hx：inputHelperTypeahead」頁

步驟 4 建立一個提供建議值的 Java 類別。當使用者輸入 ID 時，輸入框就會提示一些建議值。最簡單的是從一個固定列表中產生建議值（如果總的建議值是固定的話），大多數情況是從伺服器上獲得（如從資料庫中獲得）。下面建立一個 Java 類別（IDSuggestions）來提供建議值，如圖 9-77 所示，單擊「完成」按鈕。

圖 9-77 提供建議值的 Java 類別

步驟 5 編寫下述代碼。在這個類別中，提供了兩個方法（get 和 get1）。一個是產生一系列固定的 ID；另一個是從資料庫中獲得一系列 ID。

```java
package xinCA.suggestions;
import java.util.AbstractMap;
import java.util.ArrayList;
import java.util.List;
import java.util.Set;
import javax.faces.context.FacesContext;
import javax.faces.model.SelectItem;
import xinCA.jsf.entities.Company;
import xinCA.jsf.entities.controller.CompanyManager;
public class IDSuggestions extends AbstractMap {
static ArrayList<String> suggestions = null;
int arrayLength = 20;
@Override
public Set entrySet() {
return null;
}
// 產生一系列固定的 ID
public Object get(Object key) {
if (suggestions == null) {
suggestions = new ArrayList<String>(arrayLength);
for (int i = 0; i < arrayLength; i++) {
```

```
int temp = i + 10;
String suggestion = new String(temp+"");
suggestions.add(suggestion);
}
}
return compareSuggestions(key);
}
// 從資料庫上讀出一系列 ID
public Object get1(Object key) {
if (suggestions == null) {
CompanyManager companyManager = new CompanyManager();
List<SelectItem> list = companyManager.
getCompanySelectList();
suggestions = new ArrayList<String>(list.size());
for (SelectItem item:list) {
suggestions.add(""+((Company)item.getValue()).getCompanyid() );
System.out.println(item.getValue());
}
}
return compareSuggestions(key);
}
// 在 ID 列表中尋找同使用者輸入的 ID 接近的 public Object compareSuggestions(Object key) {
String first = key.toString().substring(0, 1);
System.out.println("suggestion input:" + key);
ArrayList<String> result = new ArrayList<String>(arrayLength);
for (String entry:suggestions) {
if (first.equals( entry.substring(0, 1) ))
result.add(entry);
}
// 在會話中保存結果
FacesContext.getCurrentInstance().getExternalContext()
.getSessionMap().put("ID", result.get(0));
return result;
}
}
```

步驟 6 綁定上述類別到 type-ahead 組件上。在 logon.jsp 圖上（如圖 9-76 所示），選中輸入框邊上的 typeahead 組件。右擊，選擇「屬性」選項。在屬性視圖的「hx:inputHelper Typeahead」標籤頁上（如圖 9-78 所示），可以設定顯示的建議的最大數目等資訊。

圖 9-78 hx：inputHelperTypeahead 頁

步驟 7 單擊「值」邊上的瀏覽按鈕，出現一個新視窗，如圖 9-79 所示。在這個新視窗中，單擊「新增數據對象」按鈕，彈出一個新視窗，如圖 9-80 所示。

圖 9-79 選擇頁數據對象

圖 9-80 新增數據組件

步驟 8 在「新增數據組件」視窗中，選中「Faces 受管 Bean」，單擊「確定」按鈕。在「添加 JavaBean」視窗中（如圖 9-81 所示），輸入名稱，選擇剛剛建立的 Java 類別，選擇作用域為「session」，單擊「完成」按鈕。

圖 9-81 添加新的 Java Bean

步驟 9 返回到「選擇頁數據對象」視窗（如圖 9-82 所示），選擇剛剛建立的數據對象「suggestions」，#{suggestions} 就出現在「值」的文本框裡了，如圖 9-83 所示。

圖 9-82 選擇頁數據

圖 9-83 屬性視圖

步驟 10 右擊「logon.jsp」，選擇「運行方式」和「在伺服器上運行」選項。輸入 1 後，系統出現 10~19 之間的建議值，如圖 9-84 所示。輸入 2 後，就給出 20~29 之間的建議值，如圖 9-85 所示。

圖 9-84 從固定值列表中提供建議值

圖 9-85 從固定值列表中提供建議值

步驟 11 把 IDSuggestions 類別中的 get 方法名和 get1 方法名互換，再次運行 logon.jsp 程序。輸入資料庫中的一個值，如 9，系統立即給出伺服器上有的相關值，如圖 9-86 所示。

步驟 12 單擊「查詢」按鈕，結果如圖 9-87 所示。

圖 9-86 從資料庫上生成建議值

圖 9-87 查詢企業資訊

　　另外，啟動 Web 2.0 之後，選用版就多了四個 Dojo 組件，如圖 9-88 所示。

　　值得一提的是，Web 3.0 是目前正在討論的第三代網際網路技術。通常可以認為 Web 1.0 提供了一些只讀的服務；Web 2.0 提供了可讀可寫的服務；Web 3.0 提供了可讀、可寫、可執行的服務。Web 3.0 也叫做智慧網路。

圖 9-88 Dojo 組件

一本書搞懂雲端計算、物聯網、大數據

384

第 10 章 雲端計算平台管理

從本章節你可以學習到：

❖ 雲端計算平台的要求

❖ 雲端計算的安全管理

❖ 服務質量（QoS）管理

❖ 雲端服務測試

❖ 基於 TPTP 的概要分析（profiling）

❖ 雲端服務維護和升級

雲端計算平台包含來自一個企業內的不同部門的服務，還可能包含來自企業外的服務（如合作夥伴的服務）。如果沒有恰當的控制，這種系統很容易失控。針對雲端計算的控制管理的目標是：使服務能夠遵循相應的法律法規、行業標準和規則。雲端計算平台的管理包括服務的管理，安全性管理，系統軟體和應用軟體的測試、維護和升級。大多數管理工作同大型網站的管理類似。另外，雲端服務管理系統要具有以下功能：服務註冊、服務的版本化、服務所有權、服務的訪問等。本章首先闡述雲端計算平台在服務級別上的要求，然後重點講述安全管理和測試。

10.1 雲端計算平台的要求

　　當雲端服務成為企業付費的產品時，對具體的性能或可用性的保證，以及其它的服務質量的要求，都成為重要的部分。我們可以想像這將成為一個常見要求。一個常規的做法是，在軟硬體平台上採用了負載均衡的設計，Web 伺服器、應用伺服器和資料庫伺服器都採用了 cluster 結構，防止單點故障，同時保證了系統的橫向擴展能力，很方便地增加應用的節點，也充分發揮了系統硬體的性能，將所有主機的 CPU 和內存充分利用起來。因為雲端計算是基於網際網路的軟體服務，所以，對於新構建的系統，滿足服務級別需求也變得日益重要。服務級別需求主要分為以下幾類：

- 性能是指系統提供的服務要滿足一定的性能衡量標準，這些標準可能包括系統的響應時間以及處理交易量的能力等；

- 可升級性是指當系統負荷加大時，能夠確保所需的服務質量，而不需要更改整個系統的架構；

- 可靠性是指確保各服務及其相關的所有交易的完整性和一致性的能力；

- 可用性是指一個系統應確保一項服務或者資源永遠都可以被訪問到；

- 可擴展性是指在不影響現有系統功能的基礎上，為系統填加新的功能或修改現有功能的能力；

- 可維護性是指在不影響系統其他部分的情況下修正現有功能中問題或缺

陷,並對整個系統進行維護的能力;

- 可管理性是指管理系統以確保系統的可升級性、可靠性、可用性、性能和安全性的能力;

- 安全性是指確保系統安全不會被危及的能力。

我們通常可以根據每個使用者訪問的系統響應時間來衡量系統的整體性能;另外,我們也可以透過系統能夠處理的交易量(每秒)來衡量系統的性能。對於傳統的函數調用的方式,一個功能的完成往往需要透過客戶端和伺服器來回很多次的函數調用才能完成。在企業的內部系統(即 Intranet)下,這些調用給系統的響應速度和穩定性帶來的影響都可以忽略不計;但是在 Internet 環境下,這些往往是決定整個系統是否能正常工作的一個關鍵決定因素。如果我們使用了很多 Web Service 來提供一個服務的話,這可能會很大地影響性能。因此在雲端計算平台上,推薦採用大數據量、低頻率的訪問模式,也就是以大數據量的方式一次性進行資訊交換(即大服務的方式)。這樣做可以在一定程度上提高系統的整體性能。

可升級性是指當系統負荷加大時,仍能夠確保所需的服務質量,而不需要更改整個系統的架構。當雲端計算平台上的負荷增大時,如果系統的響應時間仍能夠在可接受的限度內,那麼我們就可以認為這個系統是具有可升級性的。我們必須首先瞭解系統容量或系統的承受能力,也就是一個系統在保證正常運行的情況下,所能夠處理的最大進程數量或所能支持的最大使用者數量。如果系統已經不能在可接受時間範圍內反應,那麼這個系統已經到達了它的最大可升級狀態。要想升級已達到最大負載能力的系統,我們必須增加新的硬體。新添加的硬體可以以垂直或水平的方式加入。垂直升級包括為現在的機器增加 CPU、內存或硬碟。水平升級包括在環境中添置新的機器,從而增加系統的整體處理能力。雲端計算平台的系統架構必須能夠支持硬體的垂直或者水平升級。基於 SOA 的系統架構可以很好地保證雲端計算平台的可升級性,這主要是因為系統中的功能模塊已經被抽象成不同的服務,所有的硬體以及底層平台的資訊都被屏蔽在服務之下,因此不管是對已有系統的水平升級還是垂直升級,都不會影響到雲端計算平台的整體架構。

可靠性是指確保各服務及其相關的所有交易的完整性和一致性的能力。當雲端計算平台負荷增加時，它必須能夠持續處理需求訪問，並確保系統能夠像負荷未增加以前一樣正確地處理各個進程。可靠性可能會在一定程度上限制系統的可升級性。如果系統負荷增加時，不能維持它的可靠性，那麼實際上這個系統也並不具備可升級性。因此，一個真正可升級的系統必須是可靠的系統。在基於 SOA 來構建雲端計算平台的系統架構時，可靠性也是必須要著重考慮的問題。要在基於 SOA 架構的系統中保證一定的系統可靠性，就必須要首先保證分佈在系統中的不同服務的可靠性。而不同服務的可靠性一般可以由其布署的應用伺服器或 Web 伺服器來保證。只有確保在雲端計算平台上的每一個服務都具有較高的可靠性，我們才能保證系統整體的可靠性能夠得以保障。

可用性是指一個系統應確保一項服務或者資源應該總是可以被訪問到的。可靠性可以增加系統的整體可用性，但即使系統部件出錯，有時卻並不一定會影響系統的可用性。透過在環境中設定冗餘組件和錯誤恢復機制，雖然一個單獨的組件的錯誤會對系統的可靠性產生不良的影響，但由於系統冗餘的存在，使得整個系統服務仍然可用。在基於 SOA 來構建雲端計算系統時，對於關鍵性的服務需要更多地考慮其可用性的需求。

可擴展性是指在不影響現有系統功能的基礎上，為系統添加新的功能或修改現有功能的能力。當系統剛配置好的時候，你很難衡量它的可擴展性，直到第一次你必須去擴展系統已有功能的時候，你才能真正去衡量和檢測整個系統的可擴展性。我們在構建雲端計算系統時，為了確保架構設計的可擴展性，都應該考慮下面幾個要素：低耦合、對接標準化以及封裝。SOA 就已經隱含地解決了這幾個可擴展性方面的要素。這是因為 SOA 架構中的不同服務之間本身就保持了一種無依賴的低耦合關係；服務本身是透過統一的對接定義語言（如 WSDL）來描述具體的服務內容，並且很好地封裝了底層的具體實現。在這裡我們也可以從另一個方面看到基於 SOA 來構架雲端計算系統能為我們帶來的好處。

可維護性是指在不影響系統其他部分的情況下修改現有系統功能中問題或缺陷的能力。同系統的可擴展性相同，當系統剛被布署時，你很難判斷一個系統是否已經具備了很好的可維護性。當建立和設計雲端計算系統時，要想提高系統的可維護性，我們必須考慮下面幾個要素：低耦合、模塊化以及完備的文件。在上面的可擴展性中，我們已經提到了 SOA 架構能為雲端計算系統中公開出來的各個子功能模塊（即服務）帶來低耦合性和很好的模塊化。關於完備的文件，除了底層子系統的相關文件外，雲端計算平台還會引用到許多平台外部的、由第三方提供的服務。因此，我們應該有專職的文件管理員來專門負責整個雲端計算系統所涉及的所有外部服務的相關文件的收集、歸類和整理，這些相關的文件可能涉及到第三方服務的對接（如 WSDL）、服務的質量和級別、性能測試結果等各種相關文件。基於這些文件，就可以為我們構建雲端計算平台提供很好的參考資訊。

在可維護性方面，平台還需要提供多個級別的日誌和統一的配置環境。高級別的日誌方便使用者和系統的開發人員交流並跟蹤系統的運行，從而更快地優化和調試系統。任何一級的日誌都記錄系統碰到的錯誤。

可管理性是指管理系統以確保整個系統的可升級性、可靠性、可用性、性能和安全性的能力。具有可管理性的系統，應監控系統的服務質量（QoS），透過改變系統的配置從而可以動態地改善服務質量，而不用改變整個系統的架構。一個好的雲端計算系統必須能夠監控整個系統的運行情況並具備動態配置系統的功能。在構建雲端計算系統時，我們應該儘量考慮採用已有的成熟的底層系統框架。在業界，可以選擇的底層系統框架有很多，可以選用企業服務總線（Enterprise Service Bus）以支持雲端計算平台的 SOA 系統架構，也可以選用直接調用的方式。具體選擇哪種底層框架來實施雲端計算系統要根據每個系統各自的特點來決定，但這些底層的框架都已經提供了較高的系統可管理性。因此，我們特別在第 5 章探討了如何選擇不同的產品或底層框架來實現雲端計算平台。

安全性是指確保系統安全不會被危及的能力。安全性是目前最困難的系統質量控制點。這是因為安全性不僅要求確保系統的保密和完整性，而且還要防止影響可用性的黑客攻擊，如服務拒絕（Denial-of-Service）攻擊。當我們在構建一個雲端計算平台時，應該把整體系統架構儘可能地分割成各個子功能模塊，在將一些子功能模塊公開為外部使用者可見的服務的時候，要圍繞各個子模塊構建各自的安全區，這樣更便於保證整體系統架構的安全。即使一個子模塊受到了安全攻擊，也可以保證其他模塊相對安全。如果雲端計算平台中的一些服務是由 Web 服務來實現的，在考慮這些服務安全性的時候也要同時考慮效率的問題，因為 WS-Security 會影響 Web 服務的效率。

總之，我們不僅要負責端到端的服務請求者和提供者的設計，而且要負責對系統中非功能性服務要求的確認和實現。雲端計算是基於 Internet 的軟體服務，我們必須考慮在使用 Internet 時的安全性問題。Internet 協議並不是為可靠性（有保證的提交和提交的有序）而設計的，但是我們必須確保消息被提交並被處理一次。當這沒有發生時，請求者必須知道請求並沒有被處理。我們需要考慮所布署服務的質量、可靠性以及響應時間，以便確保它們在承諾的範圍之內。

█ 10.2 雲端計算的安全管理

　　由於雲端計算平台具有靈活性、動態性，並且能夠從網際網路上隨處接入的特點，因此要可靠地保護雲端計算的安全。每個企業都希望自己的核心業務和數據安全可靠，這並不等同於「各個企業要擁有自己的硬體和軟體系統」。既然雲端計算平台上的硬體和軟體系統是為多個企業所共用的，那麼，雲端計算的安全管理就尤其重要。

　　這是一些雲端計算客戶對安全性的一些憂慮：

- 他們的數據放在一個不是他們所管理和控制的系統上。這就需要雲端計算平台的提供者提供比較透明的高安全措施，以消除客戶在這方面的憂慮。

- 運行在網際網路上的系統是否具有高可靠性。一旦系統宕機，怎麼盡快恢復服務。這就需要雲端計算平台充分考慮系統的集群技術和備份/恢復技術。

- 雲端計算平台是一個共享的平台。有些客戶擔心自己的數據被競爭對手訪問。所以，要求雲端計算平台有很強的驗證和訪問控制技術。

　　一些雲端計算平台的提供商已經採取了措施。VeriSign 公司為微軟 Windows Azure 平台提供基於雲端計算的安全和認證服務。微軟採用 VeriSign 的 SSL 證書和代碼簽名證書，保護 Windows Azure 平台上所開發和布署的基於雲端計算的服務和應用。

　　VeriSign（威瑞信）的 SSL 證書能夠確保企業使用者在 Windows Azure 上所運行的應用程式擁有強大的 SSL 加密保護。威瑞信 SSL 同樣保護使用者、應用程式和伺服器之間相互傳送的數據，同時在使用者和基於雲端計算的伺服器之間提供關鍵認證。微軟公司 Windows Azure 總經理 Doug Hauger 表示：「VeriSign 為 Windows Azure 平台開發人員和終端使用者提供一個安全且有保障的環境。VeriSign 透過其 SSL 證書和代碼簽名證書提供久經考驗的安全保護，幫助確保使用者在 Windows Azure 平台能夠擁有可值得信賴的體驗。」

　　SSL 使用基於密鑰對的公鑰加密技術。一個密鑰對包含一個公鑰和私鑰。在使用 SSL 的伺服器上，伺服器將發送給客戶端的數據用一個私鑰加密，客戶端則使用伺服器的公鑰來解密這個加密的數據。那麼，客戶端是怎麼獲得了伺服器的公鑰呢？在客戶端同伺服器通訊之前，伺服器給客戶端發送一個數字證書。該證書裡面包含了公鑰。整個流程如圖 10-1 所示。

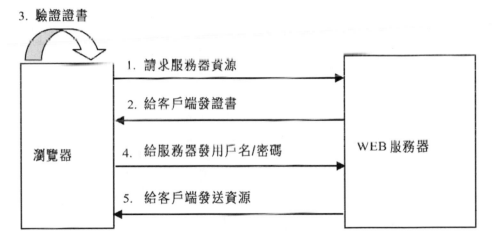

圖 10-1 SSL

　　角色是一個邏輯概念。不是物理的使用者或使用者組。打一個比方，某網站的財經編輯是一個角色。這個角色具有一定的權限（比如修改財經報導的權限）。使用者 A 和使用者 B 都可以被賦予這個角色，從而具有編輯的權限。使用者組是一組使用者，也可以被賦予某一個角色。從而，一組使用者都具有這個角色的權限。在 J2EE 平台上，角色是透過 annotation 或者布署描述文件（如 web.xml）來定義的。

使用者既可以是操作系統或者 LDAP 伺服器上的使用者，也可以是 Web 應用伺服器上的使用者。開發人員也可以在資料庫中管理使用者帳號資訊。一個使用者通常具有使用者名和密碼。另外，使用者也屬於一個或多個組。在 Web 應用伺服器上可以配置安全性，比如，讓 Web 應用伺服器同操作系統集成（如圖 10-2 所示），從而使訪問 Web 應用的使用者都來自操作系統。

圖 10-2 同操作系統或 LDAP 集成

有時，我們還可以使用訪問控制列表。既然是一個列表，當然可以有多行。每行至少有兩列，一列是使用者或使用者組，另一列是角色。透過訪問控制列表，指定了哪些使用者或那組具有哪些角色。

很多 Web 應用伺服器都提供了建立和管理使用者和使用者組的功能（要麼自己提供，要麼同 LDAP 伺服器集成來提供）。所以，雲端計算平台可以把使用者和使用者組管理交給 Web 應用伺服器。然後，在程序中（如 EJB 類別、Servlet 類別）上指定哪些角色可以使用該類別或類別上的方法；接著，在布署描述文件中，指定角色和組的映射（即該組被授予哪個角色）。最後布署到 Web 應用伺服器上，這就完成了安全配置。當一個使用者登錄時，使用者名和密碼的驗證在 Web 應用伺服器上完成。當該使用者訪問某個資源（如某個 Servlet）時，透過該使用者所分配的角色來判斷是否有訪問的權限。

下面我們來看看 J2EE 上的安全性管理。在 J2EE 上，你可以選擇下述的方法來實現安全性管理：

- 聲明式安全性：在布署描述文件（如 web.xml）中聲明組件的安全設定，如角色、訪問控制等。聲明式安全性是三種方法中最靈活的。

- 編程式安全性：在程序中進行安全管理。

- 註釋（annotation）：使用 annotation 在某個類別文件中指定安全性。如在某一個 servlet 類別前面加上 @DeclareRoles(「employee」)，來表明只有 employee 角色的使用者或組才可以使用。

　　圖 10-3 顯示了雲端計算平台的分層結構，下面是我們一般採用的安全管理模式：

① 使用者輸入使用者名和密碼

② Web 伺服器驗證使用者名和密碼。在 Web 伺服器上，可能是應用程式自己驗證使用者名和密碼（它們在資料庫裡保存），也可能是底層的操作系統或 LDAP 伺服器來驗證。透過驗證後，Web 伺服器上存放一個憑證。

③ 使用者訪問 Web 伺服器的資源時，Web 伺服器就可以根據這個憑證來查看該使用者是否具有訪問特定資源的權限（即訪問控制）。這個權限管理可能在程序裡，也有可能讀取布署描述符來確定。如果是授權使用者，那麼使用者就可以訪問所請求的資源，比如輸入訂單的 JSP 頁面。

④ 當使用者輸入相關資訊（如訂單資訊）後，JSP 需要調用後面的服務層組件。如果使用 EJB 實現的服務組件，那麼，EJB 容器需要檢查該使用者是否有權限使用 EJB。這需要關聯兩個容器之間的安全性上下文。

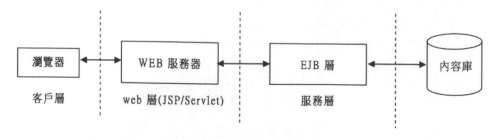

圖 10-3 雲端計算的分層結構

另外,雲端計算平台需要提供監控和審核機制。下面我們具體看看各層的安全管理。

1. 客戶層和 Web 層之間

在客戶層和 Web 層之間,首先是數據傳輸的安全性。解決方案是使用 SSL(Secure Sockets Layer,安全套接字層)和 HTTPS。SSL 保證了瀏覽器和 Web 伺服器之間的加密傳輸。雲端計算平台需要一個數字證書和密鑰儲存文件。當使用者訪問雲端計算平台時,該證書發給瀏覽器,從而證明雲端計算平台的身份(數字證書有居民身份證的作用)。在兩者之間傳輸的加密數據不能由第三方解密,從而保證了數據的安全性。我們可以在 web.xml 中設定 <transport-gurantee> 來指定 SSL 來傳輸數據。

HTTPS 是使用 SSL 的 HTTP。因為 SSL 需要加密和解密數據,所以 HTTPS(使用 SSL 的 http)本身有負載。在雲端計算平台,並不是所有的頁面都需要使用 HTTPS。登錄等重要的頁面使用 HTTPS,而一些公開的頁面(如雲端計算平台介紹頁面)就不需要使用 HTTPS 了。

證書分成兩類。一類是由一個證書授權機構(CA)發佈,如 VeriSign,這類證書需要付費。另一類是自簽署的證書,自簽署的證書雖然不能證明自己的身份,但是可以被用來完成數據加密的功能。

2.Web 層

在 Web 應用伺服器上,可以建立使用者和組。然後,在布署描述文件(如 web.xml)中,我們指定哪些角色可以訪問哪些 URL,哪些組和使用者屬於哪些角色。不同的使用者屬於不同的角色,就可以獲得不同的權限。比如:

中網雲端計算平台在 web.xml 中指定批發商角色、廠商角色、零售店角色。在 web.xml 中，批發商角色被授予訪問所有 /wholesaler/* 的 URL，廠商角色被授予訪問 /manufacture/* 的 URL，零售店被授予訪問 /retailer/* 的 URL。另外，上面的 URL 也被指定必須使用 SSL（即 HTTPS）。中網設定了 <transport-gurantee>CONFIDENTIAL</transport-gurantee>。

我們也可以在 Servlet 等程序上使用 annotation （如 @DeclareRoles） 來指定哪些角色可以使用這個類別或類別中的方法。在 Servlet 和 JSP 中，開發人員可以使用 HttpServletRequest 對接所提供的方法來獲取使用者資訊（如 getRemoteUser），判斷使用者是否具有某個特定角色（如 isUserInRole）等。另外，在 Web 層上可以布署防火牆。

3. 服務層

如果你使用 EJB 實現了服務層，那麼，EJB 也支持 annotation 的方式來聲明安全性角色。比如，你可以在某個 EJB 類別（或類別中的方法）上使用 annotation（如 @DeclareRoles） 來聲明哪些角色可以使用該 EJB 類別（或類別上的方法）。你也可以在某個 EJB 類別的方法上使用 annotation，如 @RollsAllowed（角色列表）之類來聲明哪些角色可以使用該 EJB 類別上的方法。對於類別上的方法，還可以使用 @PermitAll 和 @DenyAll 來設定全局的安全性。

同 Web 層類似，你也可以在 EJB 布署描述文件中聲明哪些角色可以使用哪些 EJB。也可以細化到方法，即在方法上指定角色。在布署描述文件中的 security-role-mapping 上可以聲明訪問控制列表（使用者 / 組同角色的映射）。

在程序中，你可以使用 javax.ejb.EJBContext 對接所提供的方法來判斷調用 EJB 的使用者的安全性資訊。比如，你可以使用 getCallerPrincipal() 來獲得調用者的資訊；可以使用 isCallerInRole（角色名）來判斷當前調用者是否具有某個角色。

另外，我們一般使用 Web 應用伺服器上的連接池來實現業務層同資料庫的連接。業務層上的代碼（如 EJB 代碼）不需要知道連接資料庫的使用者名和密碼。

在布署描述文件（如 web.xml）中，可以指定登錄設定（<login-config>），分為如下兩種方式：

1. 基本認證（BASIC）

當客戶端請求一個受保護的資源（如某一個 Servlet）時，Web 伺服器首先返回一個標準的登錄對話框給客戶端。客戶端提交使用者名和密碼，然後 Web 伺服器驗證使用者名和密碼。只有驗證成功後，伺服器才返回客戶端所請求的資源。

2. 基於窗體（FORM）

在這個模式下，開發人員可以開發一個自己的登錄頁面（如 login.jsp）。當客戶端請求一個受保護的資源時，Web 伺服器重定向到那個登錄頁面（假設尚未登錄）。客戶端在登錄頁面上提交使用者名和密碼，然後 Web 伺服器驗證使用者名和密碼。在驗證成功後，伺服器才返回客戶端所請求的資源。否則，就返回一個錯誤頁面（如 error.jsp，也是由開發人員提供）。在 web.xml 裡，開發人員需要設定登錄頁面和錯誤頁面的 URL，並設定 <auth-method>FORM</auth-method>。

需要注意的是，以上兩種方式都是使用明文傳遞使用者名和密碼。對於關鍵應用，我們建議使用 SSL。另外，除了上述的認證方式外，還有 HTTPS 客戶端認證等方式。

我們在前面講述了 HTTPS 和 SSL。這是一個傳輸層上的安全性保證，是在點和點之間使用的安全通訊機制（或者說，在點和點之間維護一個安全上下文）。如果在服務的調用者和服務之間有代理伺服器（proxy），那麼，各個點之間有單獨的安全上下文，如圖 10-4 所示。

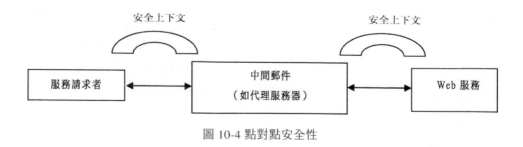

圖 10-4 點對點安全性

Web 服務是基於消息傳遞的。多個點對點之間的安全上下文有一定的系統開銷。消息級別上的安全性強調在端到端之間的一個安全上下文，如圖 10-5 所示。

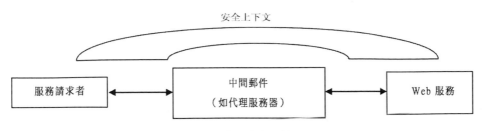

安全上下文

| 服務請求者 | ⟷ | 中間郵件
（如代理服務器） | ⟷ | Web 服務 |

圖 10-5 端到端安全性

WS-Security 標準和 WS-Security 會話標準就規定了為 SOAP 消息提供消息級別上的安全性的框架。透過 XML 數字簽名、XML 加密和在 SOAP 消息中包含安全令牌（token），WS-Security 保護並驗證 SOAP 消息。透過 WS-Security 會話，可以建立和共享一個安全上下文。WS-Security API 支持 WS-Security 會話和 WS-Security 標準。圖 10-6 顯示了支持 J2EE 的 WebSphere 應用伺服器透過策略集來實現 WS-Security 標準。圖 10-7 顯示了端到端的消息級別安全性。

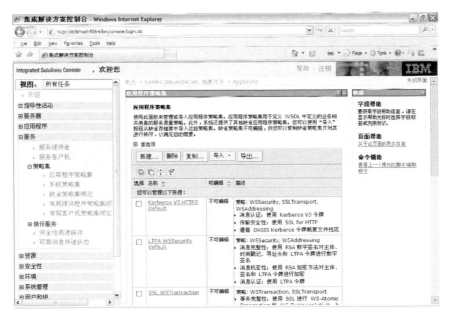

圖 10-6 WS-Security 安全性管理

一本書搞懂雲端計算、物聯網、大數據

圖 10-7 消息級保護

在開發工具中，選擇某一個服務，然後選擇「管理策略集連接」來連接策略集到一個服務上，如圖 10-8、圖 10-9 所示。

圖 10-8 關聯一個服務和策略集

圖 10-9 配置綁定

我們還可以關聯策略集到 JAX-WS 客戶端程序上。

在巨正環保雲端計算平台上，權限管理和監控管理可以完成下面功能：

- 建立、更改和刪除使用者和使用者組，如圖 10-10 所示。

- 建立、更改和刪除權限（如圖 10-11 所示）、安全角色（如圖 10-12 所示）
和訪問控製表（如圖 10-13 所示）。

- 系統監控在平台上的操作，如圖 10-14 所示。

圖 10-10 建立使用者

圖 10-11 權限

圖 10-12 安全角色

在整個平台上，建立統一的安全管理體系，用以保障環境資訊和統計資訊系統安全、高效、穩定運行。系統提供了豐富的預定義權限（接近 80 個）和角色 ，另外，管理員還可以定義其他的權限和角色。管理員可以將不同使用者分配不同角色來管理使用者的服務訪問和操作權限。還有，透過定義訪問控問表（如圖 10-13 所示），就可以用來指定哪些使用者或組在哪些類型的服務和數據上具有哪些權限。在整個平台上，所有密碼都加密保存，即使系統管理員也無從獲得。

圖 10-13 訪問控製表

整個平台提供了周密的系統監控。系統自動記錄各類重要對象（使用者、數據模型等）的建立、刪除和更新，系統管理員可以在不同數據模型上啟動不同的監控設定。主管人員或系統管理員從不同方面來審核系統上的操作或仁某些數據」的各類操作，如圖 10-14 所示。

圖 10-14 系統監控

10.3 服務質量（QoS）管理

服務質量管理包含多個方面，如安全管理、可靠資訊傳遞等等。在發生組件、系統或網路故障時，如何來實現消息的可靠傳遞呢？這就是服務質量的範疇。有以下三個級別的服務質量：

- 不可管理、不持久（unmanaged nonpersistent）：消息保存在內存中。沒有事務的概念，如果在網路上丟失消息的話，允許消息的重新發送。但是，伺服器的失敗（如重啟或崩潰）可能導致消息的丟失。

- 可管理、不持久（managed nonpersistent）：消息也保存在內存中。可以在一個事務中處理消息。如果在網路上丟失消息的話，允許消息的重新發送。在這個級別上，使用一個帶有企業服務總線的消息引擎來管理消息的有序狀態。如果消息引擎不能正常工作，那麼消息也會丟失。

- 可管理、持久（managed persistent）：消息保存在發送方和接收方的硬碟中，並具有事務的概念。也使用一個帶有企業服務總線的消息引擎來管理消息的有序狀態。如果伺服器失敗，消息也不丟失。是一個可恢復的機制。也可以實現異步服務調用。

各個應用伺服器專門提供了針對 Web 服務的質量管理（包含安全管理）。要注意的是，有些是 Web 應用伺服器的特有功能，而不是標準的 J2EE 功能。下面我們以 IBM WebSphere 為例來簡單瞭解這部分內容。

在 IBM WebSphere 上，提供了策略集（policy set）的概念，如圖 10-15 所示。策略集包含一個或多個策略。每個策略定義了所需要的服務質量要求，然後透過綁定（Binding）來關聯策略集到某個特定系統，從而將策略集和其綁定連接到該系統上的 JAX-WS 應用。在 WebSphere 上，策略集不僅僅可以連接到整個應用，而且還可以連接到應用下的服務、服務下的端點和端點下的操作，非常的靈活。WebSphere 系統提供了一些缺省策略集，從而幫助使用者快速地配置服務的質量要求。

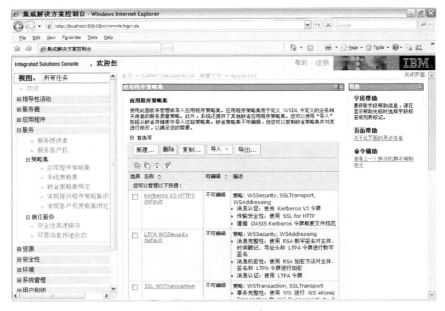

圖 10-15 策略集

　　一個策略集中可以包含多個類型的策略。策略類型符合 Web 服務的質量標準，包括了：WS-ReliableMessaging、WS-Security、HTTP 傳輸、WS-Transaction、SSL 傳輸和 WS-Addressing 等。我們在前面講解了 WS-Security，下面繼續講解另外幾個重要的策略類型：

- WS-Addressing：WS-Addressing 是一個使用端點引用和消息尋址屬性對 Web 服務進行尋址的策略，如圖 10-16 所示。一個消息的傳遞可能經過防火牆和網關。透過在 SOAP 消息中放置 XML 數據來表明消息的來源端點，從而幫助系統識別消息的端點。這對於系統安全性和服務質量的保證都是很有必要的。WS-Addressing API 能夠支持異步消息傳遞。策略類型還分為應用系統上的策略類型和系統上的策略類型。另外，WSDL 上有 WS-Addressing 元素，所以，除了使用策略集，你也可以使用 WSDL 來啟用 WS-Addressing。

圖 10-16 WS-Addressing

- WS-Transaction：使用 WS-AtomicTransaction 上下文傳播來提供事務完整性，如圖 10-17 所示。

- WS-ReliableMessage：Web 服務的可靠消息傳遞策略提供了將消息可靠地傳遞到接收方的功能。我們知道，SOAP 本身是不可靠的傳輸方式，那麼，WS-ReliableMessage 在 HTTP 之上發送 SOAP 消息，並確保傳輸的可靠性。

WebSphere 提供了多個缺省的 WS-ReliableMessage 策略，用於支持上述的三個服務質量級別。

圖 10-17 WS-Transaction

10.4 雲端服務測試

測試分為多種，如功能測試、性能測試等等。在不同的開發階段，會有不同類型的測試相對應。

一般而言，測試分為以下幾種：

- 單元測試：一般由開發人員完成，用於測試一個軟體組件（如 Java 類別、EJB、Servlet）的行為。正是因為單元測試由開發人員完成，而開發人員又很清楚自己的代碼，這個測試往往是白盒測試。一個通用的做法是根據組件的定義來寫該組件的測試代碼。

- BVT（Build Verification Test，構建驗證測試）：開發人員在完成單元測試後將自己的代碼放到一個源程序控制系統（如 CVS、Rational Team Concert）上。構建部門就從源程序控制系統上獲得所有代碼，編譯（一般有編譯腳本），打包整個代碼為一個應用程式。一般在這個階段進行倒退（Regression）測試，即運行上一個構建（build）完成的一些測試案例。這是把應用程式交給測試部門測試之前的最後一類測試。

- FVT（功能驗證測試）：測試應用程式是否完成了所指定的功能。

- SVT（系統驗證測試）：用於測試功能組。在這個階段，測試環境同生產環境類似。重點測試該應用程式的所有功能都能在一起很好地工作。

- 性能測試：模擬一定的負載（如 2000 個使用者同時訪問該應用程式）來確認該應用能夠在一定的壓力下工作正常（包括性能指標，如在一定的時間之內響應使用者）。

- 客戶驗收測試：測試應用程式的方方面面，用於驗證該應用符合客戶的業務需求和非功能性需求（如響應時間）。

另外，在上述不同的階段，認真記錄測試結果是很有必要的，比如記錄一個組件最近透過測試的時間。

作者本人負責過若干個大型系統。我們發現，開發人員最輕視單元測試。當然，一部分開發人員的確是忙於開發新的程序或者修改使用者報告的錯誤，而沒有足夠的時間來完成單元測試。作為系統負責人，一定要強調並實施嚴格的單元測試。從公司的角度，這是一個最經濟的方案。我們都知道，一個軟體不可能沒有 bug（缺陷），所以，越晚發現，越需要更多的資源來管理和協調。比如，如果測試部門透過測試發現了這個 bug，那麼，測試人員必須在系統上記錄這個問題，有一個問題編號，該問題被反饋到開發部門經理那裡。開發經理需要決定哪些問題先修改，他還需要同測試經理協調。所有這些都是在使用公司的寶貴資源。因此，作為項目的負責人，一定要讓開發人員有足夠的時間來建立測試案例，並認真測試自己的代碼。

各個雲端服務之間是透過對接來完成相互調用的。軟體公司一般都有測試部門，測試工程師經常需要編寫大量的測試案例來測試產品。對於雲端服務，我們主要測試對某一些特定的輸入數據，是否返回預期的結果。

在業界，有很多測試工具，如 Eclipse 的 TPTP（Test & Performance Tools Platform，測試和性能工具平台）。TPTP 包含了很多監控、跟蹤和測試工具。JUnit 就是其中的一個工具。IBM 提供了很多測試工具，如：

- Rational Functional Tester：主要用於自動化功能測試、回退（Regression）測試、介面測試、數據驅動測試等等。這些工具往往能夠以腳本的形式記錄測試過程，從而測試人員可以多次運行同一個測試。

- Rational Performance Tester：性能測試主要集中在：當多個使用者（如 2000 個使用者）使用這個系統時，系統的性能指標。目的是查看系統的擴展性。

現在還有專門針對 SOA 的測試工具，比如 Rational Service Tester for SOA Quality。

對於 J2EE 組件（如會話 bean、JPA）的測試，市場上有一些很好的工具，從而幫助測試工程師加快測試過程，如 JUnit（由 junit.org 開發的開放原始碼工具）和 Cactus（由 Apache 開發的開放原始碼工具，支持在伺服器環境中使用 JUnit）。

JUnit 4 與以前版本的最大不同是可以使用註釋（annotation）。使用註釋可以大大簡化測試代碼的編寫。支持 JUnit 4 的註釋為（部分註釋）：

- @Test：指定一個方法為測試方法；
- @Test(timcout=100)：如果該方法的執行時間超過 100 微秒，就報錯；
- @BeforeClass：在測試運行之前調用所註釋的方法，比如資料庫連接；
- @AfterClass：在測試運行之後調用所註釋的方法，比如斷開資料庫連接。

JUnit 斷言（Assert）類別

JUnit 中的 org.junit.Assert 類別中提供了一系列靜態方法來實現斷言。如果沒有滿足該斷言，就返回一個失敗資訊。這些方法有：

- assertEquals：斷言兩個對像是相同的。
- assertFalse：斷言假的布爾值。
- assertNotNull：斷言一個非空（null）對象。
- assertNotSame：斷言兩個對象不引用同一個對象。
- assertNull：斷言一個空（null）對象。
- assertSame：斷言兩個對象引用同一個對象。

- assertTrue：斷言真的布爾值。

- fail：測試失敗。

我們把前面測試 JPA 的 xinCAJPATest 改為使用 JUnit 來測試，步驟如下。

步驟 1 新增一個用於 JUnit 測試的包：xinCA.test.junit。

步驟 2 新增一個 JUnit 測試用例：右擊上面的包，選擇「新增」和「其他」。從新增嚮導中選擇「JUnit 測試用例」，如圖 10-18 所示。

步驟 3 單擊下一步，選擇「新增 JUnit 4 測試」輸入用例名稱為：CompanyJPATest，並選擇 setup() 和 tearDown() 方法，如圖 10-19 所示，單擊「完成」按鈕。

圖 10-18 新增 JUnit 測試用例

圖 10-19 新增 JUnit 4 測試用例

當測試用例啟動後，setup() 方法首先被調用；當測試用例結束後，teardown() 最後被調用。編寫測試代碼為：

```
package xinCA.test.junit;
import static org.junit.Assert.assertNotNull;
import static org.junit.Assert.fail;
import javax.persistence.EntityManager;
import javax.persistence.Persistence;
import org.junit.After;
import org.junit.Before;
import org.junit.Test;
import xinCA.entity.Company;
public class CompanyJPATest {
EntityManager em;
@Before
public void setUp() throws Exception {
if (em == null) {
em =Persistence.createEntityManagerFactory("XINCAJPA").createEntityManager();
}
}
```

```
@After
public void tearDown() throws Exception {
if (em != null) {
em.close();
}
}
@Test
public void testLoadAccount() {
try {
Company comp = em.find(Company.class, "9");
assertNotNull(comp);
} catch (Exception e) {
fail("Error:Company not found!");
e.printStackTrace();
}
}
}
```

上述測試代碼查詢企業 ID=9 的資訊。

步驟 4 運行測試用例。右擊 CompanyJPATest 類別,選擇「運行方式」和「運行配置」,在 JUnit 下,找到 CompanyJPATest,並在 VM 參數下加上:

```
-javaagent:C:\Progra~1\IBM\WAS7\plugins\com.ibm.ws.jpa.jar
```

上述參數的作用是為了找到 JPA 實體。然後,單擊「應用」和「運行」按鈕,如圖 10-20 所示。

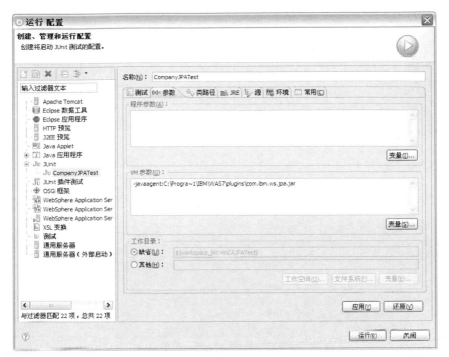

圖 10-20 運行測試代碼

如圖 10-21 所示，測試失敗（圖中顯示錯誤次數為 1）。雙擊故障跟蹤下的條目，從而帶你到如下源程序上：

```
em=Persistence.createEntityManagerFactory("XINCAJPA").createEntityManager();
```

上述的 persistence unit 名稱（XINCAJPA）有問題，修改為 xinCAJPA（同 persistence.xml 中的一致），再運行就成功了，如圖 10-22 所示。有時你需要在錯誤的地方設定斷點並調試程序來發現問題。

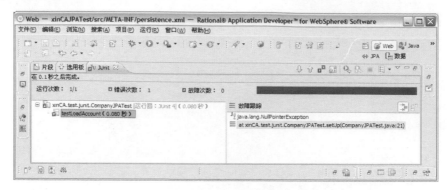

圖 10-21 失敗運行的結果

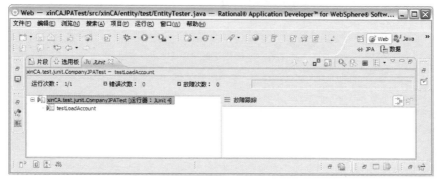

圖 10-22 成功運行後的結果

在前一節，我們示範了一個 JUnit 的測試用例。該例子並沒有使用 TPTP。TPTP JUnit 測試能夠記錄你在瀏覽器上的操作（透過 Hyades 代理記錄器完成），並能據此產生測試代碼。從而，測試人員就可以多次運行這些測試代碼來替代在瀏覽器上的操作（換句話說，這些代碼模擬了在瀏覽器上的操作）。還有，TPTP 能幫助你分析測試結果，並產生測試報告。下面我們示範上面的功能。

步驟 1 新增一個 Java 項目，命名為 xcaJUnitWebTest。

步驟 2 打開測試視圖，右擊 xcaJUnitWebTest，選擇「新增」和「測試元素」。打開一個新視窗（如圖 10-23 所示），選擇「根據記錄進行測試」。單擊下一步按鈕。

步驟 3 保持「根據新記錄來建立測試」，並選擇「URL 記錄器」。單擊「下一步」按鈕，如圖 10-24 所示。

圖 10 23 根據記錄來建立新測試

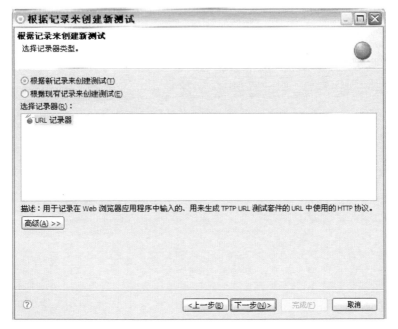

圖 10-24 選擇記錄器

步驟 4 選擇 xcaJUnitWebTest，並單擊完成按鈕，如圖 10-25 所示。記錄開始，如圖 10-26 所示。

圖 10-25 選擇測試套件和文件名

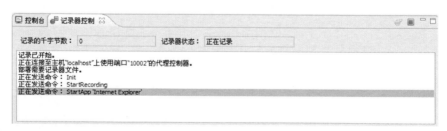

圖 10-26 記錄器

步驟 5 之後，瀏覽器被啟動，你可以在瀏覽器中測試 Web 應用程式了（瀏覽器的部分設定已經被修改，而且啟動了本地代理）。啟動 Web 應用程式 xinCAJSFWeb，你可以輸入一些值來測試 Web 應用程式（如圖 10-27 所示，如果你使用 IE7，你必須使用 IP 地址）。最後，關閉瀏覽器，從而結束記錄，參見圖 10-28 所示的記錄器控制頁下的資訊。

圖 10-27 測試 Web 應用程式

圖 10-28 TPTP 測試結果

步驟❻ 系統自動生成 TPTP 測試結果。打開行為頁，你可以輸入「迭代次數」
（如圖 10-29 所示），比如 3 次。保存並關閉測試視圖。

圖 10-29 TPTP 測試的行為頁

步驟7 生成上面測試記錄的測試代碼。選擇 xcaJUnitWebTest TPTP URL 測試（如圖 10-30 所示的選中對象），右擊滑鼠，並以打開的選單中選擇「生成」。

圖 10-30 TPTP 測試

步驟8 在彈出的視窗中（如圖 10-31 所示），確認生成代碼的資訊，並單擊完成按鈕。系統就生成了測試代碼了。

圖 10-31 生成測試代碼

步驟 9 打 開 XcaJUnitWebTest，你 就 看 到 所 生 成 的 測 試 代 碼，如 圖
10-32 所示。

圖 10-32 生成的測試代碼

步驟 10 在測試視圖下，右擊 xcaJUnitWebTest TPTP URL 測試，選擇「運行
方式」和「測試」，就可以再次運行同一個測試了，如圖 10-33 所示。

圖 10-33 再次運行測試

步驟 11 如圖 10-34 所示，系統生成了測試結果（旁邊有時間的那個對象）。
雙擊這個測試結果，就顯示了測試日誌資訊，包括測試開始和結束時
間、測試結果資訊等。選擇「事件」頁，你就看到了每個 HTTP 請求
的消息。

圖 10-34 測試結果

步驟 12 基於上述的測試結果，你可以建立多個類型的報告，如圖 10-35 所示。

圖 10-35 建立報告

步驟 13 你可以任意選擇一個，比如時間幀歷史記錄。這時生成了如圖 10-36、圖 10-37 所示的報告。該報告以圖形的方式顯示了成功和失敗的比率、測試時間等資訊（作者註：TPTP JUnit 在測試有 session 的 Web

應用上有一些問題，這是 Eclipse 已知的 bug。我們的 xinCAJSFWeb
使用了 session，所以，測試結果中有一些失敗結果。根據 Eclipse 網
站的資訊，伺服器經常產生新的 session ID，所以就不匹配記錄上的
ID。有興趣的讀者可以訪問 Eclipse 來獲得更多資訊）。

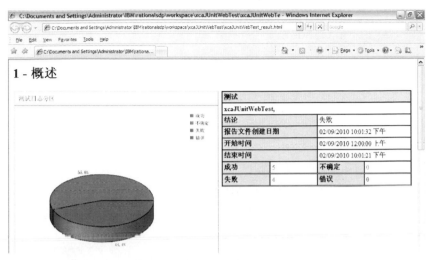

圖 10-36 測試報告（前面部分）

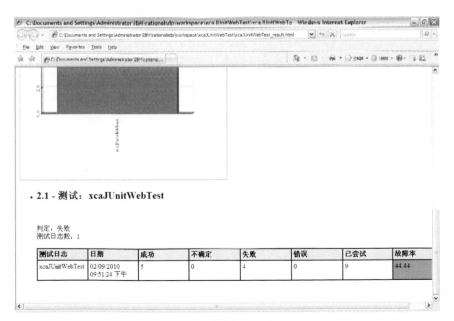

圖 10-37 測試報告（後面部分）

最後我們來看一個 Cactus 的例子。

1. 編寫測試代碼

測試代碼需要擴展 JUnit 提供的一個 TestCase 類別。如果你使用 Cactus 框架在伺服器上執行測試，那麼你必須擴展 Cactus 測試類別 org.apache.cactus. ServletTestCase。比如：

```
import org.apache.cactus.ServletTestCase;
public class OrderTest extends ServletTestCase {
}
```

然後你可以添加一個或多個測試方法到此類別，比如：

```
public void testOrder() {
Service service = (Service) ServiceManager.INSTANCE .locateService("XCAOrder");
DataObject orderDetails= (DataObject)service.invoke("getOrder", "123456789");
assertEquals("Zhenghong", orderDetails.getString("name"));
assertEquals("beijing", orderDetails.getString("address"));
List productList = orderDetails.getList("productList");
assertEquals(2, productList.size());
assertEquals("mp3 player", orderDetails.getString("productList[1]/name"));
assertEquals("radio", orderDetails.getString("productList[2]/name"));
}
```

上述代碼中查詢訂單號為 123456789 的訂單詳細資訊。因為我們已經將類別添加到了 Web 應用程式，所以在將模塊添加到伺服器時，測試類別可以在伺服器環境中執行。

2. 運行測試代碼

將上述的測試模塊添加到伺服器。如果你使用 Eclipse 環境，那麼你可以選擇「Junit Test」。Eclipse 的 JUnit 工具使我們能夠執行獨立的 JUnit 測試類別。

一些人認為只要他們測試了 GUI（基於 Web 的 GUI，或者是獨立的 Java 應用程式），那他們就全面地測試了整個應用程式。GUI 測試很難達到全面的測試，有以下幾種原因：

- 使用 GUI 測試很難徹底地測試到系統的每一條路徑，GUI 僅僅是訪問系統的一種方式，可能存在後臺運算、腳本和各種各樣的其他訪問點，這也需要進行測試。它們通常並不具有 GUI。

- GUI 級的測試是一種非常粗粒度的測試。這種測試只是在宏觀水平上測試系統的行為。這意味著一旦發現問題，則與此問題相關的整個子系統都要進行檢查，這使得找出 bug 變得非常困難。

- GUI 測試通常只有在整個開發週期的後期才能很好地得到測試，這是因為只有這個時候 GUI 才得到完整的定義。這意味著只有在後期才可能發現潛在的 bug。

- 一般的開發人員可能沒有自動的 GUI 測試工具。因此，當一個開發人員對代碼進行更改時，沒有一種簡單的方法來重新測試受到影響的子系統。這實際上不利於進行良好的測試。如果開發人員具有自動的代碼級單元測試工具，開發人員就能夠很容易地運行這些工具以確保所做的更改不會破壞已經存在的功能。最後，如果添加了自動構建功能，則在自動構建過程中添加一個自動的單元測試工具將是一件非常容易的事情。當完成這些設定以後，整個系統就可以有規律地進行重建，並且測試幾乎不需要人的參與。

10.5 基於 TPTP 的概要分析（profiling）

基於 Eclipse TPTP 的概要分析是幫助開發人員在開發階段分析測試數據來發現一些重要問題，如內存泄漏、性能瓶頸等等。透過分析測試數據，統計各個類別所使用的內存、實例個數、對象引用個數、執行時間，並顯示方法的調用樹，從而幫助開發人員發現潛在的問題。另外，概要分析還能夠幫助開發人員發現冗餘代碼等資訊。除了使用概要分析，開發人員還可以使用 probekit 在程序中放置一些收集特定資訊的代碼。

下面我們以 RAD 中的概要分析為例來介紹它的功能。在視窗選單的首選項下，確認已經啟用了概要分析（如圖 10-38 所示）。我們概要分析 xinCAJPATest 下的

圖 10-38 啟用概要分析

EntityTester。該程序首先生成一個新的企業資訊，然後查詢所有企業資訊（因為我們定義企業名稱是唯一的，所以需要先修改程序中的企業名稱資訊）。

首先我們分析程序的執行時間。

步驟 1 如圖 10-39 所示，右擊 EntityTester 類別，選擇「概要分析方式」和「概要分析配置」。

圖 10-39 開始概要分析

步驟 2 在監視器下，選擇「執行時間分析」（如圖 10-40 所示），並單擊「編輯選項」。

步驟 3 選中「收集方法 CPU 時間資訊」（如圖 10-41 所示），並單擊「完成」按鈕。然後選擇「應用」和「概要分析」項。這時，系統開發運行測試程序並分析運行情況。

圖 10-40 選擇分析內容

圖 10-41 詳細資訊級別

如圖 10-42 所示，控制臺上顯示了執行的結果資訊。執行統計資訊上顯示了執行的時間等資訊，它有多個表單：

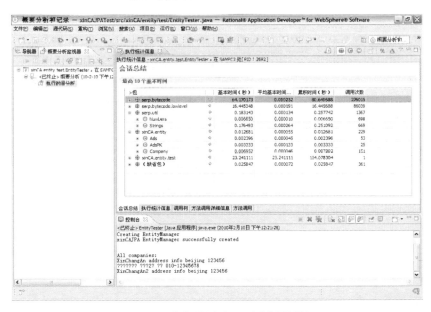

圖 10-42 執行統計資訊（會話總結）

- 會話總結和執行統計資訊：你可以看到在各個級別上的統計資訊，比如在包級別上（如圖 10-42 所示）、在類級別上等。基本時間就是執行調用的時間（不包括在調用者之內的執行時間），累計時間就是整個調用的時間（包括在調用者之內的執行時間）。調用次數就是調用包、類別或方法的次數。

- 調用樹（如圖 10-43 所示）：調用樹上的每個方法的使用時間。

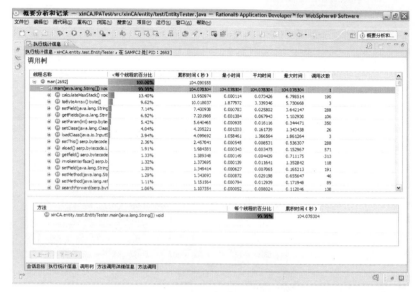

圖 10-43 執行統計資訊（調用樹）

- 方法調用詳細資訊（如圖 10-44 所示）：在「選擇的方法」下，顯示了該方法被調用的次數和時間資訊；在「所選方法的調用者」下，顯示了調用該方法的調用者的資訊；在「所選方法的調用對象」下，顯示了該方法所調用的方法的資訊。

- 在「方法調用」上（如圖 10-45 所示）：以類似時序圖的方法顯示了調用關係。

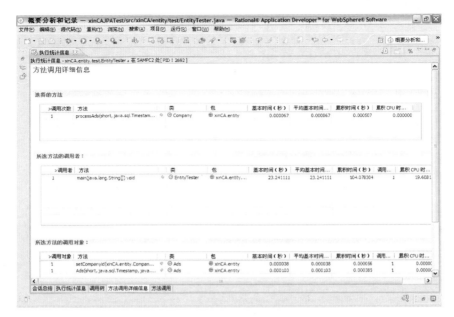

圖 10-44 方法調用詳細資訊

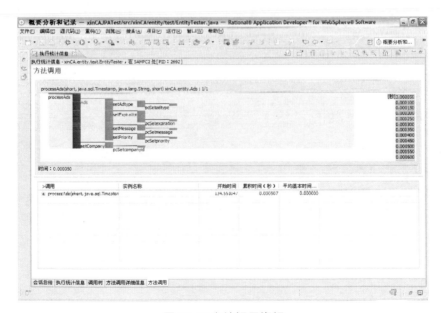

圖 10-45 方法調用資訊

　　右擊「執行時間分析」（如圖 **10-46** 所示），選擇「打開方式」和「執行流」，顯示了整個執行流的圖和表（如圖 **10-47** 所示）。

圖 10-46 查看執行流資訊

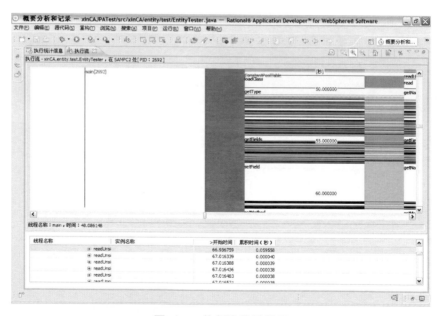

圖 10-47 執行流統計資訊

　　下面我們分析內存的使用情況。重新運行測試程序，選擇「內存分析」，如圖 10-48 所示。並單擊編輯選項，選擇「跟蹤對象分配位置」，如圖 10-49 所示。單擊「完成」和「應用」。這時，你就可以看到：

圖 10-48 選擇內存分析

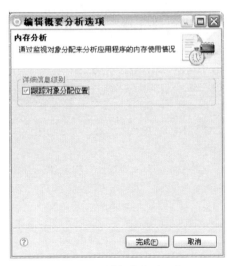

圖 10-49 詳細資訊級別

- 內存統計資訊：包含了活動實例數、內存使用大小等，如圖 10-50 所示。

- 分配詳細資訊：分配給一個方法的詳細資訊，如圖 10-51 所示。

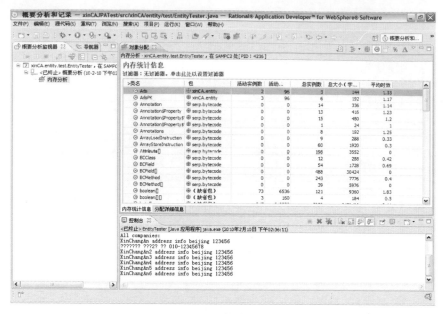

圖 10-50 內存統計資訊

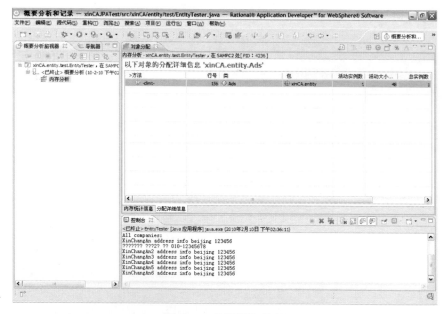

圖 10-51 分配詳細資訊

在如圖 10-51 所示的介面上,單擊「打開內存統計資訊」按鈕,就可以顯示總實例數、活動實例數、大小等資訊,如圖 10-52 所示。單擊「打開對象引用」按鈕,系統顯示被引用對象的資訊,如圖 10-53 所示。另外,概要分析還提供了查看線程的統計資訊等功能。

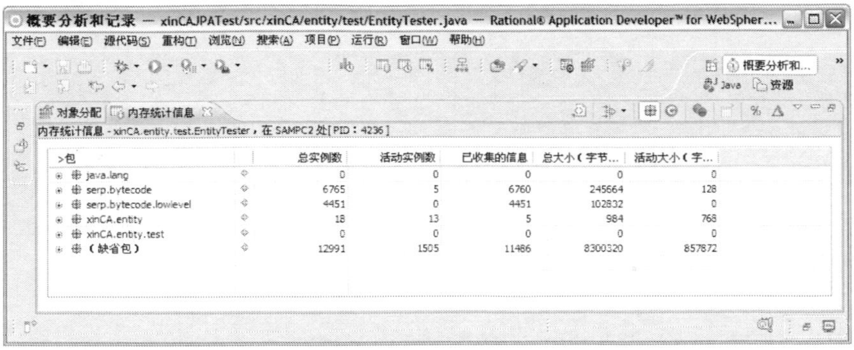

圖 10-52 內存統計資訊

圖 10-53 對象引用資訊

　　除了概要分析 Java 應用程式，還可以分析 Web 應用程式，其結果比較類似，感興趣的讀者可以自己試試。

▌10.6 雲端服務維護和升級

　　雲端計算平台同一個大型網站類似，所以其維護和升級的策略也類似。在這裡，我們講述一下 Google 的維護策略。根據 2009 年 12 月 12 日出版的美國商務週刊的報導（第 46 頁），Google 採用 4 個步驟來修補或者改進自己網站的一些功能：

步驟1 開發部門改進某些功能，或者修補某個錯誤。

步驟 2 測試部門就在內部的 Google 系統上進行測試。

步驟 3 評估部門（eval 部門）進行更嚴格的測試，這包括在網際網路上的有限範圍內的實時測試。這個部門可能提出一些修改意見，或者出具報告。

步驟 4 Google 每週開一個會（名字叫「weekly launch meeting」），決定是否同意將這些改進或者補丁發送到網際網路上讓其 7.2 億使用者使用。

在業界，有很多產品來管理變更（change）和發佈（release），比如 Rational ClearQuest 和 Rational ClearCase 等。前一個是軟體變更管理工具，它管理軟體的 bug、變更請求和跟蹤等。後一個是軟體配置管理工具，用於軟體的版本管理和審核管理等。

國家圖書館出版品預行編目（CIP）資料

一本書搞懂雲端計算、物聯網、大數據 / 楊正洪、周發武 編著 . -- 第一
版 . -- 臺北市：崧博出版：崧燁文化發行 , 2020.6
　　面；　公分
POD 版
ISBN 978-957-735-982-7(平裝)

1. 雲端運算 2. 資訊服務業 3. 產業發展

312.136　　　　　　　　　　　　　　　　　109006965

書　　　　名：一本書搞懂雲端計算、物聯網、大數據
作　　　　者：楊正洪、周發武
發　行　人：黃振庭
出　版　者：崧博出版事業有限公司
發　行　者：崧燁文化事業有限公司
E - m a i l：sonbookservice@gmail.com
粉　絲　頁：　　　　網　址：
地　　　　址：台北市中正區重慶南路一段六十一號八樓 815 室
8F.-815, No.61, Sec. 1, Chongqing S. Rd., Zhongzheng
Dist., Taipei City 100, Taiwan (R.O.C.)
電　　　　話：(02)2370-3310 傳　真：(02) 2370-3210
總　經　銷：紅螞蟻圖書有限公司
地　　　　址：台北市內湖區舊宗路二段 121 巷 19 號
電　　　　話：02-2795-3656 傳真 :02-2795-4100
印　　　　刷：京峯彩色印刷有限公司（京峰數位）

原著書名《云计算和物联网》，本作品中文繁體字版由清華大學出版社有限
公司授權台灣崧博出版事業有限公司出版發行。
定　　　　價：650 元
發行日期：2020 年 6 月第一版
◎ 本書以 POD 印製發行